JN297572

流体の力学

― 現象とモデル化 ―

工学博士 大場　謙吉　共著
工学博士 板東　　潔

コロナ社

まえがき

なぜ流体力学が必要か。それは，流体力学が人間を含めた地球上のすべての生物に最も深くかかわっているからである。

生物が流体といかに深くかかわっているかは，われわれの身体を考えればすぐにわかる。ヒトの体内では毎分約 5 l の血液が循環しており，身体への水の補給は生存に不可欠である。一方，ヒトは呼吸によって毎分約 6 l の空気を肺に供給しており，空気の存在が生存の条件である。この空気と水に代表される流体中に地球上のすべての生物が生存しているわけであるが，生物の生存圏（生物圏または生態圏と呼ばれる）についてのグローバルなイメージを持つために地球儀を思い浮かべてみよう。

図の円は，その半径と線の太さの比が 100：1 になるように描いてある。この円を地球と考えよう。円の中に地球の大きさを示すさまざまな定数を示している。地球の自転による遠

地球の大きさ関連の定数：

- 半径（赤道）　6 378 km
- 半径（極）　　6 357 km
- 地球表面の凹凸
    Highest　　　8 848 m (Mount Everest)
    Deepest　　−10 924 m (Mariana Trench)
- 海洋の水深
    太平洋の平均水深　−4 282 m
    大西洋　〃　　　　−3 926 m
    インド洋　〃　　　−3 963 m
    3 大洋　〃　　　　−4 117 m
* 生物の生存できる鉛直方向の領域は海面上 10 km，海面下 10 km に限定される。

高層大気
- 対流圏 (troposphere)　　0 〜 10 km
- 成層圏 (stratosphere)　10 〜 50 km
- 中間圏 (mesosphere)　 50 〜 80 km
- 熱　圏 (thermosphere)　80 〜 500 km

地球の大きさと生物圏の範囲を表す円。円を地球の赤道断面とすれば生物圏は円周の線の太さの 1/3 の幅に収まる。

心力のため，赤道半径は極半径より約 20 km 大きくなっている．一方，地球表面の凹凸の最高値はエベレスト山の 8 848 m，最低値はマリアナ海溝の −10 924 m で，両者の高低差は約 20 km である．地球半径とこれらの値との比は 320 : 1 である．すなわち，地球はほぼ真球とみなすことができ，その誤差は図の地球を表す線の太さの 1/3 である．

さらに，鳥類の生存圏を高度約 10 km まで広がっている対流圏の内部とし，海中の生物の生存圏が海溝の最深部約 10 km まで及ぶとすると，地球上の生物の生存圏は海面上下 ±10 km ということになり，この生存圏は図の線の太さの 1/3 の幅の真球殻で表すことができる．もっとも，ほとんどすべての陸上生物は地球に張りついて，地球大気の海の底で上空の空気の重さを大気圧として感じながら生存しており，大部分の海中生物は深さ約 200 m の大陸棚と海面の間の浅海域で，水圧と大気圧のもとで，海中の溶存酸素を摂取しながら生存している．

人間がロコモーション（移動運動）の手段として作り出した自動車，航空機，船舶などの陸上，空中，海上，海中の交通機械の開発の歴史的過程の中で，車体，機体，船体の形状，推進機，エンジンの発明や改良がなされ，その過程で空気と水の流れを理解し，取り扱うための理論・技術体系を作り出した．これが流体力学・流体工学である．

「流れ」は日常生活における水道や都市ガス，身体の血液循環および肺・気道内の気流，航空機，自動車，船舶などのまわりの流れ，ポンプ，タービン，プロペラ，ジェットなどの流体機械・推進機械，原子炉や各種プラント装置の容器，流路内の流れ，さらには大規模な海流や大気循環に至るまであらゆるところで見ることができ，それらはすべて「流体力学」または「流体工学」の研究対象である．

本書は，読者に流体現象を表すための基礎概念と基礎方程式を身につけてもらうために，図をできるだけ多く使って現象をどのようにモデル化し，そのモデルをどのように数式で表すかに重点を置いて書かれている．個々の数式の背後には必ず実現象があることをつねに意識して，本書で学んだことを実際に使ってもらうことが著者らの望みである．

2006 年 9 月

大場　謙吉
板東　潔

目　　　次

1. 流体の性質

1.1 流　　　体 ··· *1*
1.2 単位と次元 ··· *2*
1.3 密度, 比重, 比体積 ·· *3*
1.4 粘　　　性 ··· *3*
1.5 表 面 張 力 ··· *6*
1.6 圧　縮　性 ··· *8*
1.7 理 想 気 体 ··· *9*
章 末 問 題 ·· *10*

2. 流体の静力学

2.1 圧　　　力 ··· *11*
2.2 圧 力 の 性 質 ··· *12*
2.3 重力下にある静止流体中の鉛直方向の圧力分布 ························· *13*
2.4 圧 力 の 測 定 ··· *17*
2.5 内圧を受ける円筒容器の壁にかかる力 ································· *19*
2.6 浮　　　力 ··· *20*
2.7 相対的静止の状態 ·· *23*
章 末 問 題 ·· *23*

3. 流れの基礎

3.1 流線, 流脈, 流跡 ·· *25*
3.2 流れの時間的, 空間的分類 ··· *27*
3.3 層 流 と 乱 流 ··· *29*

3.4　レイノルズ数 …………………………………………………………… 29
3.5　圧縮性流体と非圧縮性流体 …………………………………………… 30
3.6　流体の回転と渦 ………………………………………………………… 30
3.7　循　　　環 ……………………………………………………………… 33
　章　末　問　題 …………………………………………………………… 35

4. 一次元流れ

4.1　質量保存則と連続の式 ………………………………………………… 36
4.2　運動量保存則とオイラーの運動方程式 ……………………………… 38
4.3　ベルヌーイの式 ………………………………………………………… 39
4.4　ベルヌーイの式の応用 ………………………………………………… 41
　　4.4.1　断面積の変化する管路内の流れ ………………………………… 41
　　4.4.2　ベンチュリ管 ……………………………………………………… 42
　　4.4.3　ピ ト ー 管 ……………………………………………………… 43
　　4.4.4　小孔からの流出 …………………………………………………… 44
4.5　運動量保存則の応用 …………………………………………………… 45
　　4.5.1　曲管に作用する流体力 …………………………………………… 46
　　4.5.2　急拡大管の圧力損失 ……………………………………………… 47
　　4.5.3　推進器の一次元モデル（アクチュエータディスクモデル） ………… 48
4.6　角運動量保存則の応用 ………………………………………………… 51
　章　末　問　題 …………………………………………………………… 55

5. 粘性流体の流れ

5.1　連　続　の　式 ………………………………………………………… 58
5.2　ナビエ・ストークスの方程式 ………………………………………… 60
　　5.2.1　運動量保存則の適用 ……………………………………………… 60
　　5.2.2　体　積　力 ………………………………………………………… 61
　　5.2.3　圧力による力 ……………………………………………………… 61
　　5.2.4　粘性による力 ……………………………………………………… 62
　　5.2.5　流体要素の変形と応力 …………………………………………… 63

5.2.6　二次元および軸対称ナビエ・ストークス方程式 …………………… 66
　　5.2.7　渦度輸送方程式 ……………………………………………………… 67
5.3　層流の速度分布 ……………………………………………………………… 68
　　5.3.1　平行平板間の層流 …………………………………………………… 68
　　5.3.2　円管内の層流 ………………………………………………………… 71
5.4　乱流の速度分布 ……………………………………………………………… 74
　　5.4.1　乱流による運動量輸送とレイノルズ応力 ………………………… 74
　　5.4.2　プラントルの混合距離理論 ………………………………………… 76
　　5.4.3　粘性底層 ……………………………………………………………… 78
　　5.4.4　乱流中の壁近傍の普遍速度分布 …………………………………… 79
5.5　境界層 ………………………………………………………………………… 80
　　5.5.1　境界層の形成 ………………………………………………………… 80
　　5.5.2　排除厚さと運動量厚さ ……………………………………………… 80
　　5.5.3　境界層内の流れの運動方程式 ……………………………………… 82
　　5.5.4　境界層の運動量積分方程式 ………………………………………… 83
　　5.5.5　境界層の剥離 ………………………………………………………… 85
　　5.5.6　平板の抗力 …………………………………………………………… 86
章末問題 ……………………………………………………………………………… 90

6. 管内流れ

6.1　助走区間内の流れ …………………………………………………………… 92
6.2　管摩擦損失 …………………………………………………………………… 93
6.3　非円形管の管摩擦損失 ……………………………………………………… 95
6.4　管路の諸損失 ………………………………………………………………… 96
　　6.4.1　急拡大管 ……………………………………………………………… 96
　　6.4.2　急縮小管 ……………………………………………………………… 96
　　6.4.3　絞り …………………………………………………………………… 97
　　6.4.4　ひろがり管 …………………………………………………………… 98
　　6.4.5　流れの方向が変化する管 …………………………………………… 99
　　6.4.6　分岐管と合流管 ……………………………………………………… 99
　　6.4.7　弁とコック …………………………………………………………… 100

6.5 ポ　ン　プ ………………………………………………………………… 100
章 末 問 題 ………………………………………………………………… 102

7. 揚 力 と 抗 力

7.1 物体まわりの流れ ……………………………………………………… 103
7.2 物体に働く流体力 ……………………………………………………… 104
7.3 物 体 の 抗 力 ………………………………………………………… 106
　7.3.1 抗 力 係 数 …………………………………………………… 106
　7.3.2 円 柱 の 抗 力 ………………………………………………… 106
　7.3.3 球 の 抗 力 …………………………………………………… 110
7.4 物 体 の 揚 力 ………………………………………………………… 111
　7.4.1 揚 力 の 発 生 ………………………………………………… 111
　7.4.2 翼 …………………………………………………………………… 112
7.5 キャビテーション ……………………………………………………… 115
章 末 問 題 ………………………………………………………………… 116

8. 流 れ の 相 似 則

8.1 相 似 則 と は ………………………………………………………… 117
8.2 力 学 的 相 似 則 ……………………………………………………… 117
8.3 エネルギー輸送における相似則 ……………………………………… 119
章 末 問 題 ………………………………………………………………… 121

9. 完全流体（理想流体）の流れ

9.1 速度ポテンシャル ……………………………………………………… 122
9.2 流 れ 関 数 …………………………………………………………… 124
　9.2.1 流 線 …………………………………………………………… 125
　9.2.2 流れ関数の物理的意味 ………………………………………… 126
　9.2.3 ϕ と ψ の極座標表示 ……………………………………… 126
9.3 複素ポテンシャル ……………………………………………………… 128

9.4 ポテンシャル流れの例 ·· 132
　9.4.1 x 軸に平行な一様流れ ··· 132
　9.4.2 x 軸から角度 α だけ傾いた一様流れ ································· 133
　9.4.3 吹出しと吸込み ··· 135
　9.4.4 渦　　　点 ··· 136
9.5 ポテンシャル流れの合成 ·· 137
　9.5.1 吹出しと吸込みの重ね合わせ ··· 137
　9.5.2 二 重 吹 出 し ··· 139
　9.5.3 循環のない円柱まわりのポテンシャル流れ ······················· 140
　9.5.4 循環のある円柱まわりのポテンシャル流れ ······················· 142
9.6 等 角 写 像 ·· 143
　9.6.1 等角写像とは ·· 143
　9.6.2 ジューコフスキー変換による写像 ···································· 146
　9.6.3 クッタの条件 ·· 150
章 末 問 題 ·· 152

10. 圧縮性流体の流れ

10.1 流体の熱力学的性質 ··· 154
　10.1.1 理想気体の状態方程式（ボイル・シャルルの法則） ············ 154
　10.1.2 内部エネルギー，エンタルピー，比熱 ······························ 155
　10.1.3 熱力学第一法則 ·· 155
　10.1.4 不可逆過程への熱力学第一法則の適用 ······························ 156
　10.1.5 一般的な開いた断熱系内の流れ ······································· 158
　10.1.6 理想気体の定圧比熱 c_p，定積比熱 c_v，および比気体定数 R ············ 158
　10.1.7 エントロピーと断熱変化 ·· 160
10.2 音の伝播とマッハ数 ··· 160
　10.2.1 音の伝播の理論 ·· 160
　10.2.2 マッハ数とマッハ波 ·· 165
10.3 一次元ノズル内の定常圧縮性流れ ·· 167
　10.3.1 ノズル断面積，流速，静圧，密度，温度の間の理論的関係 ············ 167
　10.3.2 先細ノズル内の流れの閉塞 ··· 173

10.3.3　超音速ノズル ……………………………………………… 174
10.4　衝　撃　波 ……………………………………………………………… 176
　　　10.4.1　垂直衝撃波の理論 …………………………………………… 177
　　　10.4.2　斜め衝撃波の理論 …………………………………………… 180
章 末 問 題 ……………………………………………………………………… 184

11. 非 定 常 流 れ

11.1　水撃現象の理論 …………………………………………………………… 186
11.2　弾性管路内の圧力波の伝播 ………………………………………………… 190
11.3　水撃波伝播に伴う流速，管内圧，管断面積の時間的変化 ……………… 193
章 末 問 題 ……………………………………………………………………… 195

章末問題解答 ……………………………………………………………………… 196
索　　　　引 ……………………………………………………………………… 201

1 流体の性質

1.1 流体

　流体（fluid）は液体（liquid）と気体（gas）に分けられる。水や油のように外力が働いたときに変形するが体積がほとんど変化しない流体が液体であり，空気のように外力が働いたときに変形と体積変化が起こる流体が気体である。また，液体は容器に入れられたときに自由表面が存在するが，気体は容器いっぱいに広がり自由表面を持たない。流体の持つ重要な力学的性質として粘性（viscosity）と圧縮性（compressibility）が挙げられる。油はドロドロ，水はサラサラしているように感じるが，これは粘性の違いが原因である。また，流体に外部から圧力を加えたときに体積が減少し，もとの体積に戻ろうとするが，この性質が圧縮性である。実在流体（real fluid）は粘性と圧縮性を多少なりとも持つ。一方，モデル流体（model fluid）では粘性と圧縮性の性質を流体が持っているかいないかによって流体の区別を行い，圧縮性流体（compressible fluid）または非圧縮性流体（incompressible fluid），および粘性流体（viscous fluid）または非粘性流体（inviscid fluid）と分類している。なお，完全流体（理想流体，perfect fluid）とは粘性のない流体であり，理想気体（ideal gas）とはボイル・シャルルの法則（Boyle-Charles law, $pv = RT$）に従う気体のことである。

　流体の変形と運動に関する力学を扱う学問が流体力学（fluid mechanics, fluid dynamics, hydrodynamics）である。なお，力学（mechanics）では物体の運動と力の関係を扱い，運動学（kinematics）では質量のない物体の運動を問題とする（例えば，移動距離，速度，加速度の関係）。また，動力学（dynamics）では質量を持つ物体の運動を扱い，静力学（statics）では静的な力の釣合いを扱う。したがって，流体力学は流体静力学（fluid statics）と流体動力学（fluid dynamics）に分類することもできる。

1.2 単位と次元

すべての物理量は次元を持つ。そして，すべての物理量は単位を基準として測られる。単位系としては MKS 単位系，CGS 単位系，重力単位系（工学単位系），および国際単位系があるが，1990 年に新計量法が施行され，猶予期間をおいて全工業製品を国際単位系で表示することを義務づけられた。最終猶予期間は 1997 年 9 月 30 日までであったが，学術分野では理学・工学・医学・薬学・農学ともいまから 15 〜 20 年前に移行済みである。国際単位系（SI, Le Système International d'Unités）とは従来の MKS 単位系の発展したものであり，**表 1.1** に示す 7 個の基本単位から成り立っている。

表 1.1 基本単位（7 個）

m	メートル	長さ	K	ケルビン	温度
kg	キログラム	質量	mol	モル	物質の量
s	セカンド	時間	cd	カンデラ	光度
A	アンペア	電流			

なお，重力単位系における「重量」と SI 単位における「質量」の値は同じとなる。例えば，体重は SI 単位では 70 kg，重力単位系では 70 kgf となる。

つぎに，次元とはある物理量を表す単位の組合せのべき指数を意味する。例えば，物理量を Q，単位を長さ L，質量 M，時間 T とすると

$$[Q] = L^\alpha M^\beta T^\gamma \tag{1.1}$$

となる。ここに，α, β, γ は L, M, T に関する次元である。しかし，次元と単位を同義語として用いる場合も多い。例として圧力を考えると，式 (1.1) は次式となる。

$$[p] = \mathrm{Pa} = \frac{\mathrm{N}}{\mathrm{m}^2} = \frac{\mathrm{kg}\frac{\mathrm{m}}{\mathrm{s}^2}}{\mathrm{m}^2} = \mathrm{m}^{-1}\mathrm{kg}^1\mathrm{s}^{-2} \tag{1.2}$$

式 (1.2) 中には 10^3 を表す接頭字として k（キロ）が使われているが，**表 1.2** にはその他の 10 のべき数を表す接頭字をまとめておく。

なお，接頭字のついた単位は全体を一文字とみなす〔例えば，$1\,\mathrm{km}^2 = 1(\mathrm{km})^2 = 10^6\,\mathrm{m}^2$〕。

表 1.2 大きさを表す接頭字

接頭字	読み方	べき	接頭字	読み方	べき
f	フェムト	−15	(d)	デシ	−1
p	ピコ	−12	(h)	ヘクト	2
n	ナノ	−9	k	キロ	3
μ	マイクロ	−6	M	メガ	6
m	ミリ	−3	G	ギガ	9
(c)	センチ	−2	T	テラ	12

1.3 密度，比重，比体積

物質の単位体積当たりの質量を密度 (density) と呼び，記号は ρ で表し，単位は $[\mathrm{kg/m^3}]$ である。物質の単位質量当たりの体積を比体積 (specific volume) と呼び，記号は v，単位は $[\mathrm{m^3/kg}]$ である。したがって，比体積と密度はつぎの関係にある。

$$v = \frac{1}{\rho} \tag{1.3}$$

水の密度 ρ_w に対するある物質の密度 ρ の比を比重 (specific gravity) と呼び，記号は s，無次元数である。

$$s = \frac{\rho}{\rho_w} \tag{1.4}$$

ここに，水の密度は $\rho_w = 10^3\,\mathrm{kg/m^3}$ である。なお，空気の密度は 20°C，1 atm において $\rho_a \fallingdotseq 1.2\,\mathrm{kg/m^3}$ である。

1.4 粘　　性

図 1.1 に示すように面積 A ですき間 h の 2 枚の平行平板の間に流体を満たし，下の板を固定し，上の板を速度 U で平行に動かす。$\rho U h / \mu < 1500$ では流れは層流で，図のような直線状の速度分布が得られる。このような速度勾配一定の流れをクエット (Couette) 流れという。

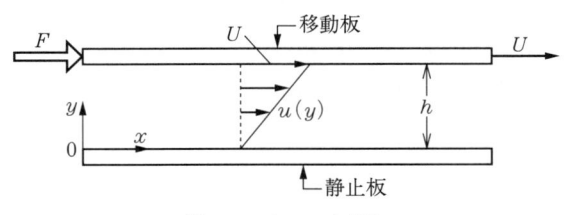

図 1.1 クエット流れ

いま，平板を動かすのに F の力を要したとすると，平板下面の単位面積当たりの力であるせん断応力 τ が U に比例し，h に反比例することが実験的に明らかにされた。すなわち

$$\frac{F}{A} \equiv \tau = \mu \frac{U}{h} \tag{1.5}$$

となり，μ は実験より求まる比例定数で，流体の性質のみに依存し，U にも h にも依存しないことがわかった。$\mu\,[\mathrm{Pa \cdot s}]$ を粘性係数 (coefficient of viscosity) または粘度 (viscosity) という。

x 方向の速度 u が y 方向に変化する流れをせん断流れ（shear flow）という。

式 (1.5) において U/h を速度勾配 du/dy と考えると，式 (1.5) はクエット流れ以外の一般的なせん断流れに適用できるようになり，式 (1.5) は非常に普遍的な次式となる。

$$\tau = \mu \frac{du}{dy} \tag{1.6}$$

式 (1.6) はニュートンがクエットの実験式 (1.5) を一般化して発見した関係式であるためニュートンの粘性法則と呼ばれ，粘性流体の流れの基礎になる式である。

式 (1.6) を弾性力学と関係づけて考察すると，式 (1.6) に対応する弾性体の式は

$$\tau = G\gamma \tag{1.7}$$

となる。ここに，τ はせん断応力（ずり応力），G はせん断弾性係数（剛性率），γ はせん断ひずみ（ずりひずみ）を示す。すなわち，図 **1.2** (a) のように弾性体では τ を加えるとずり γ が生じ，τ をなくせば $\gamma \to 0$ となりもとに戻る。

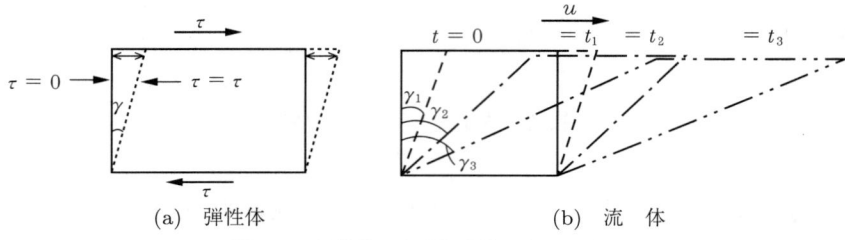

図 **1.2** 弾性体の変形と流体の変形の違い

しかし，流体の場合は，図 1.2 (b) のように流れの中で時間とともに変形し続け，γ は無限に大きくなる。そこで，流体力学では単位時間当たりのひずみの大きさを考える。これをせん断ひずみ速度，またはずり速度（shear rate）といい，$\dot{\gamma}\,(= d\gamma/dt)$ と書く。いま，y 方向に流速が変わる流れ（せん断流れ）中の微小流体要素の変形を考える。時間 Δt の間に生じたずりを $\Delta\gamma$ とすると，図 **1.3** より

$$\Delta\gamma = \frac{\Delta u \Delta t}{\Delta y} \tag{1.8}$$

式 (1.8) より

$$\frac{\Delta\gamma}{\Delta t} = \frac{\Delta u}{\Delta y} \tag{1.9}$$

すなわち

$$\frac{d\gamma}{dt} = \frac{du}{dy}, \quad \dot{\gamma} \equiv \frac{d\gamma}{dt} \tag{1.10}$$

したがって，式 (1.6) はより一般的に

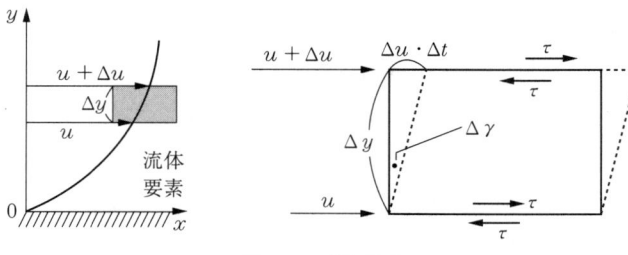

図 1.3 ずり速度

$$\tau = \mu \dot{\gamma} \tag{1.11}$$

と書くことができる。式 (1.11) に従う流体をニュートン流体と呼ぶ。

水と空気の粘度 μ は図 1.4 に示すように温度によって変化する。水は温度が高くなると粘度は小さくなるが，空気は温度が高くなると粘度は大きくなる。

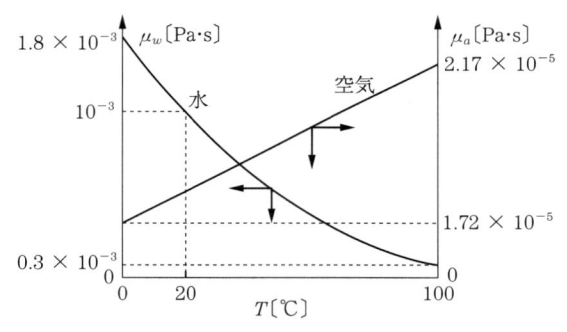

図 1.4 水と空気の粘度の温度に対する変化

動粘度（kinematic viscosity）ν 〔m^2/s〕または動粘性係数は，粘度 μ を密度 ρ で割り

$$\nu = \frac{\mu}{\rho} \tag{1.12}$$

で定義される。例えば，水と空気の動粘度の値はつぎのようになる。

$$\begin{cases} \nu = 10^{-6}\,\text{m}^2/\text{s} & :\text{水, } 20°\text{C} \\ \nu = 15 \times 10^{-6}\,\text{m}^2/\text{s} & :\text{空気, } 20°\text{C} \end{cases} \tag{1.13}$$

なお，kinematics（運動学）とは質量のない物体の運動を取り扱う学問であり，kinematic viscosity（動粘度）は粘度を密度で割るので質量の単位が陽に現れないためにこのように名づけられた。

式 (1.11) のようにせん断応力がせん断ひずみ速度に比例する流体はニュートン流体（Newtonian fluid, 水, 空気, 油）であるが，式 (1.11) に従わない流体は非ニュートン流体（non-Newtonian fluid）と呼ばれる。非ニュートン流体には，ビンガム流体（bingham fluid, 石

鹸，ペイント，練り歯磨き，バター)，ダイラタント流体 (dilatant fluid, 砂と水の混合液，水を加えたでんぷん)，擬塑性流体 (pseudo-plastic fluid, 高分子液体，でんぷんのり)，カッソン流体 (Casson fluid, 血液) などがある．図 1.5 はこれらの流体に対するせん断応力 τ とせん断ひずみ速度 $\dot{\gamma}$ との関係を示し，この曲線はレオロジー曲線 (rheological diagram) あるいは流動曲線と呼ばれる．なお，図中の完全流体の場合はせん断応力はつねにゼロとなる．

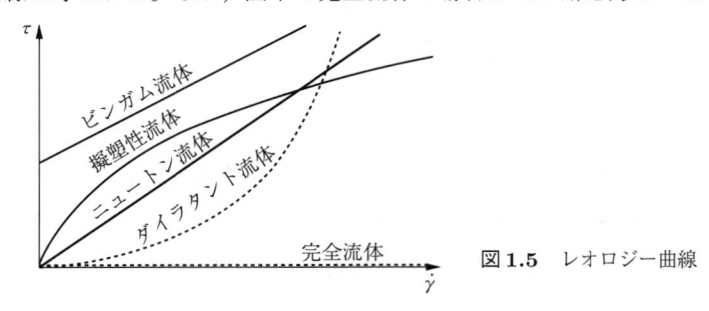

図 1.5 レオロジー曲線

1.5 表面張力

液体の表面は分子間力のために縮まろうとするため，自由表面はあたかも弾性を持つ薄膜を張ったように各部分がたがいに引き合っている．自由表面上の仮想の切り口の単位長さ当たりの引張力を表面張力 (surface tension) という．表面張力は液体の自由表面に接する気体の種類により異なるが，例えば空気に対する水の場合は 0.072 8 N/m となる．

液滴は表面張力のため内圧が高くなる．液滴を球とした場合の内圧の上昇量 Δp と液滴直径 D の関係を求めてみよう．図 1.6 のように液滴を半分に割り，左半球に対する力の釣合いを考えると，Δp による左向きの力と表面張力 σ による右向きの力が釣り合う．Δp による左向きの力 $F_{\Delta p}$ は切断面の面積に Δp を掛けることにより求まり

$$F_{\Delta p} = \frac{\pi}{4} D^2 \Delta p \tag{1.14}$$

となる．一方，表面張力 σ による右向きの力 F_σ は

$$F_\sigma = \pi D \sigma \tag{1.15}$$

したがって，$F_{\Delta p} = F_\sigma$ より

$$\Delta p = \frac{4\sigma}{D} \quad (\text{ラプラスの式}) \tag{1.16}$$

なお，式 (1.14) はつぎのように半球内面に作用する Δp による力の左方向成分を積分しても求められる．図 1.6 中の左方向を図 1.7 の z 方向とした座標 (x, y, z)，および球面極座標

1.5 表面張力　7

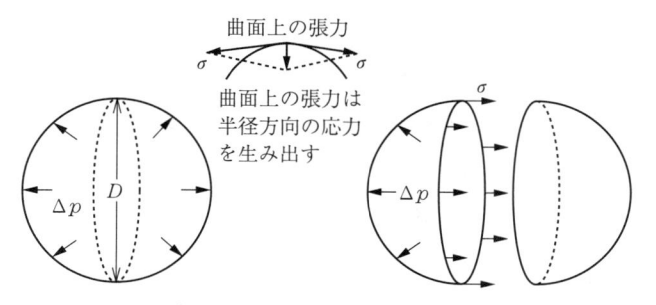

図 1.6 液滴に作用する表面張力と内圧上昇の関係

θ：天頂角
　zenith angle

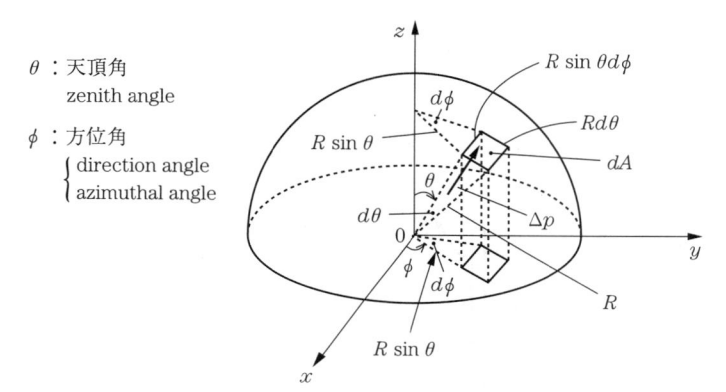

ϕ：方位角
　$\begin{cases} \text{direction angle} \\ \text{azimuthal angle} \end{cases}$

図 1.7 半球内面に作用する Δp による力の z 方向成分 $F_{\Delta p}$ の求め方

(R, θ, ϕ) をとり，液滴の半径を R $(= D/2)$ とすると，液滴表面上の微小面積 dA は

$$dA = R^2 \sin\theta d\theta d\phi \tag{1.17}$$

したがって，Δp による力の z 方向成分 $F_{\Delta p}$ は，図 1.7 中の半球面上で $\Delta p \cos\theta$ を積分するとつぎのように求まる。

$$\begin{aligned}
F_{\Delta p} &= \iint \Delta p \cos\theta dA = R^2 \Delta p \int_0^{2\pi} \left\{ \int_0^{\pi/2} \sin\theta \cos\theta d\theta \right\} d\phi \\
&= R^2 \Delta p \int_0^{\pi/2} \sin\theta \cos\theta d\theta \int_0^{2\pi} d\phi = 2\pi R^2 \Delta p \int_0^{\pi/2} \frac{\sin 2\theta}{2} d\theta \\
&= \pi R^2 \Delta p \frac{1}{2} \left[-\cos 2\theta \right]_0^{\pi/2} = \pi R^2 \Delta p = \frac{\pi}{4} D^2 \Delta p
\end{aligned} \tag{1.18}$$

式 (1.18) は式 (1.14) と一致する。

式 (1.16) は液中の球形気泡についても成り立つ。例として，水中の直径 $1\,\mu\mathrm{m}$ の気泡内の内圧の表面張力による増加量 Δp を求めると，$\sigma = 0.072\,8\,\mathrm{N/m}$，$D = 10^{-6}\,\mathrm{m}$ であるから

$$\Delta p = \frac{4 \times 0.072\,8}{10^{-6}} = 2.9 \times 10^5\,\mathrm{Pa} \fallingdotseq 2.9\,\mathrm{atm} \tag{1.19}$$

となる。

　液体の自由表面に細管を立てると，表面張力（単位面積当たりの表面エネルギー）により，液体は管内を上昇あるいは下降して釣り合う。この現象を毛管現象という。図 **1.8** に示すように密度 ρ の液体が内径 d の管内を上昇する場合の上昇高さ h は，表面張力 σ による鉛直上方向の力と上昇した液体の重量の釣合いより

$$\pi d \sigma \cos\theta = \frac{\pi}{4} d^2 \rho g h \tag{1.20}$$

となる。したがって，次式となる。

$$h = \frac{4\sigma \cos\theta}{\rho g d} \tag{1.21}$$

ここに，θ は接触角（contact angle）であり，θ が 90° より小であるとき管内液位は上昇し，90° より大であるとき下降する。

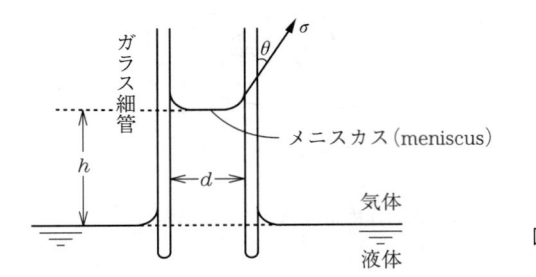

図 **1.8**　毛管現象

1.6　圧　縮　性

　実在の流体は圧縮性を持っている。特に気体は圧縮されやすく，液体はほとんど圧縮性を持たない。図 **1.9** のように，圧力 p のとき体積 V，密度 ρ の流体があり，Δp の圧力の増加により体積が ΔV，密度が $\Delta \rho$ だけ増加したとする。なお，Δp が正のとき ΔV は負となる。流体の体積ひずみは $-\Delta V/V$ であるから，フックの法則より

$$\Delta p = -K \frac{\Delta V}{V} \tag{1.22}$$

ここに，K〔Pa〕は体積弾性率（bulk modulus）である。式 (1.22) を微分形で表すと

$$K = -V \frac{dp}{dV} \tag{1.23}$$

となる。また K の逆数

$$\beta = \frac{1}{K} \tag{1.24}$$

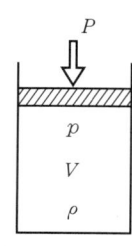

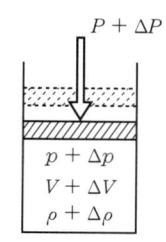

図 1.9　体積弾性率の測定

を圧縮率（compressibility）という．なお，密度 ρ を用いると，$\rho V = \text{const.}$ が成り立つため

$$K = \rho \frac{dp}{d\rho} \tag{1.25}$$

なお，材料力学では dV/dp をコンプライアンス（compliance）という．

1.7　理 想 気 体

ボイル・シャルルの法則は，単位質量の気体について次式で表される．

$$pv = RT \tag{1.26}$$

ここに，p〔Pa〕は圧力，v〔m^3/kg〕は比体積，R〔J/kgK〕は比気体定数，T〔K〕は絶対温度を示す．式 (1.26) に従う気体を理想気体といい，式 (1.26) は状態方程式（equation of state）とも呼ばれる．1 mol の理想気体についてのボイル・シャルルの法則は

$$pV = R_u T \tag{1.27}$$

ここに，V〔m^3/mol〕は 1 mol の気体の体積であり，0°C，1 気圧では 22.4 l となる．また，R_u は普遍気体定数であり，気体の種類によらず一定値 8.314 J/molK をとる．R と R_u の関係は，次式のようになる．

$$R = \frac{R_u}{M_m} \tag{1.28}$$

ここに，M_m〔kg/mol〕は気体のモル質量を示す．R の値の例を表 1.3 に示す．

気体（理想気体）の状態変化は次式で表される．

$$pv^n = \text{const.} \tag{1.29}$$

表 1.3　比気体定数 R〔J/kgK〕

空気	287.1
ヘリウム	2 078.1
炭酸ガス	189.0
メタン	518.7

ここに，n はポリトロープ指数であり，式 (1.29) はポリトロープ変化を示すが，n を選ぶことにより，図 1.10 のように断熱変化 ($n=\kappa$)，等温変化 ($n=1$)，等圧変化 ($n=0$)，等積変化 ($n=\infty$) を表すことができる。なお，κ は比熱比

$$\kappa = \frac{c_p}{c_v} \tag{1.30}$$

である。ここに，c_p は等圧比熱，c_v は等積比熱を示す。

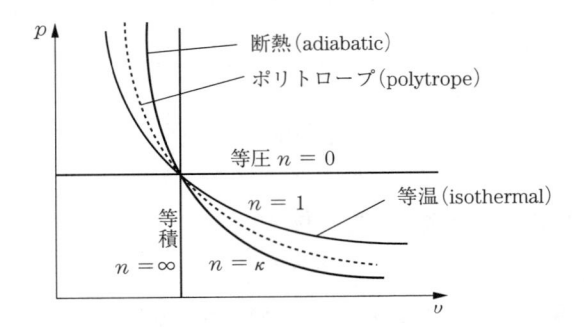

図 1.10 気体の状態変化

なお，統計力学より分子の運動の自由度 f を用いると，エネルギー等分配則より比熱比 κ は次式で与えられる。ここに，自由度は分子の配置（位置と姿勢）を定めるために必要な座標の数である。

$$\kappa = \frac{f+2}{f} \tag{1.31}$$

単原子分子，2 原子分子，3 原子分子の自由度と比熱比を表 1.4 に示す。

表 1.4 自由度 f と比熱比 κ

種類	f	κ
単原子分子 (He)	3	1.67
2 原子分子 (O_2，N_2)	5	1.4
3 原子分子 (CO_2，H_2O)	6	1.33

章 末 問 題

【1】 管内の圧力を圧力計で測定すると $4\,\mathrm{kgf/cm^2}$ であった。この圧力を SI 単位で表せ。

【2】 内径 d_1 の長い管の中にそれと同心に直径 d_2，長さ l の円筒があり，そのすき間に油膜ができている。この円筒を速度 U で動かすにはどれだけの力が必要か。油の動粘度 $\nu = 3 \times 10^{-5}\,\mathrm{m^2/s}$，密度 $\rho = 900\,\mathrm{kg/m^3}$ とする。$d_1 = 150\,\mathrm{mm}$, $d_2 = 146\,\mathrm{mm}$, $l = 300\,\mathrm{mm}$, $U = 1.5\,\mathrm{m/s}$ とする。

【3】 圧縮率 $\beta = 0.469 \times 10^{-9}$ 〔1/Pa〕の水 $1\,\mathrm{m^3}$ に $7\,\mathrm{MPa}$ の圧力を加えたとき，体積はいくらになるか。

2 流体の静力学

2.1 圧　　　力

圧力とは単位面積に働く面に垂直な力であり，図 2.1 のように面積 A [m²] の面に垂直に働く力を P [N] とすると，圧力 p [Pa] は次式で与えられる。

$$p = \frac{P}{A} \tag{2.1}$$

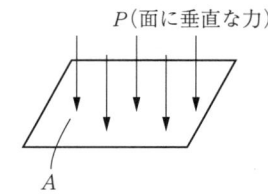

図 2.1　圧力の定義

気象関係でよく用いられる単位の atm，工学単位である at はそれぞれ

$$1\,\mathrm{atm} = 760\,\mathrm{mmHg} = 1.013 \times 10^5\,\mathrm{Pa} = 10.33\,\mathrm{mAq} \tag{2.2}$$

$$1\,\mathrm{at} = 1\,\mathrm{kgf/cm^2} = 0.98 \times 10^5\,\mathrm{Pa} = 10\,\mathrm{mAq} \tag{2.3}$$

であり，ここに Aq は水柱を示す。また，ゲージ圧は

　　　ゲージ圧 ＝ 絶対圧 − 大気圧

で定義され，これは圧力を測定する計器にはまわりの圧力（大気圧）と測定対象となる容器やパイプ内の圧力との差を測るものが多いために使用されてきた。

2.2 圧力の性質

圧力の性質として，つぎの三つがある。
① 流体と接する壁面に垂直に作用する。
② 静止流体内の1点における圧力は，いずれの方向にも同一である。
③ 密閉容器内の流体に加えられた圧力はすべての部分に同じ強さで伝わる。これはパスカルの原理と呼ばれる。

性質②が成り立つことの証明をつぎに示す。静止流体中に図 2.2 のような単位幅の微小三角形をとると，水平方向および鉛直方向ともに力が釣り合っている。辺 $\overline{AC}$ 上の圧力を p_1，辺 $\overline{AB}$ 上の圧力を p_2，辺 $\overline{BC}$ 上の圧力を p とすると，圧力の性質①よりこれらはそれぞれの面に垂直に働く。したがって，水平方向，鉛直方向の力の釣合い式はそれぞれ

$$p_1 dl_1 = p \sin\theta dl \tag{2.4}$$

$$p_2 dl_2 = p \cos\theta dl + \frac{1}{2} dl_1 dl_2 \rho g \tag{2.5}$$

となるが，$dl_1 dl_2$ は dl_1，dl_2 に比べて二次の微小量であるため，式 (2.5) 中の自重の項は無視できる。一方，図 2.2 の幾何学的関係より，次式のようになる。

$$dl_1 = dl \sin\theta, \quad dl_2 = dl \cos\theta \tag{2.6}$$

したがって，式 (2.4)，(2.5) はそれぞれ次式となり，また θ は任意に選ぶことができるため性質②が成り立つ。

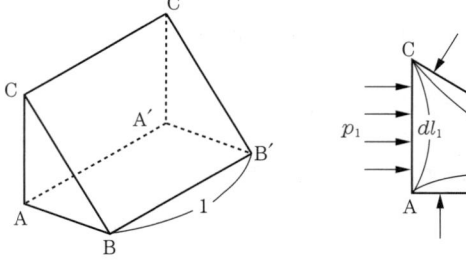

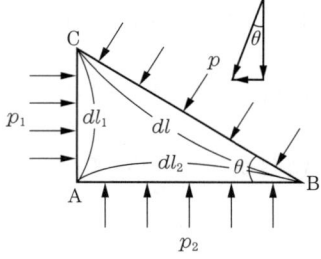

$$p_1 = p, \quad p_2 = p \tag{2.7}$$

図 2.2 圧力の等方性

圧力の性質③の応用例としては図 2.3 の水圧機が挙げられる。小さな断面積 A_1 のピストンに力 P_1 が加えられて水圧機内部の圧力が p となり，その結果大きな断面積 A_2 のピストンに力 P_2 が発生する。この場合，次式が成り立つため小さな力で大きな力が得られる。

$$p = \frac{P_1}{A_1} = \frac{P_2}{A_2} \tag{2.8}$$

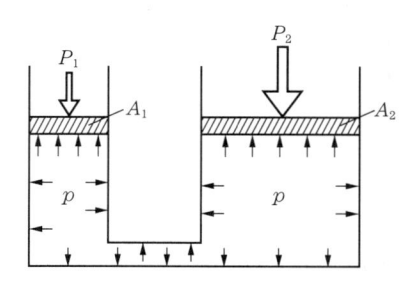

図 2.3　水圧機の原理

2.3　重力下にある静止流体中の鉛直方向の圧力分布

われわれは空気の海の底に住んでおり，上空の空気の重さを大気圧として感じている。地球の重力の作用により，気圧・水圧が鉛直方向にどのように変わるかを考察しよう。

流体中に図 2.4 のような微小円柱を考えると，鉛直方向の力の釣合いより

$$p\Delta A - \left(p + \frac{dp}{dz}\Delta z\right)\Delta A - \rho g \Delta z \Delta A = 0 \tag{2.9}$$

となる。したがって

$$\frac{dp}{dz} = -\rho g \tag{2.10}$$

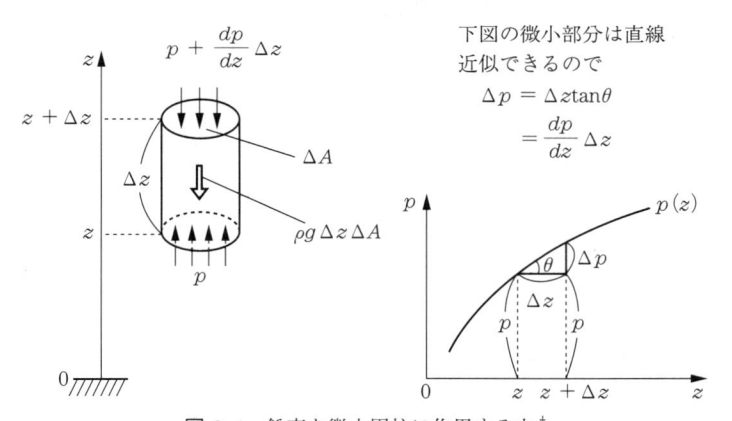

図 2.4　鉛直な微小円柱に作用する力[†]

（1）液体の場合　液体は密度 ρ が一定と近似することができるため，式 (2.10) は簡単に積分ができ，次式となる。

$$p = -\rho g z + C \tag{2.11}$$

図 2.5 のように座標をとると，$z = z_0$ で $p = p_0$（大気圧）となるから積分定数が定まり

[†]　図 2.4 において検査体積の上面と下面の断面積が異なっても，すなわち円柱が切頭円錐になっても，式 (2.10) は成り立つ（図 4.2 参照）。

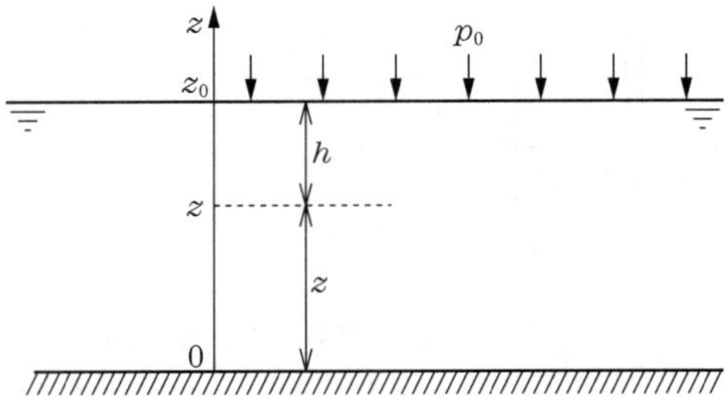

図 2.5　液体内の圧力

$$C = p_0 + \rho g z_0 \tag{2.12}$$

となる．したがって

$$p = \rho g(z_0 - z) + p_0 \tag{2.13}$$

いま水深を $h\ (= z_0 - z)$ とすると，次式となる．

$$p = \rho g h + p_0 \tag{2.14}$$

例えば，$h = 5\,000\,\mathrm{m}$ のとき，$p = (10^3 \times 9.8 \times 5 \times 10^3 + 1.013 \times 10^5)\mathrm{Pa} = 491 \times 10^5\,\mathrm{Pa} \fallingdotseq 485$ 気圧となる．

（ 2 ）　気体の場合（大気の鉛直方向の温度，圧力分布）

（ a ）　鉛直方向にポリトロープ変化を仮定した場合（対流圏モデル）　　式 (1.29) より

$$\frac{p}{\rho^n} = \mathrm{const.} \tag{2.15}$$

ここに，n はポリトロープ指数であり実測値より定める．いま，$z=0$ で $p=p_0$, $\rho=\rho_0$ とすると，式 (2.15) より

$$\frac{p}{\rho^n} = \frac{p_0}{\rho_0^n} \tag{2.16}$$

となる．したがって

$$\frac{1}{\rho} = \frac{1}{\rho_0}\left(\frac{p_0}{p}\right)^{\frac{1}{n}} \tag{2.17}$$

式 (2.17) を式 (2.10) に代入すると

$$dz = -\frac{dp}{g\rho} = -\frac{1}{g\rho_0}\left(\frac{p_0}{p}\right)^{\frac{1}{n}}dp = -\frac{p_0}{g\rho_0}\left(\frac{p}{p_0}\right)^{-\frac{1}{n}}d\left(\frac{p}{p_0}\right) \tag{2.18}$$

となり，これを積分して

$$z = -\frac{p_0}{g\rho_0}\frac{1}{1-\frac{1}{n}}\left(\frac{p}{p_0}\right)^{1-\frac{1}{n}} + C \tag{2.19}$$

を得る．$z=0$ で $p=p_0$ であるため積分定数が定まり

$$C = \frac{p_0}{g\rho_0}\frac{n}{n-1} \tag{2.20}$$

となる．したがって

$$z = \frac{p_0}{g\rho_0}\frac{n}{n-1}\left[1 - \left(\frac{p}{p_0}\right)^{\frac{n-1}{n}}\right] \tag{2.21}$$

となり，変形すると

$$\frac{p}{p_0} = \left(1 - \frac{n-1}{n}\frac{g\rho_0}{p_0}z\right)^{\frac{n}{n-1}} \fallingdotseq 1 - \frac{g\rho_0}{p_0}z \quad (z \leq 2.5\,\mathrm{km}) \tag{2.22}$$

となる．式 (2.22) を式 (2.16) に代入すると，次式となる．

$$\frac{\rho}{\rho_0} = \left(1 - \frac{n-1}{n}\frac{g\rho_0}{p_0}z\right)^{\frac{1}{n-1}} \tag{2.23}$$

状態方程式 $p = \rho R T$，$p_0 = \rho_0 R T_0$ より得られる式に式 (2.22)，(2.23) を代入すると

$$\frac{T}{T_0} = \frac{p/p_0}{\rho/\rho_0} = 1 - \frac{n-1}{n}\frac{g\rho_0}{p_0}z \tag{2.24}$$

となる．すなわち，温度は z とともに直線的に減少するが，これは実測結果と一致している．さらに式 (2.24) より次式が得られる．

$$\frac{dT}{dz} = -\frac{n-1}{n}\frac{g\rho_0 T_0}{p_0} = -\frac{n-1}{n}\frac{g}{R} \tag{2.25}$$

ここで，$g = 9.8\,\mathrm{m/s^2}$，$R = 287.1\,\mathrm{J/kgK}$ とし，実測結果では，高度 11 km までの対流圏では高度が 100 m 上昇すると温度は 0.65 K 下がるため，次式を得る．

$$\frac{dT}{dz} = -6.5 \times 10^{-3}\,\mathrm{K/m} \tag{2.26}$$

これらの g，R，dT/dz の値を式 (2.25) に代入すると，ポリトロープ指数の値が求まり

$$n = 1.235 \tag{2.27}$$

となる．$n = 1.4$（断熱変化）にならないのは，① 海面上（$z \fallingdotseq 0$）における水の蒸発（吸熱）と上空での凝縮（放熱），および ② 熱的対流による大気の上昇・下降流動により熱が鉛直上方へ運ばれるためである．

（b）鉛直方向に等温変化を仮定した場合（成層圏モデル） 高度 11 km から 25 km までの成層圏下層では，温度は $-56.5\,°\mathrm{C}$ で一定である．したがって，状態方程式より

$$\rho = \frac{p}{RT_s} \tag{2.28}$$

となる．ここに，T_s は成層圏内の一定温度を示す．式 (2.28) を式 (2.10) に代入すると

16 　 2. 流 体 の 静 力 学

$$\frac{dp}{dz} = -\frac{g}{RT_s}p \tag{2.29}$$

となり，これを積分して

$$\ln p = -\frac{g}{RT_s}z + C \tag{2.30}$$

となる．したがって，次式となる．

$$p = C' \exp\left(-\frac{g}{RT_s}z\right) \tag{2.31}$$

ここで，成層圏内の最低高度 $z = z_{s0}$ での圧力を $p = p_{s0}$ とすると積分定数が定まり

$$C' = p_{s0} \exp\left(\frac{gz_{s0}}{RT_s}\right) \tag{2.32}$$

となる．したがって，次式を得る．

$$p = p_{s0} \exp\left\{-\frac{g}{RT_s}(z - z_{s0})\right\} \tag{2.33}$$

式 (2.33) を式 (2.28) に代入し，状態方程式 $p_{s0} = \rho_{s0}RT_s$ を用いると

$$\rho = \rho_{s0} \exp\left\{-\frac{g}{RT_s}(z - z_{s0})\right\} \tag{2.34}$$

ここに，ρ_{s0} は $z = z_{s0}$ における密度を示す．対流圏と成層圏内の温度分布を図 2.6 に，成層圏内の圧力分布を図 2.7 に示す．

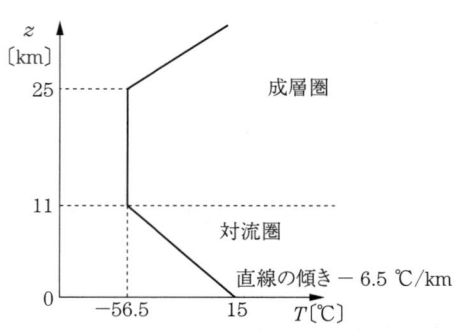

図 2.6　大気温度の鉛直方向分布（実測値）　　　図 2.7　成層圏内の圧力分布

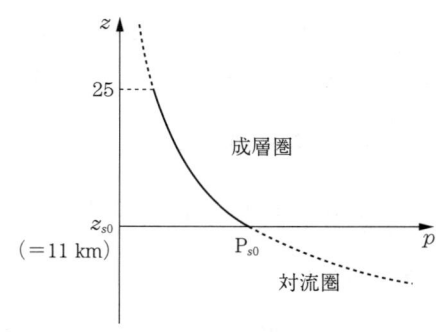

例として，$T_s = -56.5\,°\mathrm{C}$, $g = 9.8\,\mathrm{m/s^2}$, $R = 287.1\,\mathrm{J/kgK}$ とし，式 (2.33) を用いて成層圏内の高度 $z_{s0} = 11\,\mathrm{km}$ と $z_{s1} = 20\,\mathrm{km}$ における圧力の比を求めると

$$\frac{p(z_{s1})}{p(z_{s0})} = \exp\left\{-\frac{g}{RT_s}(z_{s1} - z_{s0})\right\} = 0.242 \tag{2.35}$$

となる．一方，実測データによると $p(z_{s0}) = 227\,\mathrm{hPa}$, $p(z_{s1}) = 55.3\,\mathrm{hPa}$ であり，このとき $p(z_{s1})/p(z_{s0}) = 0.244$ となり，式 (2.35) の計算値とほぼ一致する．

2.4 圧力の測定

（1） マノメータ　マノメータとは，液柱の高さによって流体の圧力を測定する装置であり，パイプ内の液流中の圧力を測定する場合は，パイプに図 **2.8** のような L 字ガラス管を接続すると液位が H だけ上昇する。このとき，図中の level AA における鉛直方向の力の釣合いより，次式を得る。

$$p = p_0 + \rho g H \tag{2.36}$$

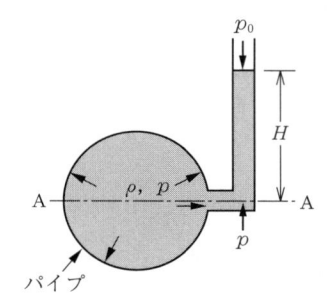

図 **2.8**　マノメータ

パイプ内の液流中の圧力が高い場合，あるいはパイプ内の気流中の圧力を測定する場合は，L 字管マノメータではなく図 **2.9** のような U 字管マノメータを使い，U 字管の中にパイプ内の流体とは異なる密度 $\rho'(>\rho)$ の液体を入れる。このとき，図中の level AA における鉛直方向の力の釣合いより

$$\rho g H + p = \rho' g H' + p_0 \tag{2.37}$$

となり，したがって次式を得る。

$$p = p_0 + g(\rho' H' - \rho H) \tag{2.38}$$

2 本の管内の圧力差を測定する場合は図 **2.10** のような U 字管マノメータを使う。図中の level AA における鉛直方向の力の釣合いより

$$\rho g H + p_1 = \rho' g H + p_2 \tag{2.39}$$

となる。したがって，次式を得る。

$$p_1 - p_2 = (\rho' - \rho) g H \tag{2.40}$$

圧力差が小さいときは図 **2.11** のような逆 U 字管マノメータを使う。図中の level AA における鉛直方向の力の釣合いより

18 2. 流体の静力学

図 2.9 U字管マノメータ (1)

図 2.10 U字管マノメータ (2)

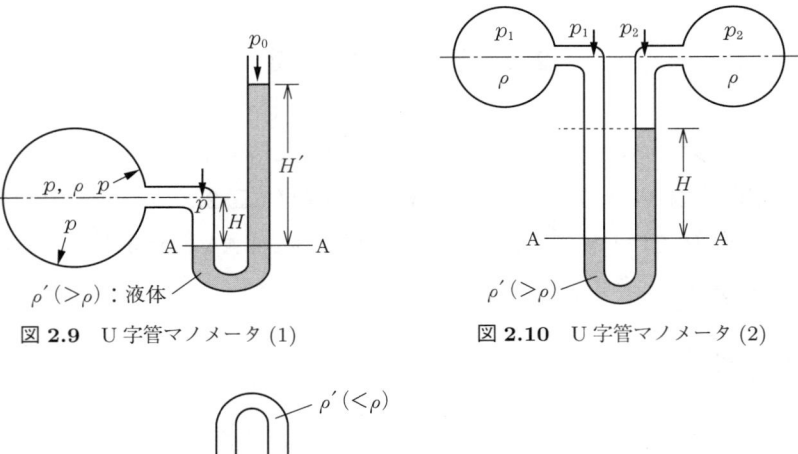

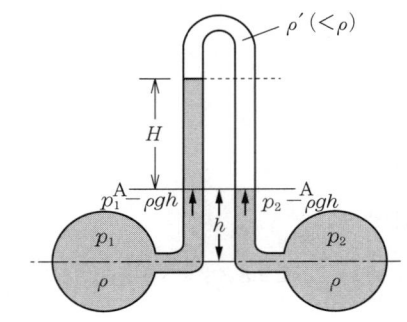

図 2.11 逆U字管マノメータ

$$\rho g H - p_1 = \rho' g H - p_2 \tag{2.41}$$

となる．したがって，次式を得る．

$$p_1 - p_2 = (\rho - \rho') g H \tag{2.42}$$

U字管マノメータで両方の管の液位を同時に読むのは難しい．そこで，一方の管の断面積を図 2.12 のように十分大きくしておけば，断面積の大きな管内の液位の変動は無視できるので，破線で示されるもう一方の管内の液位のみを読みとればよい．また，H が小さいとき，破線の管を図のように傾ければ

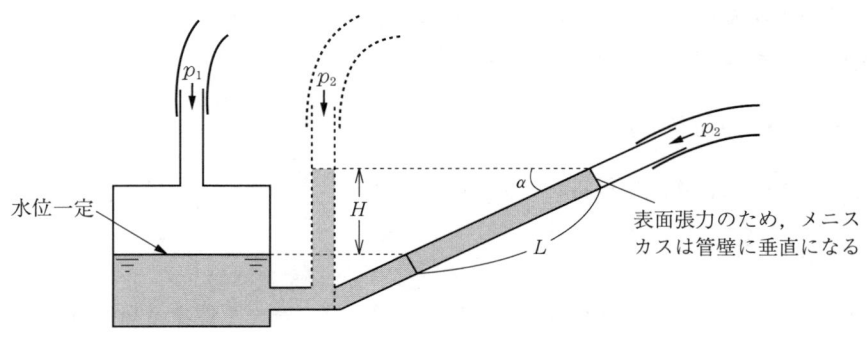

図 2.12 傾斜管マノメータ

$$L = \frac{H}{\sin \alpha} \tag{2.43}$$

だけ読みが拡大されるので，微圧を測定することができる。これは傾斜管マノメータと呼ばれる。

その他の微圧計には，ゲッチンゲン型微圧計，チャトック傾斜微圧計がある。

（**2**）**弾性式圧力計**　弾性式圧力計としては，ブルドン管圧力計，ダイヤフラム圧力計，ベローズ圧力計が挙げられる。

（**3**）**電気式圧力計**　電気式圧力計は，圧力をダイヤフラムなどの弾性体を経て，力または変位に変換し，その変動量を抵抗線ひずみ計，半導体ひずみ計（ピエゾ抵抗効果を利用），圧電素子（ピエゾ圧電効果を利用）により，電気量の変動とする。

コーヒーブレイク

最初の血圧計
18世紀（1773年）にステファン・ハレスが病気の馬の治療のため，馬の首の動脈に真鍮製パイプを刺し，そのパイプにガラス管を継ぎ垂直に立て，血液がどこまで上昇するかを観察した。これは観血式血圧計と呼ばれるが，現在は非観血式血圧計が主流である。

2.5　内圧を受ける円筒容器の壁にかかる力

図 **2.13** のように直径 D（$= 2r_0$），長さ l の円筒の両端を閉じて内部に流体を満たす。容器内部の圧力を p_i，外部の圧力を p_e とし

$$\Delta p = p_i - p_e (> 0) \tag{2.44}$$

とおくと，容器は円周方向に（軸方向単位長さ当たりの）張力 T_θ と軸方向に（周方向単位長さ当たりの）張力 T_z を受ける。

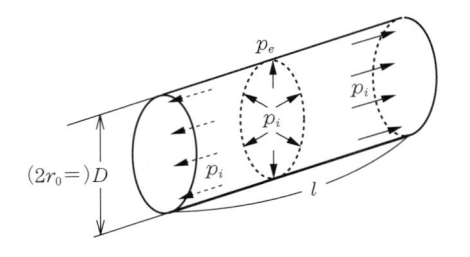

図 2.13　内圧を受ける円筒容器

図 **2.14** に示す円形断面の左半分の力の釣合いより

$$2T_\theta l = l \int_0^\pi \Delta p \sin \theta r_0 d\theta \tag{2.45}$$

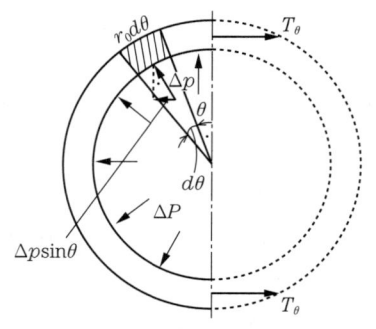

図 2.14　円周方向の力の釣合い

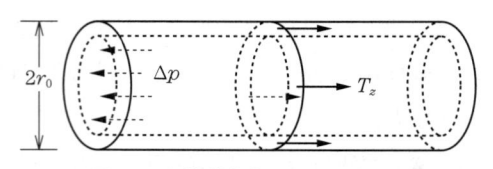

図 2.15　管軸方向の力の釣合い

となる。したがって，次式を得る。

$$T_\theta = \frac{1}{2} r_0 \Delta p \int_0^\pi \sin\theta d\theta = r_0 \Delta p \tag{2.46}$$

図 2.15 に示す円筒の左半分の力の釣合いより

$$\pi r_0^2 \Delta p = 2\pi r_0 T_z \tag{2.47}$$

となる。したがって，次式を得る。

$$T_z = \frac{1}{2} r_0 \Delta p \tag{2.48}$$

式 (2.46)，(2.48) より次式が得られる。

$$T_\theta = 2 T_z \tag{2.49}$$

2.6　浮　　力

　流体中の物体の表面には圧力が表面に垂直に働くが，その大きさは水深の深い部分ほど大きい。したがって，その鉛直方向の合力 F は図 2.16 のように鉛直上向きに働く。これを浮力（buoyancy）という。

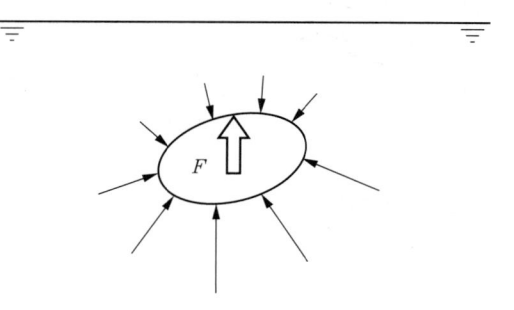

図 2.16　浮　力

図 2.17 のように，密度 ρ の液体中に上下面の面積 A，高さ h，体積 V の直方体があるとする。水平方向には力は釣り合っている。鉛直方向の力の釣合いを考える。上面に働く力 F_1 は下向きであり，大気圧を p_0 とすると

$$F_1 = (p_0 + \rho g h_1)A \tag{2.50}$$

となる。下面に働く力 F_2 は上向きであり

$$F_2 = (p_0 + \rho g h_2)A \tag{2.51}$$

したがって，鉛直上向きの力の合力 F は

$$F = F_2 - F_1 = \rho g(h_2 - h_1)A = \rho g h A = \rho g V \tag{2.52}$$

となる。すなわち，「流体中の物体は物体が排除した流体の重さに等しい浮力を受ける」〔アルキメデス（Archimedes）の原理〕。

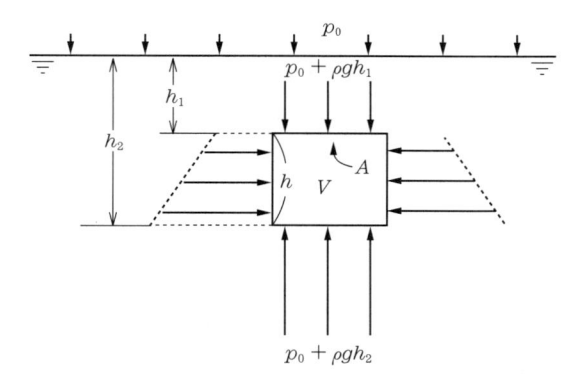

図 2.17 液体中の直方体に作用する力

空気中でも鉛直上方へ向かって圧力が下がるため液体中と同様に浮力が働くが，空気の密度は $\rho_a = 1.25\,\mathrm{kg/m^3}$ と液体中のそれの約 1/800 であるため浮力は小さい。

浮力は気球や飛行船に利用されている。例として，ヘリウム（He）ガス（密度 ρ_{He}）を詰めた質量 M の船体をもつ飛行船（airship）に必要な体積 V を求める。浮力と He ガスの重さと船体の重さの鉛直方向の力の釣合いより

$$\rho_a V g - \rho_{\mathrm{He}} V g - M g = 0 \tag{2.53}$$

となる。したがって，次式を得る。

$$V = \frac{M}{\rho_a - \rho_{\mathrm{He}}} \tag{2.54}$$

ここで，$\rho_a = 1.25\,\text{kg/m}^3$，$\rho_{\text{He}} = 0.17\,\text{kg/m}^3$，$M = 10^4\,\text{kg}$ とすると $V = 9\,260\,\text{m}^3$ となり，飛行船を直径 $D = 10\,\text{m}$ の円筒とすると，長さ L は $L = 4V/\pi D^2 = 118\,\text{m}$ となる。

● 熱気球の上昇力の計算　図 2.18 のように熱気球を直径 d の球とし，気球内部の温度を t_b，気球まわりの温度 t_∞ とする。ただし，気球の体積 V は温度により変化しないものとする。

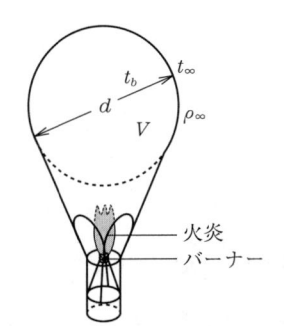

図 2.18　熱気球

空気の比体積 v は空気の体膨張係数を α とすると，次式より求まる。

$$v = v_0(1 + \alpha t) \tag{2.55}$$

ここに，t は温度 [°C] であり，v_0 は 0 °C のときの比体積を示す。このとき密度は，$0 < \alpha t \ll 1$ より

$$\rho = \frac{1}{v} = \frac{1}{v_0(1 + \alpha t)} \fallingdotseq \rho_0(1 - \alpha t) \tag{2.56}$$

となる。ここに，ρ_0 は 0 °C のときの密度を示す。気球内部の空気の密度を ρ_b，気球まわりの空気の密度を ρ_∞ とすると，正味の上昇力 F_{eff} は浮力から気球内の空気の重さを引くことにより求まる。すなわち，次式となる。

$$F_{eff} = \rho_\infty V g - \rho_b V g = (\rho_\infty - \rho_b) V g \tag{2.57}$$

式 (2.57) に式 (2.56) を代入すると，次式を得る。

$$F_{eff} = \{\rho_0(1 - \alpha t_\infty) - \rho_0(1 - \alpha t_b)\} V g = \alpha(t_b - t_\infty)\rho_0 V g \tag{2.58}$$

いま，$t_b - t_\infty = 45\,°\text{C}$（または $100\,°\text{C}$），$\alpha = 3.67 \times 10^{-3}\,\text{K}^{-1}$，$\rho_0 = 1.25\,\text{kg/m}^3$，$d = 10\,\text{m}$ とすると $V = \pi d^3/6 = 524\,\text{m}^3$ となるため，$F_{eff} = 3.67 \times 10^{-3} \times 45$（または 100）$\times 1.25 \times 524 \times 9.8 = 1\,060\,\text{N}$（または $2\,356\,\text{N}$）となる。また，この上昇力と釣り合う気球の質量 M は次式より求まる。

$$M = \frac{F_{eff}}{g} = 108\,\text{kg}\ （または\ 240\,\text{kg}） \tag{2.59}$$

2.7 相対的静止の状態

● **等加速度直線運動** 図 2.19 のように液を入れた容器が x 方向（水平方向）に一定加速度 α で直線運動をしている。液面上の質量 m の微小要素に作用する力は z 方向（鉛直方向）に重力 $-mg$ と，x 方向に慣性力 $-m\alpha$ である。合力 F に垂直な方向には力は作用しないから，その垂直な方向は等圧面となる，すなわち自由表面が形成される。自由表面の水平方向からの傾き角 θ は次式より求められる。

$$\tan\theta = \frac{\alpha}{g} \tag{2.60}$$

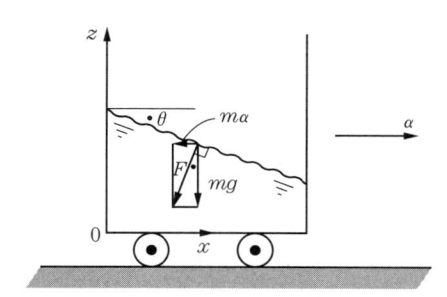

図 2.19 一定加速度で直線運動する容器内の液体

章 末 問 題

【1】 問図 2.1(a), (b) において容器 A の中の圧力 p を求める式を書け。また，図 (c) において圧力差 $p_1 - p_2$ を求める式を書け。

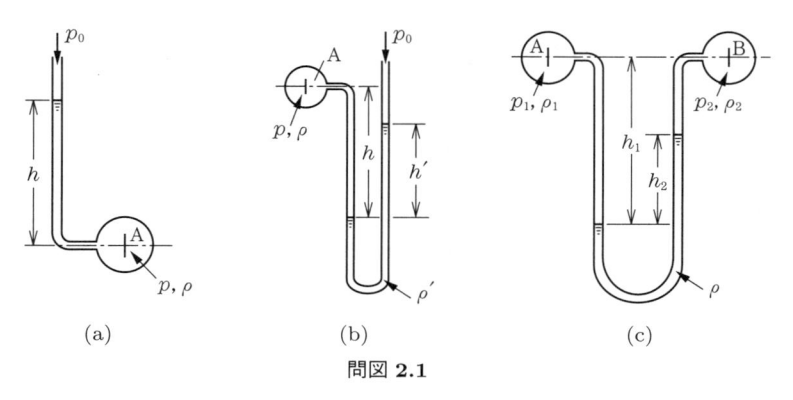

問図 2.1

【2】 【1】の図 (a) において $\rho = 10^3\,\text{kg/m}^3$, $h = 2.0\,\text{m}$, $p_0 = 1.013 \times 10^5\,\text{Pa}$, 図 (b) において $\rho = 1.4 \times 10^3\,\text{kg/m}^3$, $\rho' = 13.6 \times 10^3\,\text{kg/m}^3$, $h = 1.5\,\text{m}$, $h' = 80\,\text{cm}$, $p_0 = 1.013 \times 10^5\,\text{Pa}$ のとき，p を求めよ。

24   2. 流体の静力学

【3】 内径 d，肉厚 t の薄肉円管の両端を閉じ，内部の流体を加圧して管内外圧力差を Δp としたとき，管壁に生じる応力の円周方向成分 σ_θ と管軸方向成分 σ_z を求めよ．また，この円管が裂けるとき，裂け目は円周方向，管軸方向のどちらに走るか．

【4】 底部に質量 m のおもりをつけた直径 d の円柱形の浮きが，水面に鉛直に立って浮いている．水面下の長さは l である．$d = 1\,\mathrm{cm}$，$l = 20\,\mathrm{cm}$ のとき，浮子の上下運動の固有振動数を求めよ．浮子自身の重さは無視できるとする．水の密度は $\rho_w = 10^3\,\mathrm{kg/m^3}$ とする．

【5】 問図 2.2(a)，(b)，(c) において点 A の圧力 p を，図 (d) において圧力差 $p_1 - p_2$ を求める式を書け．

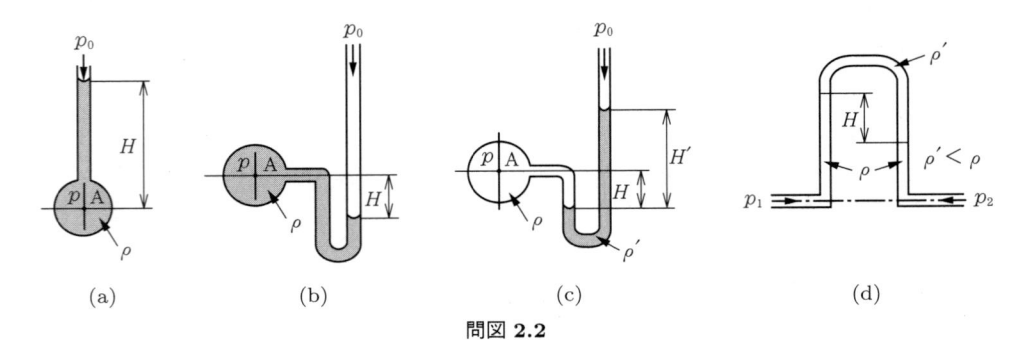

問図 2.2

【6】 地球の大気温度 T は，高度約 $10\,\mathrm{km}$ までの対流圏内では，鉛直方向に高度 z とともに直線的に低下し，その割合は $100\,\mathrm{m}$ ごとに $-0.65°\mathrm{C}$ である．この観測結果を説明するモデルとして，大気を理想気体とし，ポリトロープ変化（$p/\rho^n = $ 一定）に従うとしたモデルがよく当てはまることを示し，大気圧 p の鉛直方向分布を表す式を求めよ．つぎに，空気の比気体定数 $R_a = 287.1\,\mathrm{J/kgK}$ として，n の値を求めよ．

【7】 容器内の圧力を問図 2.3 のような水銀マノメータで測定したところ，$H = 20\,\mathrm{cm}$，$H' = 30\,\mathrm{cm}$ であった．大気圧 p_a を 1 気圧として容器内の圧力を SI 単位で求めよ．ただし，水の密度を $1\,000\,\mathrm{kg/m^3}$，水銀の密度を $13\,600\,\mathrm{kg/m^3}$ とする．

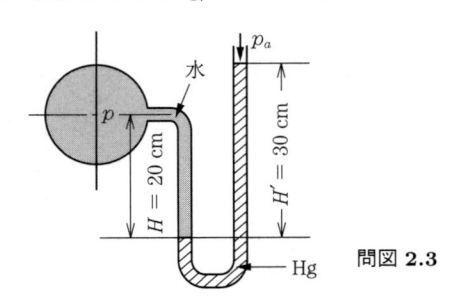

問図 2.3

3 流れの基礎

2章では流体が静止している場合を扱ったが，本章では流体が運動している場合を扱い，流体力学の基礎概念，方法論，基本用語を説明する．流体の運動を考えるとき，2通りの方法がある．

① **ラグランジュの方法**　ラグランジュの方法とは，任意の流体粒子（流体の塊）に着目し，その速度，加速度，圧力などの時々刻々の変化を観測する方法．他分野の対応する例としては，高速道路で走っている自動車の窓からまわりの様子を観測する場合が当てはまる．

② **オイラーの方法**　オイラーの方法とは，任意の場所に設定した測定点（あるいは検査体積）を通る流体の速度，加速度，圧力などの時々刻々の変化を観測する方法．他分野の例としては，高速道路の1点で車の通行量，速度を観測する場合が対応する．現代の流体力学の方法論はオイラーの方法が主流である．

3.1　流線，流脈，流跡

流線（stream line）とは，ある瞬間におけるおのおのの流体粒子の速度ベクトルの包絡線を示す．すなわち，各点における接線がその点の流体粒子の速度の方向となる曲線であり，図 **3.1** に示される関係より，流線を表す式は次式となる．

$$\frac{dy}{dx} = \frac{v}{u} \tag{3.1}$$

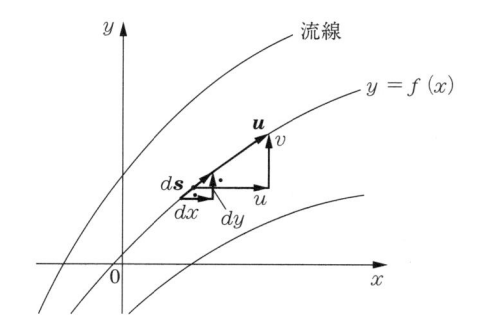

図 **3.1**　流れの速度と流線

流線には相対流線と絶対流線があり，対象物体とともに動く観測者に対する流線が相対流線であり，静止した観測者に対する流線が絶対流線である．図 **3.2** (a) ～ (c) は静止した水中を円柱が動く場合を示すが，円柱と同じ速度で動く観測者から見た相対流線は図 (a) のようになり，静止観測者から見た絶対流線は図 (b) のようになる．これらの流線は同図中の動いているカメラと静止したカメラによって撮影される流れの可視化画像とそれぞれ一致する．図 (c) は円柱近傍の同一点に対する流体の相対速度ベクトル $\boldsymbol{u}_r$ と絶対速度ベクトル $\boldsymbol{u}_a$ の関係を示し，次式で表される．

$$\boldsymbol{u}_a = \boldsymbol{u}_r + \boldsymbol{u}_c \tag{3.2}$$

ここに，$\boldsymbol{u}_c$ は円柱の速度ベクトルを示す．

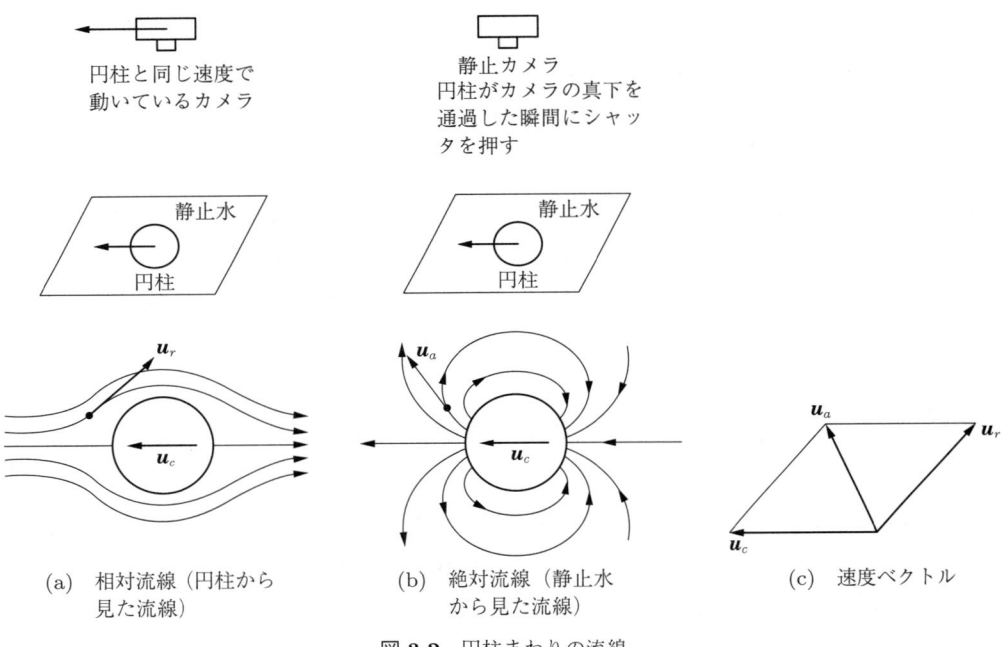

(a) 相対流線（円柱から見た流線）　(b) 絶対流線（静止水から見た流線）　(c) 速度ベクトル

図 **3.2** 円柱まわりの流線

図 **3.3** (a) は流れている水面上のアルミ粉末のストロボ写真であり，線分はストロボ発光時間内の流体粒子の移動方向と距離を示すため，これらの線分が速度ベクトルを示し，また細破線が流線となる．流脈（streak line）とは，流れの中にある 1 点をつぎつぎに通過した流体粒子をつないだ線を意味する．これは図 (b) のように流れ場中に挿入した細管から染料を注入して写真を撮ることで得られる．流跡（path line）とは，1 個の流体粒子の動いた軌跡を表す線であり，図 (c) の空中の風船の飛行軌跡がほぼ流跡となる．

定常流れでは流線，流脈，流跡はすべて一致する．

図 3.3 流線と流脈と流跡

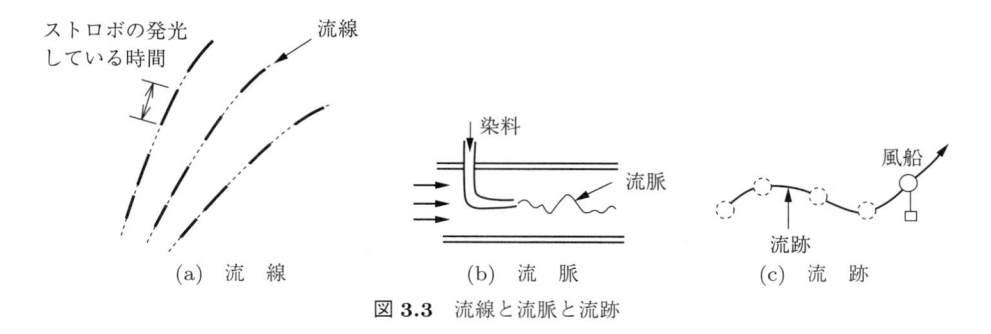

流管（stream tube）とは流れ場中の閉曲線 C 上の各点を通る流線を描いたときにできる図 3.4 のような 1 本の管のことである。

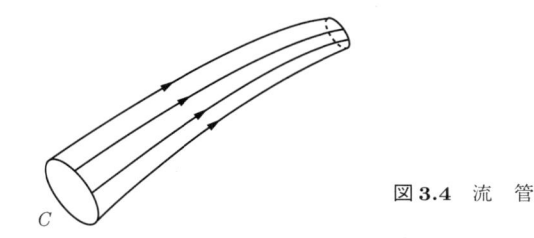

図 3.4 流　管

3.2　流れの時間的，空間的分類

流れは一般に時間的，空間的に変化（または変動）しているが，その様子を分類するとつぎのようになる。

流れを時間的変化（変動）の観点から分類すると，定常流れ（steady flow）と非定常流れ（unsteady flow）に分類できる。定常流れとは流れの状態が時間的に変化しない流れであり，非定常流れとは流れの状態が時間とともに変化する流れである。

一方，流れを空間的変化（変動）の観点から分類すると，三次元流れ，二次元流れ，一次元流れに分類できる。

（ 1 ）　**三次元流れ（three-dimensional flow）**　　流れの速度が x, y, z 方向のそれぞれの成分 u, v, w を持ち，これらが次式で表されるような流れのことを三次元流れという。

$$\begin{cases} u &= u(x,y,z,t) \\ v &= v(x,y,z,t) \\ w &= w(x,y,z,t) \end{cases} \tag{3.3}$$

（ 2 ）　**二次元流れ（two-dimensional flow）**　　図 3.5 のようなすき間の狭い 2 枚の平行平板の間を流れる流れのように，速度が二つの成分のみで表すことができる流れのことを二次元流れという。

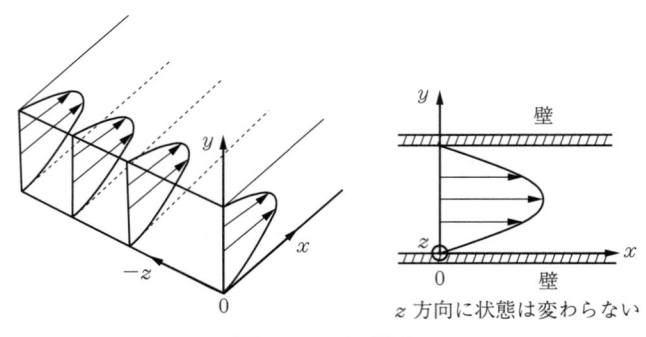

図 3.5 二次元流れ

$$\begin{cases} u = u(x,y,t) \\ v = v(x,y,t) \end{cases} \qquad (3.4)$$

(3) **軸対称流れ（axi-symmetric flow）** 円柱座標 (r,θ,z) において，流れ場が θ に無関係で，(r,z) で表される流れを軸対称流れという。軸対称流れは広義の二次元流れとみなせる。

$$\begin{cases} u_r = u_r(r,z,t) \\ u_z = u_z(r,z,t) \end{cases} \qquad (3.5)$$

(4) **一次元流れ（one-dimensional flow）** 図 3.6 のように管内の流れを管断面内の平均速度で考えると，速度は x 方向成分のみとなる。このように速度が 1 成分のみで，流れの状態が一つの空間座標のみで表される流れのことを一次元流れという。

$$u = u(x,t) \qquad (3.6)$$

(a) 実際の速度分布 　　　(b) 一次元流れモデル

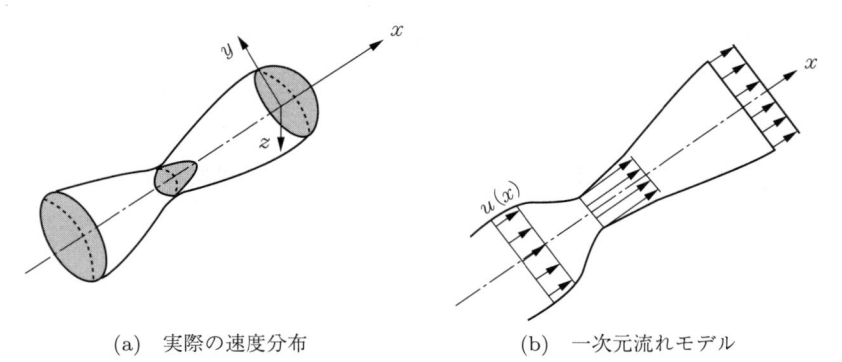

図 3.6 実際の流れの一次元流れモデル

3.3 層流と乱流

タバコの煙を例にとると，図 **3.7** のようにはじめの流れは層流（laminar flow）であり煙は真直に昇るが，ある距離の後，乱流（turbulent flow）となり，煙は無秩序に乱れる。層流と乱流の説明については，5.4 節を参照すること。

図 3.7 タバコの煙に見られる層流と乱流

3.4 レイノルズ数

レイノルズ（Osborne Reynolds）は図 **3.8** に示すような実験装置を用いて，管内の流れが層流から乱流へ変化する（「遷移する」という）現象について，流体の種類，流速 v，管径 d をさまざまに変えて調べ，層流から乱流への遷移は無次元数 $\rho v d/\mu$ だけで決まり，この無次元数がある値以上になると乱流が起こることを発見した。この無次元数をレイノルズ数（Reynolds number, Re）と呼ぶ。

$$Re = \frac{\rho v d}{\mu} = \frac{vd}{\nu} \tag{3.7}$$

ここに，$\rho\,[\mathrm{kg/m^3}]$ は流体の密度，$v\,[\mathrm{m/s}]$ は管断面内平均速度，$d\,[\mathrm{m}]$ は管内径，$\mu\,[\mathrm{kg/ms}]$ は流体の粘性係数，$\nu\,[\mathrm{m^2/s}]$ は流体の動粘性係数を示す。

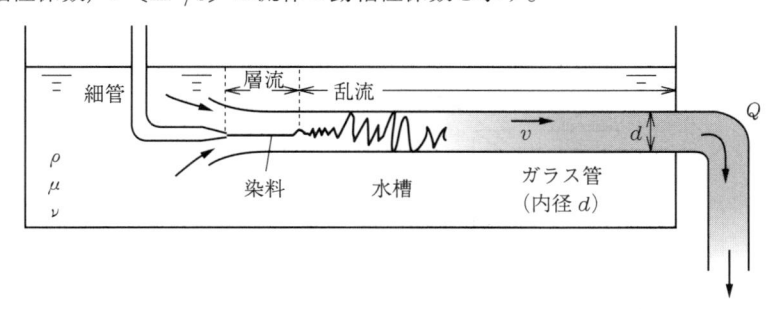

図 3.8 レイノルズの実験（1883 年）

流れをいかに乱しても層流を保つレイノルズ数の上限値を低臨界レイノルズ数という。

$Re < 2\,320$　流れは安定であり，乱れを与えてもしずまる（層流）。

30   3. 流れの基礎

$Re > 2\,320$ 流れは不安定である。

3.5　圧縮性流体と非圧縮性流体

圧縮性流体（compressible fluid）とは，気体のように圧力を上げると体積が減り（密度が大きくなり），圧力を下げると体積が増す（密度が小さくなる）ような流体のことをいう。非圧縮性流体（incompressible fluid）とは，圧力の変化に対して体積（密度）の増減が起こらず，密度が一定である流体のことをいう。

圧縮性流体の流れでは，熱力学第一法則（エネルギー保存則）と流体の状態方程式を介して，流体の圧力，密度，温度が相互に関係しあっているので，このような流れを調べるためにはこれらの方程式を流体力学の方程式と連立させて解かねばならない。

実際に流体の圧縮性が重要になる流れとしては，大きな圧力差のもとで起こる管内の高速気流，静止気体中を高速で運動する物体まわりの流れ，エンジン内の燃焼気流や高度が大きく変化する大気の鉛直方向運動のような，温度変化の大きな流れ，あるいは水撃現象などが挙げられる。

3.6　流体の回転と渦

流れに伴い流体粒子は変形と回転を受けるが，ここでは回転について考える。図 3.9 に示すように，時刻 t において点 O にあった辺 dx, dy の流体微小要素 ABCD が，時刻 $t + dt$ において点 O′ に移動し，A′B′C′D′ に変形したとする。辺 AB の回転は点 A と B の y 方向の移動距離が異なるために生じる。したがって，この移動距離の差を $d\varepsilon_1$ とすると

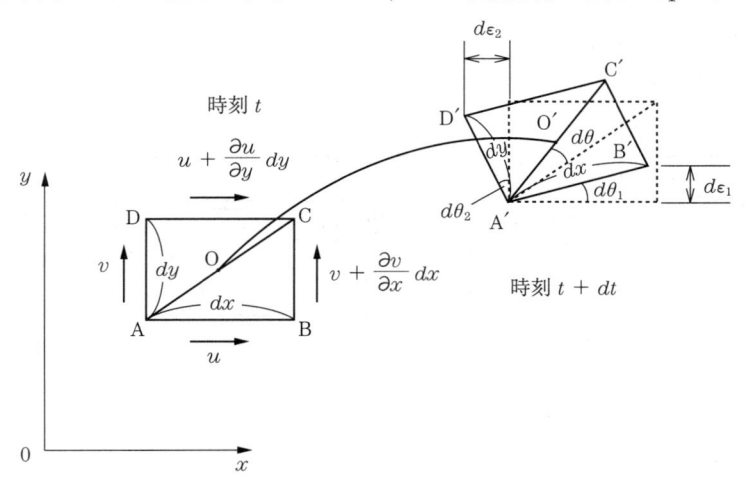

図 3.9　微小要素の変形

$$d\varepsilon_1 = \left\{\left(v + \frac{\partial v}{\partial x}dx\right) - v\right\}dt = \frac{\partial v}{\partial x}dxdt \tag{3.8}$$

となる．時間 dt の間の辺 AB の回転角 $d\theta_1$ は

$$d\theta_1 = \frac{d\varepsilon_1}{dx} = \frac{\partial v}{\partial x}dt \tag{3.9}$$

となる．したがって，辺 AB の回転角速度 ω_1 は，つぎのように表せる．

$$\omega_1 = \frac{d\theta_1}{dt} = \frac{\partial v}{\partial x} \tag{3.10}$$

同様に，点 A と D の x 方向の移動距離の差を $d\varepsilon_2$ とすると

$$d\varepsilon_2 = \left\{\left(u + \frac{\partial u}{\partial y}dy\right) - u\right\}dt = \frac{\partial u}{\partial y}dydt \tag{3.11}$$

となる．AD の回転角 $d\theta_2$ は

$$d\theta_2 = -\frac{d\varepsilon_2}{dy} = -\frac{\partial u}{\partial y}dt \tag{3.12}$$

となる．したがって，辺 AD の回転角速度 ω_2 は

$$\omega_2 = \frac{d\theta_2}{dt} = -\frac{\partial u}{\partial y} \tag{3.13}$$

となる．ただし，ε_1, ε_2 はそれぞれ y, x 軸の向きと同じ正負の符号をとり，θ_1, θ_2 は反時計回りを正としている．したがって，$d\theta_1$ と $d\varepsilon_1/dx$ は同符号となり，$d\theta_2$ と $d\varepsilon_2/dy$ は異符号となるため，それぞれ式 (3.9)，(3.12) における符号の関係となる．

対角線 AC の回転角速度，すなわち微小要素の回転角速度は ω_1, ω_2 の算術平均で与えられ

$$\omega = \frac{1}{2}(\omega_1 + \omega_2) = \frac{1}{2}\left(\frac{\partial v}{\partial x} - \frac{\partial u}{\partial y}\right) \tag{3.14}$$

となる．式 (3.14) の括弧中の項を

$$\zeta = \frac{\partial v}{\partial x} - \frac{\partial u}{\partial y} \tag{3.15}$$

とおくと，これは z 軸についての渦度（vorticity）と呼ばれる．式 (3.14)，(3.15) より次式が得られる．

$$\zeta = 2\omega \tag{3.16}$$

すなわち，渦度は流体粒子の回転角速度の 2 倍となる．

また，$\zeta = 0$，すなわち

$$\frac{\partial v}{\partial x} - \frac{\partial u}{\partial y} = 0 \tag{3.17}$$

となる流れを渦なし流れ（irrotational flow）という．

なお，三次元流れの場合，渦度ベクトルは

$$\boldsymbol{\zeta} = \nabla \times \boldsymbol{v} \tag{3.18}$$

により与えられる。ここに，$\boldsymbol{v} = u\boldsymbol{i} + v\boldsymbol{j} + w\boldsymbol{k}$，$\nabla = \partial/\partial x\,\boldsymbol{i} + \partial/\partial y\,\boldsymbol{j} + \partial/\partial z\,\boldsymbol{k}$ である。直交デカルト座標系 (x, y, z) では

$$\begin{aligned}\boldsymbol{\zeta} &= \begin{vmatrix} \boldsymbol{i} & \boldsymbol{j} & \boldsymbol{k} \\ \dfrac{\partial}{\partial x} & \dfrac{\partial}{\partial y} & \dfrac{\partial}{\partial z} \\ u & v & w \end{vmatrix} \\ &= \left(\frac{\partial w}{\partial y} - \frac{\partial v}{\partial z}\right)\boldsymbol{i} + \left(\frac{\partial u}{\partial z} - \frac{\partial w}{\partial x}\right)\boldsymbol{j} + \left(\frac{\partial v}{\partial x} - \frac{\partial u}{\partial y}\right)\boldsymbol{k}\end{aligned} \tag{3.19}$$

ここに，$\boldsymbol{i}$, $\boldsymbol{j}$, $\boldsymbol{k}$ はそれぞれ x, y, z 方向の単位ベクトルを示す。$\boldsymbol{\zeta}$ の x, y, z 成分をそれぞれ ξ, η, ζ とすると

$$\xi = \frac{\partial w}{\partial y} - \frac{\partial v}{\partial z}\ ,\ \ \eta = \frac{\partial u}{\partial z} - \frac{\partial w}{\partial x}\ ,\ \ \zeta = \frac{\partial v}{\partial x} - \frac{\partial u}{\partial y} \tag{3.20}$$

となる。図 3.9 のような二次元流れでは，式 (3.20) で $\xi = \eta = 0$ であり，同式中の第 3 式より，式 (3.15) の結果がただちに得られる。

● 自由渦と強制渦　　図 **3.10** (a) のように液体を入れた円筒容器を，鉛直な円筒中心軸のまわりに一定の回転角速度で回転させると，液体は流線に沿って回転運動をすると同時に流体微小要素自身も回転する。このとき水面に木片を浮かせて観察すれば，流体が剛体的回転運動を行っていることがわかる。したがって，流れは渦あり流れ（rotational flow）であり，このような流れを強制渦流れ（forced vortex flow）と呼び，流れの周方向速度 v_θ は次式で与えられる。

$$v_\theta = kr \tag{3.21}$$

ここに，k は定数，r は円筒中心軸からの距離を示す。

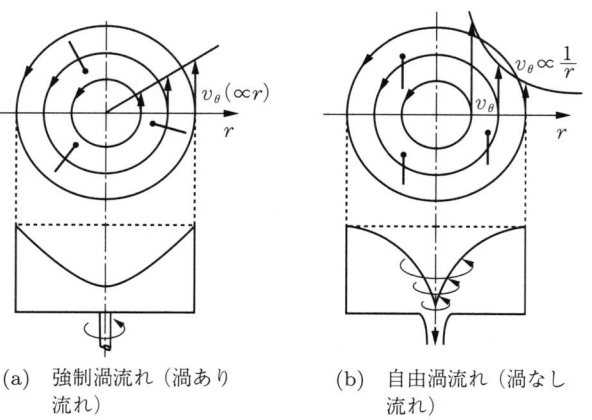

(a) 強制渦流れ（渦あり流れ）　　(b) 自由渦流れ（渦なし流れ）

図 **3.10**　強制渦と自由渦

一方，図 3.10 (b) のように容器の底に開けた小孔から液体を流出させる場合に見られる旋回流れの場合には，液体は回転運動をしても，その微小要素はつねに同じ方向を向いており回転はしない。したがって，この流れは渦なし流れであり，このような流れを自由渦流れ (free vortex flow) と呼び，v_θ は次式で与えられる。

$$v_\theta = \frac{k'}{r} \tag{3.22}$$

ここに，k' は定数である。

　台風，渦潮，竜巻などわれわれに身近な自然界の渦の場合，基本的な形は**図 3.11** のように中心部に強制渦の核があり，その周辺部は自由渦となっている。

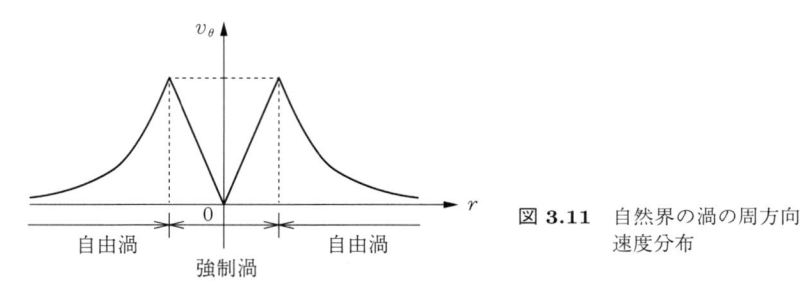

図 3.11　自然界の渦の周方向速度分布

3.7　循　　　環

　図 3.12 のように流れ場中に任意の閉曲線 S を考え，その曲線上の速度 v_s の曲線に対する接線方向成分 v'_s を，この閉曲線に沿って一周の線積分を行ったものを循環 Γ（circulation）といい，反時計回りを正とする。

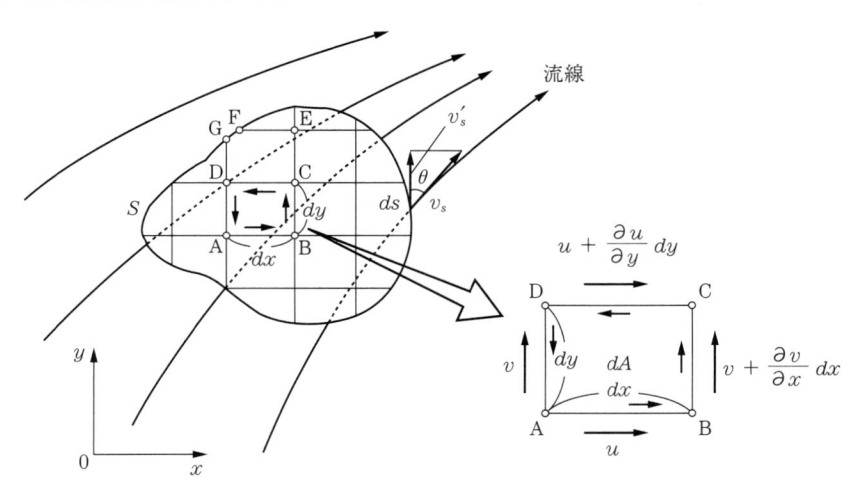

図 3.12　循環の計算

$$\Gamma = \oint_S v'_s ds = \oint_S v_s \cos\theta ds \tag{3.23}$$

いま，図のように閉曲線 S の内部を x 軸と y 軸に平行な線により微小要素に分割する。長方形 ABCD の循環 $d\Gamma$ は

$$d\Gamma = udx + \left(v + \frac{\partial v}{\partial x}dx\right)dy - \left(u + \frac{\partial u}{\partial y}dy\right)dx - vdy$$

$$= \left(\frac{\partial v}{\partial x} - \frac{\partial u}{\partial y}\right)dxdy \tag{3.24}$$

式 (3.15) を式 (3.24) に代入すると

$$d\Gamma = \zeta dxdy = \zeta dA \tag{3.25}$$

ここに，dA は微小要素の面積を示す。したがって，$d\Gamma$ は渦度 ζ と微小要素の面積 dA の積に等しい。隣り合う微小要素のそれぞれにこの操作を適用し，それらの結果を加え合わせると，二つの微小要素に共有される辺上の積分はたがいに打ち消し合う。例えば，図 3.13 のように，長方形 ABCD については

$$d\Gamma_1 = \oint_{\text{ABCD}} v'_s ds = \zeta_1 dA_1 \tag{3.26}$$

となり，長方形 ABCD の上の五角形 DCEFG については

$$d\Gamma_2 = \oint_{\text{DCEFG}} v'_s ds = \zeta_2 dA_2 \tag{3.27}$$

となる。式 (3.26), (3.27) を辺々加えると，次式となる。

$$d\Gamma_1 + d\Gamma_2 = \oint_{\text{ABCD}} v'_s ds + \oint_{\text{DCEFG}} v'_s ds = \zeta_1 dA_1 + \zeta_2 dA_2 \tag{3.28}$$

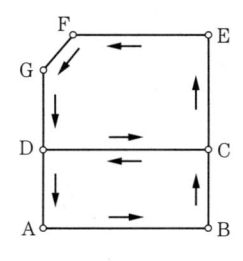

図 3.13 長方形 ABCD と五角形 DCEFG

一方，式 (3.26) 中の一周積分は

$$\oint_{\text{ABCD}} v'_s ds = \int_{\text{AB}} v'_s ds + \int_{\text{BC}} v'_s ds + \int_{\text{CD}} v'_s ds + \int_{\text{DA}} v'_s ds \tag{3.29}$$

となり，式 (3.27) 中の一周積分は

$$\oint_{\mathrm{DCEFG}} v'_s ds = \int_{\mathrm{DC}} v'_s ds + \int_{\mathrm{CE}} v'_s ds + \int_{\mathrm{EF}} v'_s ds + \int_{\mathrm{FG}} v'_s ds + \int_{\mathrm{GD}} v'_s ds \qquad (3.30)$$

となる．さらに，式 (3.29) における辺 CD 上の点 C から D への積分 $\int_{\mathrm{CD}} v'_s ds$ と式 (3.30) における辺 CD 上の点 D から C への積分 $\int_{\mathrm{DC}} v'_s ds$ には

$$\int_{\mathrm{CD}} v'_s ds = -\int_{\mathrm{DC}} v'_s ds \qquad (3.31)$$

の関係が成り立つため，式 (3.28) は次式となる．

$$d\Gamma_1 + d\Gamma_2 = \oint_{\mathrm{ABCEFGD}} v'_s ds = \zeta_1 dA_1 + \zeta_2 dA_2 \qquad (3.32)$$

閉曲線 S 内の全要素数を N とし，式 (3.32) をすべての要素に拡張して適用すると次式が得られる．

$$\sum_{i=1}^{N} d\Gamma_i = \oint_S v'_s ds = \sum_{i=1}^{N} \zeta_i dA_i \qquad (3.33)$$

すなわち

$$\Gamma = \oint_S v'_s ds = \int_A \zeta dA \qquad (3.34)$$

となる．式 (3.34) より渦度 ζ の面積分は循環 Γ に等しいことがわかる．これをストークス (Stokes) の定理という．したがって，ある閉曲線の内部に渦が存在しないときは，そのまわりの循環はゼロとなることがわかる．

章 末 問 題

【1】 渦度 $\zeta = (\partial v/\partial x - \partial u/\partial y)$ は，流体要素の回転角速度 ω [rad/s] の 2 倍であることを示せ．

【2】 直径 1 cm の円管内を 20°C の水が流れる．平均速度が 1.2 m/s のとき，レイノルズ数を求め，流れが層流か乱流かを判定せよ．

4 一次元流れ

オイラーの方法では**図 4.1** のように空間に固定された任意の（微小）検査空間を設定し，この検査空間に対して質量と運動量の保存則を適用する。なお，流れ場は開放系であるため，検査空間内の流体はつねに入れ替わっていることに注意する。実際の流れは三次元的であるが，一次元で考えてよい場合も多い。例えば，管内の流れを考える場合，管断面内の平均速度で考えれば一次元流れとなって取り扱いが非常に簡単になる。本章では 3 章で述べたオイラーの方法を用いた一次元流れの基礎方程式の導出，および応用例を示す。

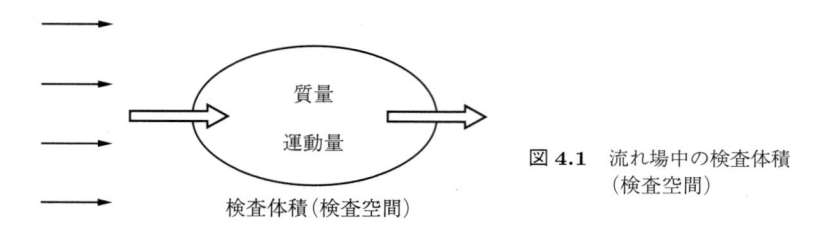

図 4.1　流れ場中の検査体積（検査空間）

4.1　質量保存則と連続の式

開放系の質量保存則はつぎのように書き表せる。

　　（単位時間当たりの検査空間内の質量蓄積量）
　＝（検査空間へ単位時間当たりに流入する質量）
　　－（検査空間から単位時間当たりに流出する質量）
　　＋（わき出しによる単位時間当たりの検査空間内の質量増加量）

図 4.2 のように，流れ方向 s に断面積の変化する流管の微小長さ ds の部分を検査空間とし，s 方向と鉛直上方向（z 方向）のなす角を θ とする。検査空間の流入面では速度は u，圧力は p，密度は ρ，断面積は A であり，流出面ではそれぞれが微小変化して，$u+(\partial u/\partial s)ds$，$p+(\partial p/\partial s)ds$，$\rho+(\partial \rho/\partial s)ds$，$A+(\partial A/\partial s)ds$ となる。検査空間内にわき出しはないものとする。なお，つぎの解析では高次の微小量を無視する。

4.1 質量保存則と連続の式

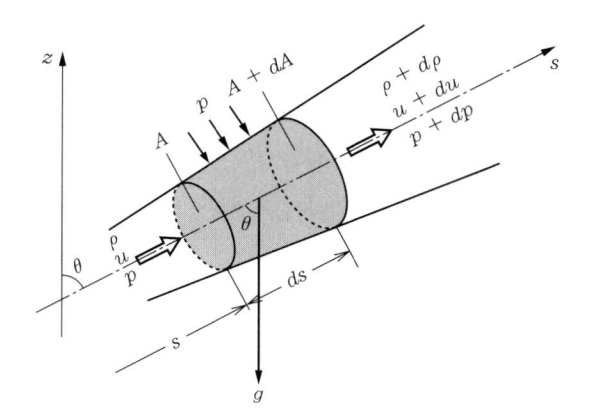

図 4.2 流線上の検査体積（検査空間）

検査空間内の質量は $\rho A ds$ である。この質量を時刻 t における質量とすると，時刻 $t+dt$ における質量は，検査空間を固定しているため $\rho A ds + (\partial(\rho A ds)/\partial t)dt$ となる。したがって，単位時間当たりの検査空間内の質量蓄積量は $(\partial(\rho A ds)/\partial t)$ となる。検査空間へ単位時間当たりに流入する質量は $\rho u A$ である。したがって，検査空間の流出面から単位時間当たりに流出する質量は $\rho u A + (\partial(\rho u A)/\partial s)ds$ となる。なお，この結果は流出面で ρ, u, A のそれぞれに微小変化を与えてつぎのように導くこともできる。

$$\left(\rho + \frac{\partial \rho}{\partial s}ds\right)\left(u + \frac{\partial u}{\partial s}ds\right)\left(A + \frac{\partial A}{\partial s}ds\right)$$
$$= \rho u A + uA\frac{\partial \rho}{\partial s}ds + \rho A\frac{\partial u}{\partial s}ds + \rho u\frac{\partial A}{\partial s}ds = \rho u A + \frac{\partial(\rho u A)}{\partial s}ds \tag{4.1}$$

図の検査空間に質量保存則を適用した結果は次式となる。

$$\frac{\partial(\rho A ds)}{\partial t} = \rho u A - \left\{\rho u A + \frac{\partial(\rho u A)}{\partial s}ds\right\} \tag{4.2}$$

したがって

$$\frac{\partial(\rho A)}{\partial t}ds = -\frac{\partial(\rho u A)}{\partial s}ds \tag{4.3}$$

となり，両辺を ds で除すと次式となる。

$$\frac{\partial(\rho A)}{\partial t} + \frac{\partial(\rho u A)}{\partial s} = 0 \tag{4.4}$$

流管の断面積 A が時間的にも流れ方向にも変化しない場合には，式 (4.4) は次式となる。

$$\frac{\partial \rho}{\partial t} + \frac{\partial(\rho u)}{\partial s} = 0 \tag{4.5}$$

定常流れのときは式 (4.4) は次式となる。

$$\frac{d}{ds}(\rho u A) = 0 \tag{4.6}$$

38　4. 一次元流れ

または
$$\rho u A = \dot{m} \quad (= \text{const.}) \tag{4.7}$$

ここに，$\dot{m}$ は単位時間当たりに流管の断面を通過する流体の質量であり，質量流量という。ρu は単位時間当たりに流管単位断面積を通過する流体の質量であり，質量流束（mass flux）と呼ばれ，単位は〔kg/m^2·s〕である。さらに，非圧縮性流体の場合は $\rho =$ const. であるから式 (4.7) は次式となる。

$$u A = Q \quad (= \text{const.}) \tag{4.8}$$

ここに，Q は単位時間当たりに流管の断面を通過する流体の体積であり，体積流量という。単位時間当たりに流管の単位断面積を通過する流体の体積を体積流束（volumetric flux）と呼び，一次元流れでは u に等しい。式 (4.4) 〜 (4.8) は連続の式と呼ばれる。

4.2　運動量保存則とオイラーの運動方程式

開放系の運動量保存則はつぎのように書き表せる。ただし，わき出しなしを仮定する。

（単位時間当たりの検査空間内の運動量蓄積量）
＝（検査空間へ単位時間当たりに流入する運動量）
　−（検査空間から単位時間当たりに流出する運動量）
　＋（検査空間が受ける運動量方向の力の合計）

図 4.2 の検査空間の持つ s 方向運動量は $\rho A ds \cdot u$，流入する単位時間当たりの運動量は $\dot{m} u$ である。わき出しはないものとする。また流入面に作用する圧力による力は pA，検査空間側面に作用する圧力による力の s 方向成分は $(p \partial A/\partial s) ds$，重力による力の s 方向成分は $-\rho A ds \cdot g \cos \theta$ である。この $(p \partial A/\partial s) ds$ の導出については，検査空間が径の増加する円形断面管の場合に対してつぎに示す。図 4.3 に示すように円筒の直径を D，検査空間側面の円筒面からのひろがり角を ϕ とすると，圧力により周方向単位長さ当たり $p ds$ の力が側面に垂直に作用するため，この力の s 方向成分は $p ds \sin \phi$ となり，また周方向長さは πD であるため，側面に作用する圧力による力の s 方向成分は次式となる。

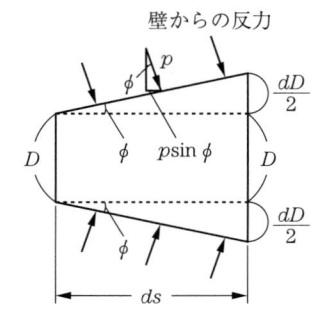

図 4.3　壁面に作用する圧力

図 4.3 において ϕ は通常小さいので，$ds\sin\phi \fallingdotseq \dfrac{dD}{2} = \dfrac{1}{2}\dfrac{\partial D}{\partial s}ds$ となるため

$$pds\sin\phi \cdot \pi D = pds\frac{1}{2}\frac{\partial D}{\partial s}\pi D = pds\frac{\partial\left(\frac{1}{4}\pi D^2\right)}{\partial s} = p\frac{\partial A}{\partial s}ds \tag{4.9}$$

図 4.2 の検査空間に運動量保存則を適用した結果は次式となる。

$$\frac{\partial(\rho u A ds)}{\partial t} = \rho u^2 A - \left\{\rho u^2 A + \frac{\partial(\rho u^2 A)}{\partial s}ds\right\} + pA - \left\{pA + \frac{\partial(pA)}{\partial s}ds\right\}$$
$$+ p\frac{\partial A}{\partial s}ds - \rho g A\cos\theta ds \tag{4.10}$$

したがって次式が得られる。

$$\frac{\partial(\rho u A)}{\partial t} + \frac{\partial(\rho u^2 A)}{\partial s} = -A\frac{\partial p}{\partial s} - \rho g A\cos\theta \tag{4.11}$$

一方，式 (4.11) の左辺はつぎのように変形できる。

$$\rho A\frac{\partial u}{\partial t} + u\frac{\partial(\rho A)}{\partial t} + \rho u A\frac{\partial u}{\partial s} + u\frac{\partial(\rho u A)}{\partial s}$$
$$= \rho A\left(\frac{\partial u}{\partial t} + u\frac{\partial u}{\partial s}\right) + u\left\{\frac{\partial(\rho A)}{\partial t} + \frac{\partial(\rho u A)}{\partial s}\right\} \tag{4.12}$$

連続の式 (4.4) を用いると式 (4.12) の右辺第 2 項はゼロとなるため，式 (4.11) は次式となる。

$$\rho A\left(\frac{\partial u}{\partial t} + u\frac{\partial u}{\partial s}\right) = -A\frac{\partial p}{\partial s} - \rho g A\cos\theta \tag{4.13}$$

式 (4.13) の両辺を ρA で除すと，次式で表せる。

$$\frac{\partial u}{\partial t} + u\frac{\partial u}{\partial s} = -\frac{1}{\rho}\frac{\partial p}{\partial s} - g\cos\theta \tag{4.14}$$

式 (4.14) はオイラーの運動方程式と呼ばれる。なお，オイラーの運動方程式では流体の粘性を無視し，また圧縮性流れ，非圧縮性流れのいずれに対しても成り立つ。

定常流れのときには，式 (4.14) は次式となる。

$$u\frac{du}{ds} = -\frac{1}{\rho}\frac{dp}{ds} - g\cos\theta \tag{4.15}$$

4.3　ベルヌーイの式

図 4.4 に示す ds と dz の幾何学的関係より次式が成り立つ。

$$\cos\theta = \frac{dz}{ds} \tag{4.16}$$

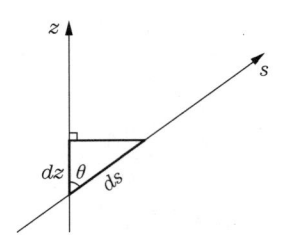

図 **4.4** 流れの方向と鉛直方向

したがって，式 (4.14) は次式となる。

$$\frac{\partial u}{\partial t} + u\frac{\partial u}{\partial s} = -\frac{1}{\rho}\frac{\partial p}{\partial s} - g\frac{dz}{ds} \tag{4.17}$$

なお，式 (4.17) の左辺第 2 項は $u\partial u/\partial s = \partial(u^2/2)/\partial s$ と変形することもできる。

定常流れのとき，式 (4.17) は次式となる。

$$\frac{d}{ds}\left(\frac{u^2}{2}\right) + \frac{1}{\rho}\frac{dp}{ds} + g\frac{dz}{ds} = 0 \tag{4.18}$$

式 (4.18) を s について積分すると，次式となる。

$$\int \frac{d}{ds}\left(\frac{u^2}{2}\right)ds + \int \frac{1}{\rho}\frac{dp}{ds}ds + g\int \frac{dz}{ds}ds = \text{const.} \tag{4.19}$$

式 (4.19) の左辺第 2 項で，流線方向座標 s に沿って微小距離 ds 進んだ時の $p(s)$ の微小変化量 dp は，p を s でテイラー展開し，$(ds)^2$ 以上の高次の微小項を無視すると，$dp = (dp/ds)ds$ となる。この両辺を ρ で除して積分すると，$\int (1/\rho)dp = \int (1/\rho)(dp/ds)ds$ となる。よって

$$\frac{u^2}{2} + \int \frac{1}{\rho}dp + gz = \text{const.} \tag{4.20}$$

非圧縮性流体の場合には密度が一定となるため，式 (4.20) は次式となる。

$$\frac{u^2}{2} + \frac{p}{\rho} + gz = \text{const.} \tag{4.21}$$

式 (4.21) はベルヌーイ (Bernoulli) の式，あるいはベルヌーイの定理と呼ばれる。式 (4.21) の各項は〔J/kg〕の単位を持つ。したがって，$u^2/2$, p/ρ, gz はそれぞれ単位質量当たりの流体の運動エネルギー，圧力エネルギー，位置エネルギーを表す。ベルヌーイの式は，粘性のない定常な非圧縮性流れでは，流線に沿って流体の運動エネルギーと圧力エネルギーと位置エネルギーの和が一定になるというエネルギーの保存則を表す。

式 (4.21) の両辺に ρ を乗じると次式となる。

$$\frac{1}{2}\rho u^2 + p + \rho gz = \text{const.} \tag{4.22}$$

式 (4.22) の各項の単位は圧力の単位を持つが，〔Pa〕=〔Nm/m³〕=〔J/m³〕となるため，各項は流体の単位体積当たりのエネルギーを表す。$\rho u^2/2$ は動圧 (dynamic pressure)，p

は静圧（static pressure），$p + \dfrac{\rho}{2}u^2$ を p_t と書き全圧（total pressure）あるいは，よどみ点圧（stagnation pressure）と呼ばれる。なお，静圧は p_s と書かれることもあり，また単に圧力というと静圧を意味する。図 4.5 のように流れに平行な個体壁上に，面に直角に小孔（圧力タップ）をあけると，小孔上の静圧 p_s を測定することができる。

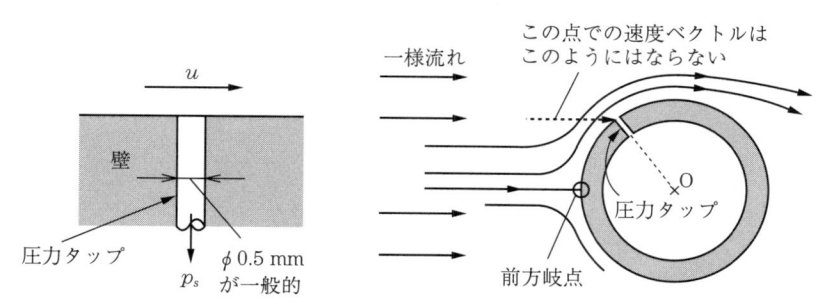

図 4.5 壁面上の静圧の測定

式 (4.21) の両辺を g で除すと次式となる。

$$\dfrac{u^2}{2g} + \dfrac{p}{\rho g} + z = H \ (= \text{const.}) \tag{4.23}$$

式 (4.23) の各項は長さの単位を持つため，$u^2/2g$ は速度ヘッド，$p/\rho g$ は圧力ヘッド，z は位置ヘッド，H は全ヘッドと呼ばれる。式 (4.22)，(4.23) もベルヌーイの式と呼ばれる。

流線が水平の場合は，式 (4.22) において $\rho g z$ を無視することができるため

$$\dfrac{1}{2}\rho u^2 + p = \text{const.} \tag{4.24}$$

となる。また，流体が気体の場合は一般にこの位置エネルギー項を無視することができる。

4.4　ベルヌーイの式の応用

4.4.1　断面積の変化する管路内の流れ

図 4.6 のような断面積が A_1 から A_2 へなめらかに変化する水平な管路内を密度 ρ の液体が流れる場合を考える。断面 1 での流速を u_1，圧力を p_1 とし，断面 2 での流速を u_2，圧力を p_2 とする。このとき，断面 1, 2 上に鉛直に立てた管内の液柱の高さは，大気圧を基準とした断面 1, 2 の圧力ヘッドとなる。また液体は非圧縮性流体とみなせるため，連続の式 (4.8) より

$$u_1 A_1 = u_2 A_2 \tag{4.25}$$

と表せる。また，ベルヌーイの式 (4.24) より

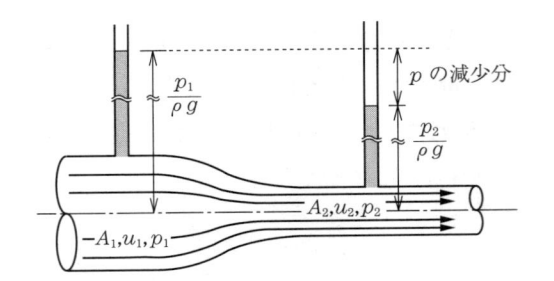

図 4.6 断面積がなめらかに変化する水平な管路内の流れ

$$p_1 + \frac{\rho}{2}u_1^2 = p_2 + \frac{\rho}{2}u_2^2 \tag{4.26}$$

となる。$A_1 > A_2$ であるから，連続の式より $u_1 < u_2$ であり，さらにベルヌーイの式より $p_1 > p_2$ となる。すなわち，管路断面積が大で流線間隔が粗であるところは流速が遅く，圧力は高い。逆に，管路断面積が小で流線間隔が密であるところは流速が速く，圧力は低い。

4.4.2 ベンチュリ管

図 4.7 のように管の一部を細く絞って管路内の流量を測定する装置をベンチュリ管 (Venturi tube) という。水平なベンチュリ管内を液体が流れる場合を考える。図のように断面 1, 2 を選ぶと，連続の式とベルヌーイの式はそれぞれ式 (4.25)，(4.26) となる。これらの式から u_1 を消去すると次式が得られる。

$$u_2 = \frac{1}{\sqrt{1 - (A_2/A_1)^2}} \sqrt{\frac{2}{\rho}(p_1 - p_2)} \tag{4.27}$$

体積流量 Q は

$$Q = u_2 A_2 = \frac{A_2}{\sqrt{1 - (A_2/A_1)^2}} \sqrt{\frac{2}{\rho}(p_1 - p_2)} \tag{4.28}$$

となる。したがって，断面 1 と 2 の間の圧力差 $p_1 - p_2$ を測定すれば，体積流量 Q を求めることができる。実際には，断面 1 と 2 の間で粘性によるエネルギー損失があるため，つぎの修正式が用いられる。

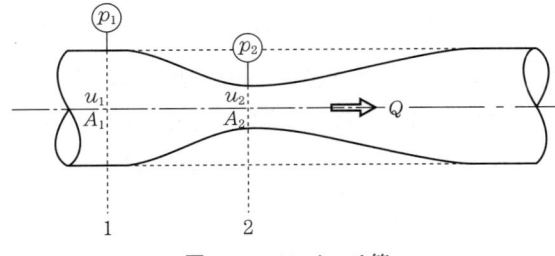

図 4.7 ベンチュリ管

$$Q = C \frac{A_2}{\sqrt{1-(A_2/A_1)^2}}\sqrt{\frac{2}{\rho}(p_1-p_2)} \tag{4.29}$$

ここに，C は流量係数（coefficient of discharge）と呼ばれ，実験によって決めるが $C \fallingdotseq 0.95$ である。

4.4.3 ピ ト ー 管

図 4.8 に示されるように，流れに平行に円筒を挿入し，半球状の先端に一つの孔（全圧孔）をあけ，円筒側面上にもう一つの孔（静圧孔）をあけて，全圧と静圧を別々に取り出す。ピトー管（Pitot tube）の存在によって乱されない上流位置の流速と静圧をそれぞれ u_A, p_A とする。ピトー管先端の孔部 B では流れはせき止められるため，流速はゼロとなり全圧 p_B が測定される。したがって，点 A と B の間でベルヌーイの式を適用すると次式となる。

$$p_A + \frac{\rho}{2}u_A^2 = p_B \tag{4.30}$$

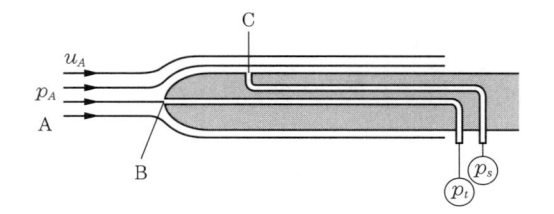

図 4.8 ピトー管

点 A の近傍の流線が側孔部 C を通り，孔は流線に直角にあけられているので，点 C で取り出される圧力は静圧 p_C のみとなる。したがって，$p_A = p_C$ であるため，式 (4.30) は次式となる。

$$p_C + \frac{\rho}{2}u_A^2 = p_B \tag{4.31}$$

したがって

$$u_A = \sqrt{\frac{2}{\rho}(p_B - p_C)} \tag{4.32}$$

すなわち，前孔部 B と側孔部 C の圧力差を測定すれば流速を求めることができる。実際のピトー管では，その形状や流体の粘性による圧力損失があるため，つぎの修正式を用いる。

$$u_A = C_v \sqrt{\frac{2}{\rho}(p_B - p_C)} \tag{4.33}$$

ここに，C_v は速度係数（coefficient of velocity）と呼ばれる。

4.4.4 小孔からの流出

図 4.9 に示されるように，水を蓄えた水槽の水深 H の側面の小孔から水が噴出している。このような小孔はオリフィスと呼ばれる。この場合，噴流は小孔近傍では小孔から離れるにつれて収縮し，位置 B で最小断面となる。この位置ではすべての流線はほぼ平行となり，圧力は大気圧と等しくなる。点 A から点 B までの流線にベルヌーイの式を適用すると

$$p_A + \frac{\rho}{2}u_A^2 + \rho g H = p_B + \frac{\rho}{2}u_B^2 \tag{4.34}$$

となるが，$p_A = p_B$（大気圧）であり，また水面の高さは変化しないと仮定すると，水面の点 A での流速は $u_A = 0$ であるため，式 (4.34) は次式となる。

$$\rho g H = \frac{\rho}{2}u_B^2 \tag{4.35}$$

したがって次式が得られる。

$$u_B = \sqrt{2gH} \tag{4.36}$$

式 (4.36) はトリチェリの定理と呼ばれ，噴出速度は水面から噴流の高さまで自由落下する物体の速度と等しくなる。ただし，実際の噴流に適用するためには，つぎのような修正を必要とする。

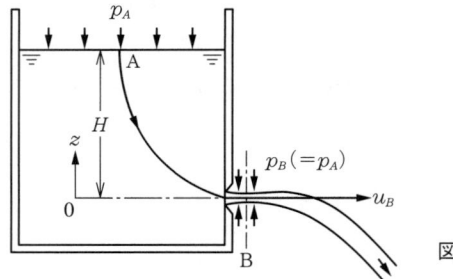

図 4.9 トリチェリの実験

噴流の最小断面積を A_c，小孔の面積を A とすると，これらの比 C_c は

$$C_c = \frac{A_c}{A} \tag{4.37}$$

と表せる。これは収縮係数（coefficient of contraction）と呼ばれ，$C_c \fallingdotseq 0.65$ である。実際の速度 $\tilde{u}_B$ と式 (4.36) より求まる u_B との比は速度係数 C_v と呼ばれ

$$\tilde{u}_B = C_v u_B = C_v \sqrt{2gH} \tag{4.38}$$

となり，$C_v \fallingdotseq 0.95$ である。したがって，実際の体積流量 Q は

$$Q = A_c \tilde{u}_B = C_c C_v A \sqrt{2gH} = CA\sqrt{2gH} \tag{4.39}$$

となる。ここに

$$C = C_c C_v \tag{4.40}$$

は流量係数であり，$C \fallingdotseq 0.60$ である。

コーヒーブレイク

　1870年に，英国の物理学者チンダル（J.Tyndall）は英国王立協会の席上でビクトリア女王の前で，図 4.10 に示されるように，水槽の中の電灯からの光が水槽の側壁にあけられた小孔から流出する水噴流のなめらかな表面で全反射を繰り返し，曲がった水噴流の中を先端まで伝わることを実演により示した。これは光ファイバーの原理そのものであり，光ファイバーが発明される約 100 年前のことであった。光ファイバーは 1960 年代に開発され，1980 年代から盛んに使われ始めた。

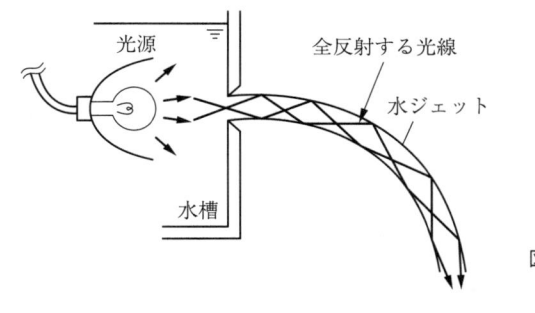

図 4.10　チンダルの実験

4.5　運動量保存則の応用

　4.2 節では，運動量の保存則を図 4.2 に示すような微小長さの検査空間に適用することによりオイラーの運動方程式を導いたが，この検査空間はさらに大きくとることもでき，定常流れの場合は検査空間内の流れの詳細に立ち入ることなく，境界における流れのみを扱うことにより流れのマクロ的な特性を得ることが可能となる。

　運動量はベクトル量であるため，開放系についての運動量の保存則は一般に次式で表される。ただし，わき出しはないことを仮定する。

$$\frac{d}{dt}\int_V \rho \boldsymbol{v} dV = (\dot{m}\boldsymbol{v})_i - (\dot{m}\boldsymbol{v})_o + \sum \boldsymbol{F} \tag{4.41}$$

ここに，ρ は密度，$\boldsymbol{v}$ は流速ベクトル，$\dot{m}$ は質量流量，$\boldsymbol{F}$ は検査空間に作用する外力ベクトルであり，また添え字 i は検査空間への流体流入部，添え字 o は検査空間からの流体流出部を

示す。左辺の積分領域 V は固定された検査空間であり，右辺第 3 項の総和は複数の外力が作用する場合にはこれらを合計することを示す。なお，式 (4.41) はベクトル方程式であるため，各成分ごとの方程式に分解して適用する必要がある。図 4.2 の場合には長さ ds の検査空間について，s の接線方向に式 (4.41) を適用している。

定常流れの場合には式 (4.41) は

$$-(\dot{m}\boldsymbol{v})_o + (\dot{m}\boldsymbol{v})_i + \sum \boldsymbol{F} = 0 \tag{4.42}$$

となり，式 (4.41) 中の体積積分項がなくなる。すなわち，検査空間内部の流れを扱う必要がなくなるため，式 (4.42) で表される運動量の保存則は非常に実用性のある式となる。式 (4.42) は運動量定理と呼ばれ，圧縮性流れの場合にも成り立つが，非圧縮性流れを仮定した場合の適用例をつぎに示す。

4.5.1 曲管に作用する流体力

図 **4.11** のような水平な平面内にある曲管内を密度 ρ の流体が流れる場合，曲管は流体から図に示すような力 $\boldsymbol{F} = (F_x, F_y)$ を受ける。曲管流入部を 1，流出部を 2 とし，流入方向および流出方向と x 軸とのなす角をそれぞれ α_1，α_2 とする。管内の質量流量を $\dot{m}$ とすると

$$\dot{m} = \rho A_1 v_1 = \rho A_2 v_2 \tag{4.43}$$

となる。ここに，A は管断面積，v は断面内平均流速を示す。

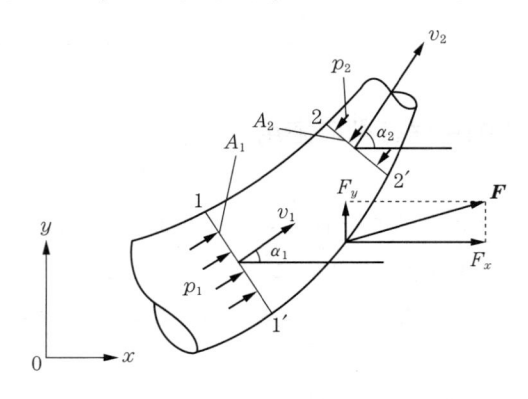

図 4.11 水平な平面内にある曲管内の流れ

図中の $11'22'$ 部分を検査空間とすると，運動量の流出部は断面 2，運動量の流入部は断面 1 であり，また外力は断面 1 と 2 上の圧力による力および曲管から受ける力 $-\boldsymbol{F} = (-F_x, -F_y)$ となる。したがって，運動量保存則の x, y 方向成分はそれぞれ次式となる。

$$-\dot{m} v_2 \cos\alpha_2 + \dot{m} v_1 \cos\alpha_1 + p_1 A_1 \cos\alpha_1 - p_2 A_2 \cos\alpha_2 - F_x = 0 \tag{4.44}$$

$$-\dot{m} v_2 \sin\alpha_2 + \dot{m} v_1 \sin\alpha_1 + p_1 A_1 \sin\alpha_1 - p_2 A_2 \sin\alpha_2 - F_y = 0 \tag{4.45}$$

したがって，質量流量 $\dot{m}$ が既知である場合，式 (4.43) より v_1, v_2 が求まるため，曲管流入部と流出部の圧力 p_1, p_2 を測定すれば，式 (4.44)，(4.45) より管に作用する流体力 F_x, F_y を求めることができる．さらに合力 F は次式より求まる．

$$F = \sqrt{F_x^2 + F_y^2} \tag{4.46}$$

4.5.2 急拡大管の圧力損失

図 4.12 に示すような管路の急拡大部では，流れは管壁に沿って流れることができずに流れに剥離を生じ，この部分で圧力損失 Δp が発生する．この圧力損失を求めてみよう．

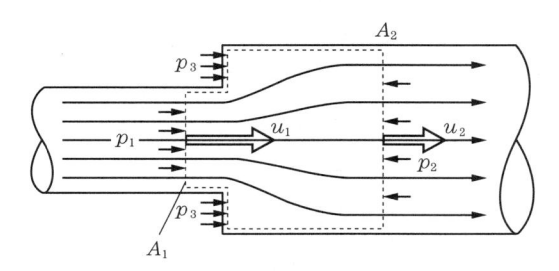

図 4.12 管路の急拡大部の流れ

検査空間を図中の破線のようにとり，x 方向に運動量保存則を適用する．断面 1，2 での圧力をそれぞれ p_1, p_2 とする．さらに急拡大部内壁上の圧力を p_3 とすると，$p_3 \fallingdotseq p_1$ となる．これは，剥離域では渦を巻いていてもその速度は遅いためほぼ死水域となり，このとき急拡大部内壁上の圧力 p_3 はこれに接する噴流の圧力とほぼ一致し，その圧力は上流の圧力 p_1 と等しくなるためである．運動量の流出部は断面 2，運動量の流入部は断面 1，外力は断面 1 上の圧力 p_1 による力，断面 2 上の圧力 p_2 による力，および急拡大部内壁上の圧力 p_3 による力となる．したがって運動量保存則は次式となる．

$$-\dot{m}u_2 + \dot{m}u_1 + p_1 A_1 - p_2 A_2 + p_3(A_2 - A_1) = 0 \tag{4.47}$$

式 (4.47) で $p_3 = p_1$ を代入すると，圧力項は $(p_1 - p_2)A_2$ となる．また

$$\dot{m} = \rho A_1 u_1 = \rho A_2 u_2 \tag{4.48}$$

は管内の質量流量を示す．

損失を考慮したベルヌーイの式は次式で表される．

$$p_1 + \frac{\rho}{2}u_1^2 = p_2 + \frac{\rho}{2}u_2^2 + \Delta p \tag{4.49}$$

式 (4.47)，(4.48) より

$$p_1 - p_2 = \frac{\dot{m}}{A_2}(u_2 - u_1) = \rho u_2(u_2 - u_1) \tag{4.50}$$

式 (4.49), (4.50) より

$$\Delta p = p_1 - p_2 + \frac{\rho}{2}(u_1^2 - u_2^2) = \rho u_2(u_2 - u_1) + \frac{\rho}{2}(u_1^2 - u_2^2) = \frac{\rho}{2}(u_1 - u_2)^2 \tag{4.51}$$

式 (4.48) より得られる関係 $u_2/u_1 = A_1/A_2$ を式 (4.51) に代入すると次式が得られる。

$$\Delta p = \frac{\rho}{2} u_1^2 \left(1 - \frac{A_1}{A_2}\right)^2 \tag{4.52}$$

式 (4.52) で与えられる圧力損失は，実験結果とよく一致することが知られている。なお，式 (4.52) において $A_1 = A_2$ とすると $\Delta p = 0$, すなわち圧力損失はゼロとなり，また $A_1 \ll A_2$ とすると $\Delta p = \rho u_1^2/2$ となる。すなわち急拡大部上流の動圧がすべて失われる。

4.5.3 推進器の一次元モデル（アクチュエータディスクモデル）

図 **4.13** のようなプロペラを用いた推進器によって発生する推力および推進効率を求める。プロペラを取りつけた物体が推力により静止流体中を $-x$ 方向に一定速度 U で運動している。系全体に x 方向一様速度 U の流れを与えるとプロペラは静止し，流れは定常流であるから，運動量保存則を x 方向に適用する。プロペラを包む断面 A_0 の円筒を検査空間とし，図 4.13 中の検査空間の外部境界をプロペラから十分遠方にとる。このとき検査空間の入口面と出口面上の圧力は至る所一定で大気圧 p_0 となり，また円筒側面上の圧力は半径方向を向く。したがって境界面上の圧力は x 方向に釣り合うため，圧力による力は運動量保存則に考慮する必要はない。プロペラを通過する流管を考えると，流管の断面積は検査空間の入口面では A_1, プロペラの位置では A, 出口面では A_2 となる。この流管内の x 方向速度は検査空間の入口面では U であるが，プロペラ通過時は $U + u'$ となり，さらに検査空間の出口面では $U + u$ となる。したがって，流管内の質量流量 $\dot{m}$ は，連続の式より次式となる。

$$\dot{m} = \rho A_1 U = \rho A(U + u') = \rho A_2(U + u) \tag{4.53}$$

流管内の圧力分布は図 **4.14** に示すように流体がプロペラに吸い込まれていくため，圧力が p_0 からプロペラに近づくにつれて低下してプロペラ直前では p'_u となり，プロペラ内でステップ状に $\Delta p'$ だけ増加して p'_d となり，プロペラより下流では低下して p_0 に戻る。ここではプロペラを厚みがなく，流体にエネルギーを与える円盤（アクチュエータディスク）としてモデル化している。ただしプロペラ通過後の流れに発生する旋回，および摩擦や渦によって発生する損失は無視する。したがって，検査空間の入口からプロペラ直前まで，およびプロペラ直後から検査空間の出口までのベルヌーイの式はそれぞれ次式となる。

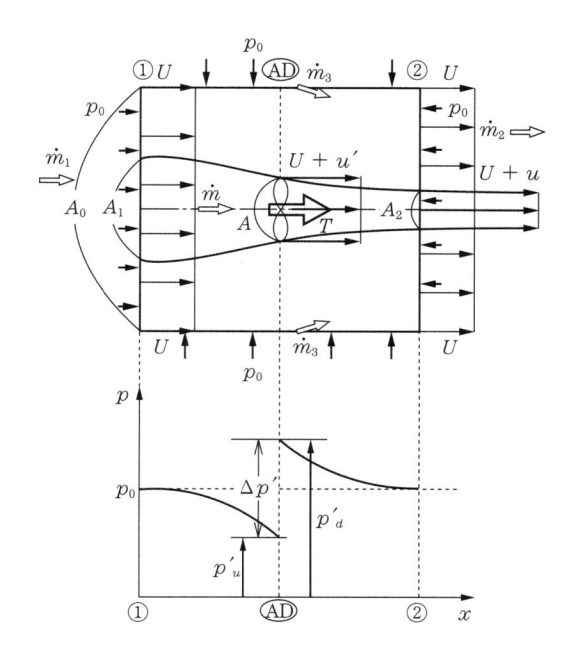

図 4.13 推進器の一次元モデル内およびまわりの流れと検査体積

図 4.14 流管内の圧力分布

$$p_0 + \frac{\rho}{2}U^2 = p'_u + \frac{\rho}{2}(U+u')^2 \tag{4.54}$$

$$p_0 + \frac{\rho}{2}(U+u)^2 = p'_d + \frac{\rho}{2}(U+u')^2 \tag{4.55}$$

式 (4.55) − 式 (4.54) より

$$\Delta p' = p'_d - p'_u = \rho u \left(U + \frac{u}{2}\right) \tag{4.56}$$

一方,推力は次式で与えられる.

$$T = A\Delta p' \tag{4.57}$$

式 (4.56) を式 (4.57) に代入すると次式が得られる.

$$T = \rho A u \left(U + \frac{u}{2}\right) \tag{4.58}$$

つぎに,この系に運動量保存則を適用する.検査空間入口面から流入する流量 $\dot{m}_1$ は

$$\dot{m}_1 = \rho A_0 U \tag{4.59}$$

となる.また,検査空間出口面から流出する流量 $\dot{m}_2$ は

$$\dot{m}_2 = \rho(A_0 - A_2)U + \rho A_2(U+u) = \rho(A_0 U + A_2 u) \tag{4.60}$$

となり,$\dot{m}_1$ から $\dot{m}_2$ へ流量は増加する.これはプロペラを通る流管の断面積が流れ方向に減少するため,検査空間の円筒側面における x 方向速度は至る所 U であるが,円筒側面を通っ

4. 一次元流れ

て検査空間内部へ流入する流れが発生するためである。この流入流量 $\dot{m}_3$ は次式より求められる。

$$\dot{m}_3 = \dot{m}_2 - \dot{m}_1 = \rho A_2 u \tag{4.61}$$

運動量の流出部は出口面 2, 運動量の流入部は入口面 1 と円筒側面, 外力は推進器の推力 T である. したがって運動量保存則は次式となる.

$$0 = \dot{m}_1 U + \dot{m}_3 U - \dot{m}(U+u) - (\dot{m}_2 - \dot{m})U + T \tag{4.62}$$

式 (4.61) の関係を式 (4.62) に代入すると

$$T = \dot{m}u \tag{4.63}$$

となり, 式 (4.53) を式 (4.63) に代入すると

$$T = \rho A u(U + u') \tag{4.64}$$

となり, 式 (4.64) と式 (4.58) を等置すると u' と u の関係が得られ次式となる.

$$u' = \frac{u}{2} \tag{4.65}$$

したがって次式を得る.

$$\dot{m} = \rho A \left(U + \frac{u}{2} \right) \tag{4.66}$$

推進効率はプロペラが流体に与えた動力に対する推進動力の比で定義される. プロペラが流体に与えた動力 P_f は, 検査空間入口と出口を通過する単位時間当たりの運動エネルギーの差より求められ次式となる.

$$P_f = \frac{1}{2}\dot{m}(U+u)^2 - \frac{1}{2}\dot{m}U^2 = \dot{m}u\left(U + \frac{u}{2}\right) \tag{4.67}$$

一方, 推進動力 P_p は TU で与えられるため, 式 (4.63) を用いると

$$P_p = TU = \dot{m}uU \tag{4.68}$$

したがって, 推進効率 η は次式となる.

$$\eta = \frac{\dot{m}uU}{\dot{m}u(U+u/2)} = \frac{1}{1+u/2U} \tag{4.69}$$

船のスクリューをアクチュエータディスクによりモデル化した場合の数値例を示す. モーターボートの進行速度を $U = 10\,\mathrm{m/s} = 36\,\mathrm{km/h} = 19.4$ ノット, スクリューの直径を $30\,\mathrm{cm}$, このときスクリューの面積 $A = 0.070\,7\,\mathrm{m}^2$, スクリューの動力を $P_p = 20\,\mathrm{HP} = 14.9\,\mathrm{kW}$ とする. $P_p = \dot{m}uU = \rho A(U + u/2)uU$ より次式が得られる.

$$u^2 + 2Uu - \frac{2P_p}{\rho AU} = 0 \tag{4.70}$$

したがって，スクリューに相対的な水の噴出速度 u は

$$u = -U + \sqrt{U^2 + \frac{2P_p}{\rho AU}} \tag{4.71}$$

$$= -10 + \sqrt{10^2 + \frac{2 \cdot 14.9 \cdot 10^3}{1\,000 \cdot 0.070\,7 \cdot 10}} = 1.92\,\text{m/s}$$

となる．式 (4.66), (4.63), (4.69) より，プロペラを通過する体積流量，推力，効率はそれぞれ $Q = \dot{m}/\rho = 0.070\,7 \cdot (10 + 1.92/2) = 0.775\,\text{m}^3/\text{s}$, $T = 0.775 \cdot 1\,000 \cdot 1.92 = 1\,488\,\text{N}$, $\eta = 0.912$ となる．

つぎに，遠洋漁船のスクリューをアクチュエータディスクによりモデル化した場合は，遠洋漁船の進行速度を $U = 10\,\text{m/s}$，スクリューの直径を $40\,\text{cm}$，このときスクリューの面積は $A = 0.126\,\text{m}^2$，スクリューの動力を $P_p = 100\,\text{HP} = 74.6\,\text{kW}$ とする．式 (4.71) より，$u = 4.78\,\text{m/s}$ となる．したがって，$Q = 0.126 \cdot (10 + 4.78/2) = 1.56\,\text{m}^3/\text{s}$, $T = 1.56 \cdot 1\,000 \cdot 4.78 = 7\,460\,\text{N}$, $\eta = 0.807$ となる．

4.6 角運動量保存則の応用

まず，物体が等速直線運動をする場合を考える．質量 M の物体が外力を受けることなく図 4.15 のように一定の速度 v で運動する場合，運動方向は直線 l 上であり $Mv = \text{const.}$ が成り立つが，これは運動量の保存則を示す．つぎに，直線 l を含む平面内の適当な位置に座標原点 O をとり，原点から物体までの距離を r, $\overrightarrow{\text{OM}}$ と速度 $\boldsymbol{v}$ とのなす角を θ とすると，点 O まわりの角運動量 L について次式が成り立つ．

$$L = Mv_n r = Mvr\sin\theta = Mvh = \text{const.} \tag{4.72}$$

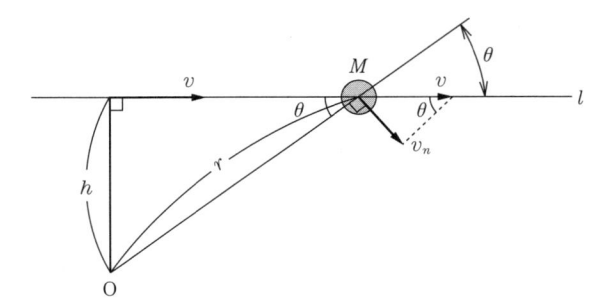

図 **4.15** 等速直線運動

ここに，h は原点から直線 l に下した垂線の長さ，$v_n = v\sin\theta$ は速度 $\boldsymbol{v}$ の $\overrightarrow{\mathrm{OM}}$ に垂直な成分を示す。式 (4.72) は角運動量の保存則と呼ばれ，物体の運動とともに r は変化するが，同時に v_n も変化するため両者の積は一定となる。すなわち，等速直線運動においては，運動量と角運動量がともに保存される。

つぎに，物体が回転半径一定の円運動をする場合を考える。式 (4.72) は外力が作用しない場合に成り立つが，質量 M の物体が向心力のみを受けて固定点まわりを円運動する場合，すなわち，ひもの先端に物体をつけてぐるぐる回す場合も，つぎに示すように $v_n = $const. なら，$L = Mv_n r = $const. が成り立つ。この場合，$v_n$ は周速度，r は回転半径となる。

図 **4.16** のように円運動する物体に周方向の力 F_n が働く場合を考えると，次式が成り立つ。

$$M\frac{dv_n}{dt} = F_n \tag{4.73}$$

両辺に r を掛けて

$$rM\frac{dv_n}{dt} = F_n r \tag{4.74}$$

$v_n = \omega r$ であるため

$$rM\frac{d(\omega r)}{dt} = F_n r \tag{4.75}$$

仮定により $r=$const. であるため

$$Mr^2 \frac{d\omega}{dt} = F_n r \tag{4.76}$$

さらに

$$I\frac{d\omega}{dt} = T \tag{4.77}$$

ここに，I は

$$I \equiv Mr^2 \tag{4.78}$$

で与えられる慣性モーメント，$T\ (= F_n r)$ は力のモーメントである。式 (4.77) は

　　　慣性モーメント × 角加速度 = 力のモーメント

を表しており，式 (4.73) が

　　　質量 × 加速度 = 力

を表しているのと対比される。式 (4.77) を I が変化する場合を含めて一般化すると次式となる。

4.6 角運動量保存則の応用

図 4.16 回転半径一定の円運動

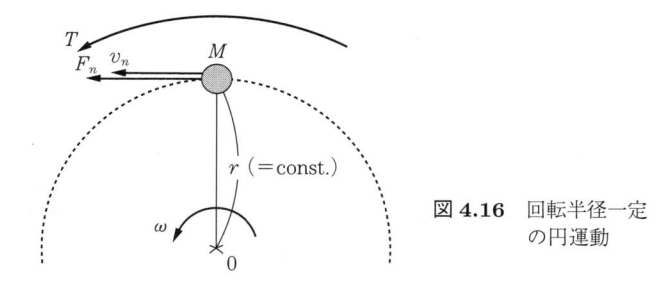

$$\frac{d}{dt}(I\omega) = T \tag{4.79}$$

いま $F_n = 0$ として力のモーメントが働かないとき（$T = 0$ のとき），式 (4.79) は次式となる。

$$\frac{d}{dt}(I\omega) = 0 \tag{4.80}$$

したがって，$I\omega$=const. となり，もし r を小さくして I を小さくすれば，ω が大きくなる。例えば，フィギュアスケートの選手は回転のとき，腕をたたむことによって I を小さくし，ω を大きくする動作を行っている。

外力 F_n が作用する場合，式 (4.79) をつぎのように変形する。

$$\frac{d(Mv_n r)}{dt} = F_n r \tag{4.81}$$

式 (4.81) は角運動量 $Mv_n r$ の時間的変化率が，外力によるモーメント（トルク）$F_n r$ に等しくなることを示す。

式 (4.81) を二次元流れ場内の開放系の検査面 S に適用すると次式となる。

$$\frac{d}{dt}\int_S \rho v_n r dS = (\dot{m}v_n r)_i - (\dot{m}v_n r)_o + \sum F_n r \tag{4.82}$$

式 (4.82) の右辺第 1，2 項は，それぞれ単位時間当たりに検査面に流入，流出する角運動量を示す。したがって，開放系の角運動量保存則は一般につぎのように書き表せる。ただし，わき出しなしを仮定する。

（単位時間当たりの検査空間内の角運動量の蓄積量）
= （検査空間へ単位時間当たりに流入する角運動量）
  − （検査空間から単位時間当たりに流出する角運動量）
  + （検査空間が受ける力のモーメントの合計）

定常流れの場合には式 (4.82) は次式となる。

$$-(\dot{m}v_n r)_o + (\dot{m}v_n r)_i + \sum F_n r = 0 \tag{4.83}$$

式 (4.83) は角運動量定理と呼ばれる。ただし，角運動量とモーメントの大きさは原点の位置によって変化する。式 (4.83) の適用例をつぎに示す。

例 4.1 図 4.11 で示した水平面内の曲管が，管内の定常流れから受ける流体力は式 (4.44)，(4.45) より求まるが，曲管が流体から受ける原点 O に関するトルク T はつぎのように求められる。図 4.17 中の記号の意味は図 4.11 と同じであるが，原点から曲管入口，出口までの距離をそれぞれ r_1, r_2，v_1, v_2 の方向と周方向のなす角をそれぞれ β_1, β_2，管内の質量流量を $\dot{m}$，曲管が流体から受ける反時計回りのトルクを T とする。このとき，式 (4.83) は時計回りを正とすると，次式となる。

$$-\dot{m}v_2 r_2 \cos\beta_2 + \dot{m}v_1 r_1 \cos\beta_1 - p_2 A_2 r_2 \cos\beta_2 + p_1 A_1 r_1 \cos\beta_1 + T = 0 \tag{4.84}$$

なお，管内流体が管から受けるトルク T は，図 4.17 の T の向きとは逆で時計回りとなる。式 (4.84) より T が求められる。

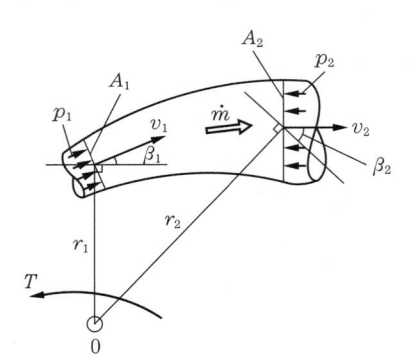

図 4.17 曲管内の定常流れが曲面壁に及ぼすトルク

例 4.2 図 4.18 のようなポンプの遠心羽根車が，一定角速度 ω で反時計回りに回転し，水が半径 r_1 の面に流入して半径 r_2 の面から流出する場合を考える。羽根車の周速度を u，絶対速度を v，絶対速度が周方向となす角を β，羽根車に対する相対速度を w，羽根車を通過する質量流量を $\dot{m}$ とする。相対速度 w はつねに羽根に沿って流れると仮定すると，羽根車入口と出口における u, v, w の関係は図のようになる。検査面を半径 r_1 から r_2 までの同心円内部とし，羽根車の回転に要する反時計回りのトルクを T とする。このとき流体は図中の回転方向にトルク T を受ける。検査面入口と出口の圧力は半径方

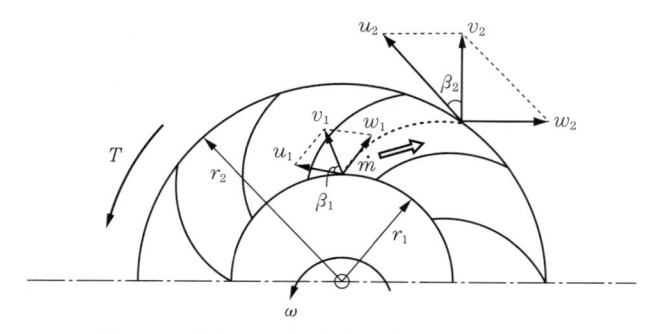

図 4.18 遠心ポンプ羽根車が流体に与えるトルク

向に作用し，作用線は羽根車中心を通るため角運動量に対する寄与はない．したがって，式 (4.83) は反時計回りを正とすると，次式となる．

$$-\dot{m}v_2 r_2 \cos\beta_2 + \dot{m}v_1 r_1 \cos\beta_1 + T = 0 \tag{4.85}$$

軸動力 L は次式より求まる．

$$L = T\omega$$

章 末 問 題

【1】 ピトー管で気流の速度 u を測定した．全圧と静圧の差を U 字管水マノメータで測ると，水頭差 $\Delta h = 8\,\mathrm{cm}$ であった．このとき，u はいくらか．ただし，空気の密度 $\rho_a = 1.2\,\mathrm{kg/m^3}$ ($20°\mathrm{C}$) とする．

【2】 断面積 A，速度 u の噴流の方向を，固定された曲面板によって角度 θ だけ曲げれば，板には
$$F = 2\rho A u^2 \sin\frac{\theta}{2}$$
の力が働くことを示せ．ρ は流体の密度である．

【3】 内径 d_1 の管路を流れる水の流量 Q を，絞り部の内径 d_2 のベンチュリ管で測定した．ベンチュリ管の上流部と絞り部の圧力差は，U 字管水銀マノメータの液面差 Δh を読み取って求めた．$d_1 = 125\,\mathrm{mm}$，$d_2 = 90\,\mathrm{mm}$，$\Delta h = 32\,\mathrm{mm}$ のとき，Q はいくらか．なお，ベンチュリ管の流量係数 $C = 0.95$，水銀の密度 $\rho_{\mathrm{Hg}} = 13.6 \times 10^3\,\mathrm{kg/m^3}$ とする．

【4】 問図 4.1 のような噴口径 d の家庭用スプリンクラーが，噴出速度 v で水を噴出しながら毎秒回転数 n で回転している．このとき，n はいくらか．またスプリンクラーを止めるために必要な力のモーメントはいくらか．摩擦はないものとする．ただし，v の半径方向成分がトルク（力のモーメント）に与える寄与を無視する．$d = 4\,\mathrm{mm}$，$l = 25\,\mathrm{cm}$，$v = 6\,\mathrm{m/s}$，$\theta = 60°$ とする．

4. 一次元流れ

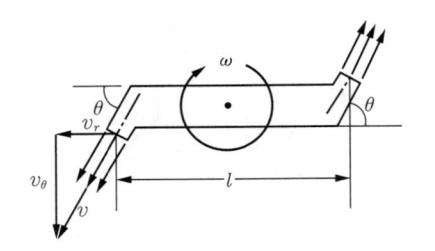

問図 4.1

【5】 推力 T を発生しながら速度 U で進んでいる一次元推進器（actuator disc model，断面積：A）の推力 T と推進効率 η が，おのおの

$$T = \rho A u \left(U + \frac{u}{2} \right), \quad \eta = \frac{1}{(1 + u/2U)}$$

で与えられることを示せ．ここに，u は推進器により加速された下流側の流体の速度増加分である．

【6】 問図 4.2 のような管内水流において，断面① の流速が $v_1 = 2.0\,\mathrm{m/s}$，ゲージ圧が $p_1 = 130\,\mathrm{kPa}$ であるとき，断面② の流速 v_2 およびゲージ圧 p_2 を求めよ．ただし，損失は無視する．

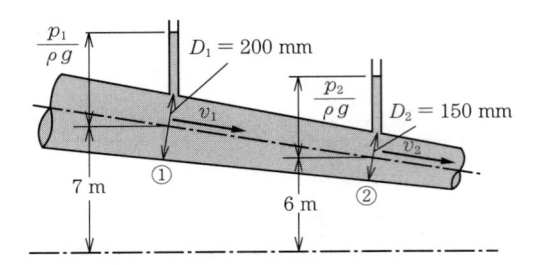

問図 4.2

【7】 問図 4.3 のような管内に密度 $\rho = 900\,\mathrm{kg/m^3}$ の液体が流れている．四塩化炭素を入れたピトー管マノメータ内の液柱差が 400 mm である場合，断面①，② における流速を求めよ．ただし，四塩化炭素の比重は 1.6 とし，損失は無視する．

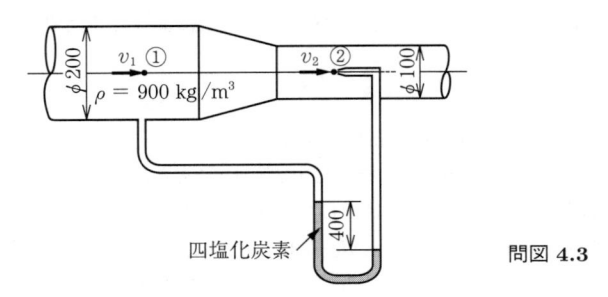

問図 4.3

【8】 直径 5 cm の消防ノズルから，水噴流が 40 m/s の速度で平板に垂直に衝突するとき，平板が噴流から受ける力を求めよ．

【9】 水面の降下速度が無視できる大きな水槽の水面から 3 m 下の位置に，内径 10 cm のオリフィスを設けて水を流出させたときの流出流量を求めよ．ただし，速度係数は 0.98，収縮係数は 0.6 とする．

【10】 問図 4.4 のようなベンチュリ管を水平に置き,毎秒 $0.02\,\mathrm{m^3}$ の水を流すとき,断面①,②間での水銀柱差 h を求めよ。ただし,水の密度を $1\,000\,\mathrm{kg/m^3}$,水銀の密度を $13\,600\,\mathrm{kg/m^3}$ とし,損失は無視する。

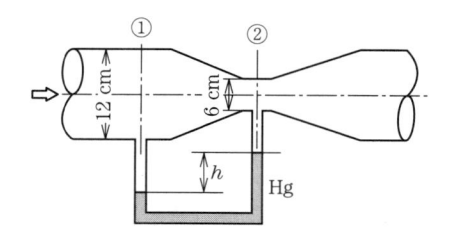

問図 4.4

【11】 直径 D の円筒形タンクに深さ h_0 の水が蓄えられている。タンクの底に直径 d の円形の孔があいてタンク内の水が流出するとき,タンクが空になるまでの時間を求めよ。円形孔の流量係数 $C = 0.6$ とする。$D = 2.5\,\mathrm{m}$,$d = 60\,\mathrm{mm}$,$h_0 = 2.8\,\mathrm{m}$ とする。

5 粘性流体の流れ

実在の流体は粘性を持っているため，本章では粘性流体の流れを解析的に求める基本的方法について述べる。ただし，取扱いを簡単にするため二次元流れを対象とする。

5.1 連 続 の 式

流れ場の中に図 5.1 のような x, y, z 方向の辺の長さがそれぞれ dx, dy, 1 の微小直方体を検査空間（検査体積）としてとる。この検査空間は開放系であり，流体がたえず出入りしている。

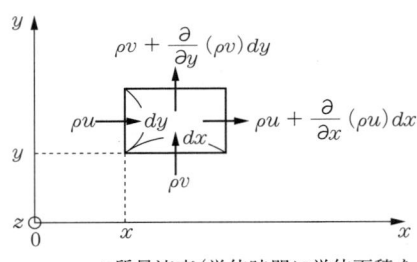

図 5.1 二次元微小検査体積

$\longrightarrow$：質量流束(単位時間に単位面積を通過する質量)〔kg/m²s〕

このとき質量保存則はつぎのように表される。

(検査空間内の質量の単位時間当たりの蓄積量)

= (単位時間当たりに検査空間へ流入する質量)

− (単位時間当たりに検査空間から流出する質量)

+ (検査空間内の単位時間当たりの質量のわき出し量)

したがって，わき出し量を無視すると

$$\frac{\partial(\rho dxdy)}{\partial t} = (\rho u dy + \rho v dx) \\ - \left\{\left(\rho u + \frac{\partial(\rho u)}{\partial x}dx\right)dy + \left(\rho v + \frac{\partial(\rho v)}{\partial y}dy\right)dx\right\} \tag{5.1}$$

5.1 連続の式

となる。これを整理すると

$$\frac{\partial \rho}{\partial t}dxdy + \frac{\partial(\rho u)}{\partial x}dxdy + \frac{\partial(\rho v)}{\partial y}dxdy = 0 \tag{5.2}$$

したがって

$$\frac{\partial \rho}{\partial t} + \frac{\partial(\rho u)}{\partial x} + \frac{\partial(\rho v)}{\partial y} = 0 \tag{5.3}$$

式 (5.3) が非定常な二次元圧縮性流れに対する連続の式を示す。

定常流れの場合，式 (5.3) は次式となる。

$$\frac{\partial(\rho u)}{\partial x} + \frac{\partial(\rho v)}{\partial y} = 0 \tag{5.4}$$

また非圧縮性流体の場合，式 (5.3) は

$$\frac{\partial u}{\partial x} + \frac{\partial v}{\partial y} = 0 \tag{5.5}$$

となる。すなわち，非定常流れでも非圧縮性流体の場合には，連続の式に時間に関する微分項は現れない。図 **5.2** のような軸対称流れの場合には，座標 x, r に関する二次元流れとして扱うことができる。

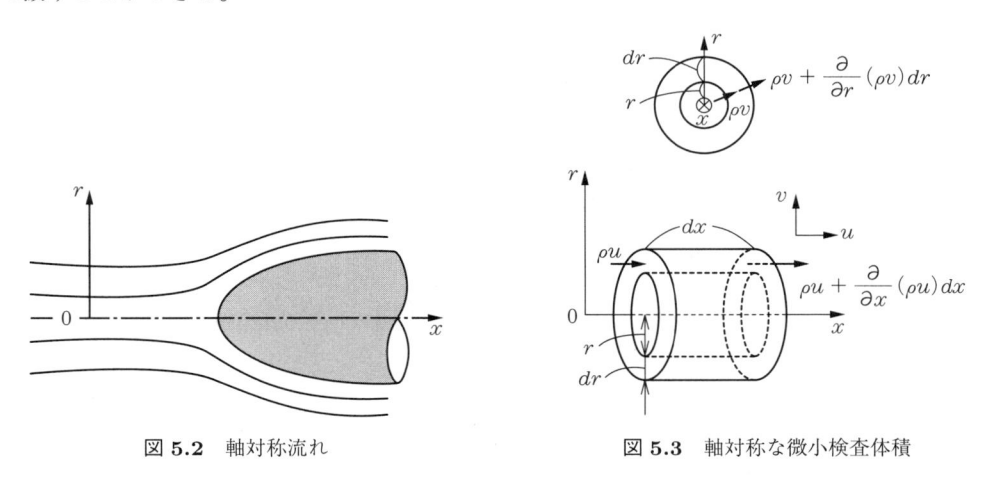

図 **5.2**　軸対称流れ

図 **5.3**　軸対称な微小検査体積

図 **5.3** のように，流れ場の中に内半径 r, 厚み dr, 長さ dx の中空円筒状の検査空間を考えると，圧縮性軸対称流れに対する質量保存則は次式で与えられる。

$$\begin{aligned}\frac{\partial}{\partial t}(2\pi r dr dx \rho) = &\; 2\pi r dr \rho u - \left\{2\pi r dr \rho u + \frac{\partial}{\partial x}(2\pi r dr \rho u)dx\right\} \\ &+ 2\pi r dx \rho v - \left\{2\pi r dx \rho v + \frac{\partial}{\partial r}(2\pi r dx \rho v)dr\right\}\end{aligned} \tag{5.6}$$

整理すると，次式となる。

$$\frac{\partial \rho}{\partial t} + \frac{\partial (\rho u)}{\partial x} + \frac{1}{r}\frac{\partial (r\rho v)}{\partial r} = 0 \tag{5.7}$$

定常流れの場合，式 (5.7) は

$$\frac{\partial (\rho u)}{\partial x} + \frac{1}{r}\frac{\partial (r\rho v)}{\partial r} = 0 \tag{5.8}$$

となり，また非圧縮性流れの場合は次式となる。

$$\frac{\partial u}{\partial x} + \frac{1}{r}\frac{\partial (rv)}{\partial r} = 0 \tag{5.9}$$

5.2 ナビエ・ストークスの方程式

5.2.1 運動量保存則の適用

連続の式を導くために用いた検査空間（図 5.1 参照）に対して運動量の保存則を適用する。開放系における運動量保存則はつぎのように表される。

(検査空間内の運動量の単位時間当たりの蓄積量)

= (単位時間当たりに検査空間へ流入する運動量)

− (単位時間当たりに検査空間から流出する運動量)

+ (検査空間が周囲から受ける力の合計)

x 方向の運動量の保存則は，図 **5.4** (a) より次式となる。

$$\frac{\partial}{\partial t}(\rho u dx dy) = (\rho u^2 dy + \rho uv dx) \\ - \left\{ \left(\rho u^2 + \frac{\partial}{\partial x}(\rho u^2)dx\right)dy + \left(\rho uv + \frac{\partial}{\partial y}(\rho uv)dy\right)dx \right\} + F_x \tag{5.10}$$

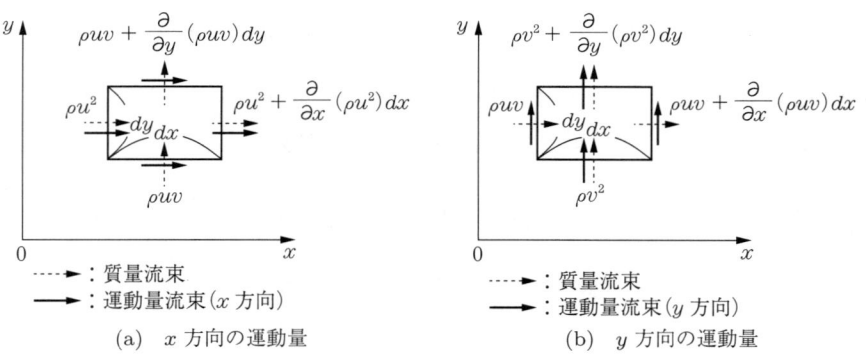

(a) x 方向の運動量

(b) y 方向の運動量

図 **5.4** 二次元微小検査体積における運動量の出入り

整理すると，流体の単位体積当たり

$$\frac{\partial(\rho u)}{\partial t} + \frac{\partial(\rho u^2)}{\partial x} + \frac{\partial(\rho uv)}{\partial y} = \frac{F_x}{dxdy} \tag{5.11}$$

となり，y 方向の運動量の保存則は，図 (b) より次式となる。

$$\frac{\partial}{\partial t}(\rho v dxdy) = (\rho uv dy + \rho v^2 dx)$$
$$- \left\{ \left(\rho uv + \frac{\partial}{\partial x}(\rho uv)dx\right)dy + \left(\rho v^2 + \frac{\partial}{\partial y}(\rho v^2)dy\right)dx \right\} + F_y \tag{5.12}$$

整理すると，流体の単位体積当たりでは，次式となる。

$$\frac{\partial(\rho v)}{\partial t} + \frac{\partial(\rho uv)}{\partial x} + \frac{\partial(\rho v^2)}{\partial y} = \frac{F_y}{dxdy} \tag{5.13}$$

式 (5.11)，(5.13) 中の F_x，F_y はそれぞれ検査空間が受ける x，y 方向の力を示すが，これらの力としては体積力（body force）B_x，B_y，圧力による力（pressure force）P_x，P_y，粘性による力（viscous force）S_x，S_y が考えられる。したがって，F_x，F_y はつぎのようになる。

$$F_x = B_x + P_x + S_x \tag{5.14}$$

$$F_y = B_y + P_y + S_y \tag{5.15}$$

5.2.2 体　積　力

体積力は直接質量に作用する力であり，例えば重力，電磁力が挙げられる。いま単位質量当たりに作用する体積力の x，y 方向成分をそれぞれ X，Y とすると，B_x，B_y はそれぞれ次式となる。

$$B_x = \rho X dxdy \tag{5.16}$$

$$B_y = \rho Y dxdy \tag{5.17}$$

5.2.3 圧力による力

図 5.5 に示される微小要素の表面に垂直に働く圧力により，x，y 方向へ作用する力はそれぞれ次式で与えられる。

$$P_x = pdy - \left(p + \frac{\partial p}{\partial x}dx\right)dy = -\frac{\partial p}{\partial x}dxdy \tag{5.18}$$

$$P_y = pdx - \left(p + \frac{\partial p}{\partial y}dy\right)dx = -\frac{\partial p}{\partial y}dxdy \tag{5.19}$$

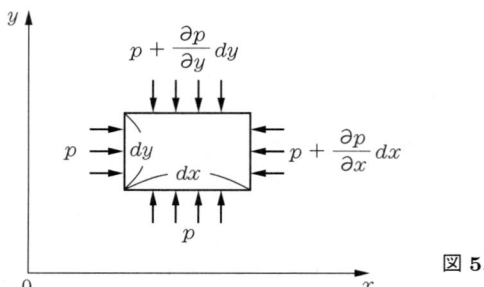

図 5.5　圧力による力

5.2.4　粘性による力

流体の粘性の作用により，図 5.6 のようにせん断応力 τ と垂直応力 σ_x，σ_y が微小要素に働く．

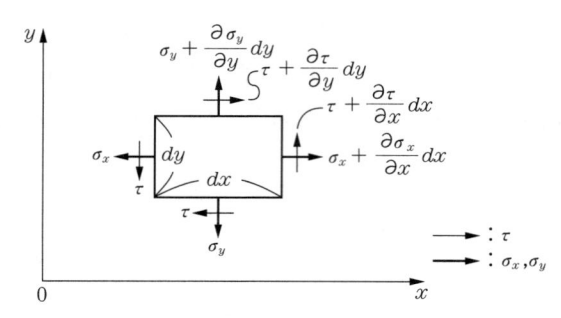

図 5.6　微小要素に働く垂直応力とせん断応力

粘性による x 方向の力 S_x をせん断応力と垂直応力による力に分解すると

$$S_x = S_x^\tau + S_x^\sigma \tag{5.20}$$

一方，図 5.6 より S_x^τ，S_x^σ はそれぞれつぎのようになる．

$$S_x^\tau = -\tau dx + \left(\tau + \frac{\partial \tau}{\partial y}dy\right)dx = \frac{\partial \tau}{\partial y}dxdy \tag{5.21}$$

$$S_x^\sigma = -\sigma_x dy + \left(\sigma_x + \frac{\partial \sigma_x}{\partial x}dx\right)dy = \frac{\partial \sigma_x}{\partial x}dxdy \tag{5.22}$$

したがって，次式を得る．

$$S_x = \left(\frac{\partial \tau}{\partial y} + \frac{\partial \sigma_x}{\partial x}\right)dxdy \tag{5.23}$$

5.2.5 流体要素の変形と応力

つぎに，式 (5.23) 中の τ と σ_x を流体要素のひずみと関係づける。これはつぎに示すように，要素の各部分の移動速度の違いにより流体要素が変形してひずみが生じ，そのひずみにニュートンの粘性法則を適用する。

まず，せん断応力 τ について考える。図 5.7 に示すように，辺の長さが dx, dy の流体要素 ABCD が時間 dt 後に $\mathrm{AB'C'D'}$ に変形したとする。このとき，つぎの式が成り立つ。

$$d\varepsilon_1 = \left\{\left(v + \frac{\partial v}{\partial x}dx\right) - v\right\}dt = \frac{\partial v}{\partial x}dxdt \tag{5.24}$$

$$d\theta_1 = \frac{d\varepsilon_1}{dx} = \frac{\partial v}{\partial x}dt \tag{5.25}$$

$$\dot{\theta}_1 = \frac{d\theta_1}{dt} = \frac{\partial v}{\partial x} \tag{5.26}$$

$$d\varepsilon_2 = \left\{\left(u + \frac{\partial u}{\partial y}dy\right) - u\right\}dt = \frac{\partial u}{\partial y}dydt \tag{5.27}$$

$$d\theta_2 = -\frac{d\varepsilon_2}{dy} = -\frac{\partial u}{\partial y}dt \tag{5.28}$$

$$\dot{\theta}_2 = \frac{d\theta_2}{dt} = -\frac{\partial u}{\partial y} \tag{5.29}$$

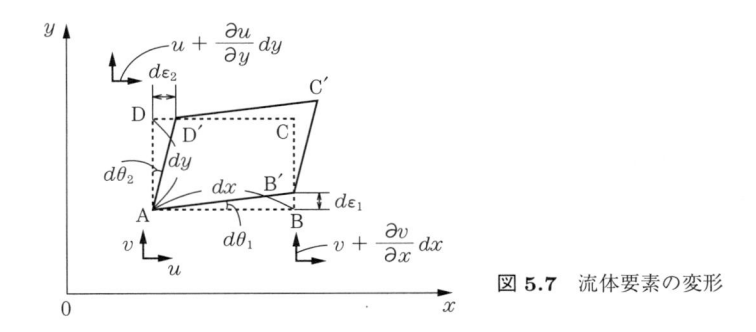

図 5.7 流体要素の変形

要素のせん断ひずみ速度（ずり速度）$\dot{\gamma}$ は次式で与えられる。

$$\dot{\gamma} = \dot{\theta}_1 - \dot{\theta}_2 \tag{5.30}$$

ニュートンの粘性法則は次式で表される。

$$\tau = \mu\dot{\gamma} \tag{5.31}$$

したがって，式 (5.26) および式 (5.29) ～ (5.31) より次式が得られる。

$$\tau = \mu \left(\frac{\partial v}{\partial x} + \frac{\partial u}{\partial y} \right) \tag{5.32}$$

つぎに，粘性による垂直応力 σ_x, σ_y について考える。一般に流体は弾性的性質を持たないので，応力とひずみを結びつける基礎式は，ニュートンの粘性法則 $\tau = \mu \dot{\gamma}$ だけである。したがって，σ_x, σ_y を τ で表し，$\dot{\gamma}$ と結びつける必要がある。簡単にするために，図 5.8 中の実線で示すように要素が変形前に辺の長さ δl の正方形 ABCD である場合を考える。垂直応力 σ_x によりこの要素は x 方向に伸ばされ，単位時間後に破線のような長方形 A′B′C′D′ に変形したとする。このような要素の伸縮により，図中のせん断ひずみ速度 $\dot{\gamma}$，およびせん断応力 τ' が発生し，次式が成り立つ。

$$\tau' = \mu \dot{\gamma} \tag{5.33}$$

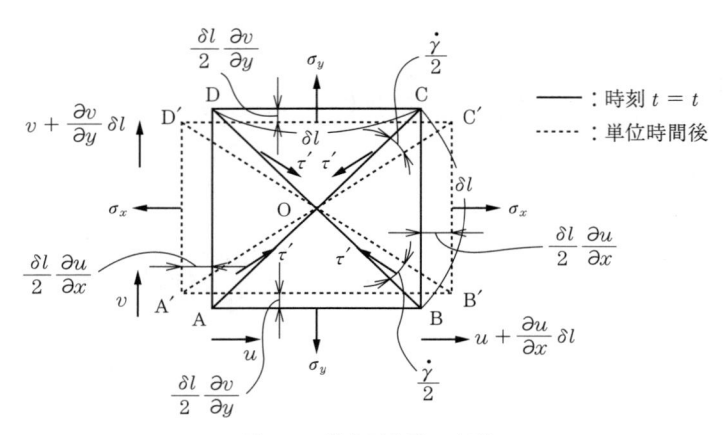

図 5.8 微小正方形の変形

図 5.9 (a) の三角形 OAD に関する x 方向の力の釣合いより次式が成り立つ。

$$\sigma_x \delta l - 2 \frac{\tau'}{\sqrt{2}} \frac{\delta l}{\sqrt{2}} = 0 \tag{5.34}$$

したがって

$$\sigma_x = \tau' \tag{5.35}$$

となる。図 (b) の三角形 OAA′ の辺 AA′ の長さを，$\dot{\gamma}/2$ および $\partial u/\partial x$ を用いて求めて等置すると次式が得られる。

$$\frac{\dot{\gamma}}{2} \frac{\delta l}{\sqrt{2}} = \sqrt{2} \frac{\partial u}{\partial x} \frac{\delta l}{2} \tag{5.36}$$

したがって

5.2 ナビエ・ストークスの方程式

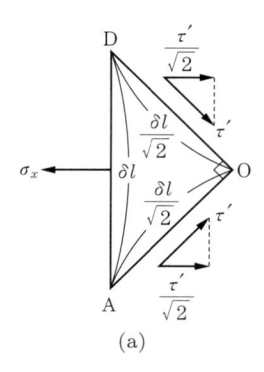

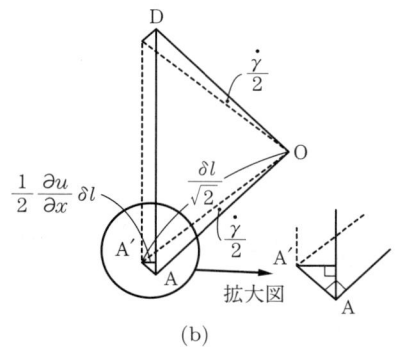

図 5.9 微小三角形

$$\dot{\gamma} = 2\frac{\partial u}{\partial x} \tag{5.37}$$

式 (5.33), (5.35), (5.37) より次式が得られる。

$$\sigma_x = 2\mu\frac{\partial u}{\partial x} \tag{5.38}$$

σ_y が作用して要素が y 方向に伸び x 方向に縮む場合についても，同様の計算により次式が得られる。

$$\sigma_y = 2\mu\frac{\partial v}{\partial y} \tag{5.39}$$

式 (5.32), (5.38) を式 (5.23) に代入すると

$$\begin{aligned}S_x &= \left\{\mu\frac{\partial}{\partial y}\left(\frac{\partial v}{\partial x} + \frac{\partial u}{\partial y}\right) + 2\mu\frac{\partial}{\partial x}\left(\frac{\partial u}{\partial x}\right)\right\}dxdy \\ &= \mu\left(\frac{\partial^2 v}{\partial x\partial y} + \frac{\partial^2 u}{\partial y^2} + 2\frac{\partial^2 u}{\partial x^2}\right)dxdy\end{aligned} \tag{5.40}$$

となる。一方，非圧縮性流体を考えると，連続の式 (5.5) より

$$\frac{\partial v}{\partial y} = -\frac{\partial u}{\partial x} \tag{5.41}$$

となる。したがって

$$\frac{\partial^2 v}{\partial x\partial y} = -\frac{\partial^2 u}{\partial x^2} \tag{5.42}$$

式 (5.42) を式 (5.40) に適用すると次式が得られる。

$$S_x = \mu\left(\frac{\partial^2 u}{\partial x^2} + \frac{\partial^2 u}{\partial y^2}\right)dxdy \tag{5.43}$$

つぎに，S_y を S_x と同様にせん断応力 S_y^τ と垂直応力 S_y^σ による力に分解する。

$$S_y = S_y^\tau + S_y^\sigma \tag{5.44}$$

これらは図 5.6 よりつぎのようになる。

$$S_y^\tau = -\tau dy + \left(\tau + \frac{\partial \tau}{\partial x}dx\right)dy = \frac{\partial \tau}{\partial x}dxdy \tag{5.45}$$

$$S_y^\sigma = -\sigma_y dx + \left(\sigma_y + \frac{\partial \sigma_y}{\partial y}dy\right)dx = \frac{\partial \sigma_y}{\partial y}dxdy \tag{5.46}$$

したがって

$$S_y = \left(\frac{\partial \tau}{\partial x} + \frac{\partial \sigma_y}{\partial y}\right)dxdy \tag{5.47}$$

式 (5.32), (5.39) を式 (5.47) に代入すると

$$\begin{aligned}S_y &= \left\{\mu\frac{\partial}{\partial x}\left(\frac{\partial v}{\partial x} + \frac{\partial u}{\partial y}\right) + 2\mu\frac{\partial}{\partial y}\left(\frac{\partial v}{\partial y}\right)\right\}dxdy \\ &= \mu\left(\frac{\partial^2 v}{\partial x^2} + \frac{\partial^2 u}{\partial x\partial y} + 2\frac{\partial^2 v}{\partial y^2}\right)dxdy\end{aligned} \tag{5.48}$$

となり，式 (5.41) を式 (5.48) に適用すると

$$S_y = \mu\left\{\frac{\partial^2 v}{\partial x^2} + \frac{\partial}{\partial y}\left(-\frac{\partial v}{\partial y}\right) + 2\frac{\partial^2 v}{\partial y^2}\right\}dxdy \tag{5.49}$$

したがって，次式が得られる。

$$S_y = \mu\left(\frac{\partial^2 v}{\partial x^2} + \frac{\partial^2 v}{\partial y^2}\right)dxdy \tag{5.50}$$

5.2.6 二次元および軸対称ナビエ・ストークス方程式

式 (5.14), (5.16), (5.18), (5.43) を式 (5.11) に代入し，$\rho = \text{const.}$ を考慮すると次式が得られる。

$$\rho\left\{\frac{\partial u}{\partial t} + \frac{\partial (u^2)}{\partial x} + \frac{\partial (uv)}{\partial y}\right\} = \rho X - \frac{\partial p}{\partial x} + \mu\left(\frac{\partial^2 u}{\partial x^2} + \frac{\partial^2 u}{\partial y^2}\right) \tag{5.51}$$

同様に，式 (5.15), (5.17), (5.19), (5.50) を式 (5.13) に代入し，$\rho = \text{const.}$ を考慮すると次式が得られる。

$$\rho\left\{\frac{\partial v}{\partial t} + \frac{\partial (uv)}{\partial x} + \frac{\partial (v^2)}{\partial y}\right\} = \rho Y - \frac{\partial p}{\partial y} + \mu\left(\frac{\partial^2 v}{\partial x^2} + \frac{\partial^2 v}{\partial y^2}\right) \tag{5.52}$$

式 (5.51), (5.52) の左辺に連続の式 (5.5) を適用してつぎのように変形する。

$$\begin{aligned}\frac{\partial u}{\partial t} + u\frac{\partial u}{\partial x} + u\frac{\partial u}{\partial x} + v\frac{\partial u}{\partial y} + u\frac{\partial v}{\partial y} &= \frac{\partial u}{\partial t} + u\left(\frac{\partial u}{\partial x} + \frac{\partial v}{\partial y}\right) + u\frac{\partial u}{\partial x} + v\frac{\partial u}{\partial y} \\ &= \frac{\partial u}{\partial t} + u\frac{\partial u}{\partial x} + v\frac{\partial u}{\partial y}\end{aligned} \tag{5.53}$$

$$\frac{\partial v}{\partial t} + u\frac{\partial v}{\partial x} + v\frac{\partial u}{\partial x} + v\frac{\partial v}{\partial y} + v\frac{\partial v}{\partial y} = \frac{\partial v}{\partial t} + v\left(\frac{\partial u}{\partial x} + \frac{\partial v}{\partial y}\right) + u\frac{\partial v}{\partial x} + v\frac{\partial v}{\partial y}$$
$$= \frac{\partial v}{\partial t} + u\frac{\partial v}{\partial x} + v\frac{\partial v}{\partial y} \tag{5.54}$$

したがって，式 (5.51)，(5.52) はそれぞれつぎのように変形される．

$$\rho\left(\frac{\partial u}{\partial t} + u\frac{\partial u}{\partial x} + v\frac{\partial u}{\partial y}\right) = \rho X - \frac{\partial p}{\partial x} + \mu\left(\frac{\partial^2 u}{\partial x^2} + \frac{\partial^2 u}{\partial y^2}\right) \tag{5.55}$$

$$\rho\left(\frac{\partial v}{\partial t} + u\frac{\partial v}{\partial x} + v\frac{\partial v}{\partial y}\right) = \rho Y - \frac{\partial p}{\partial y} + \mu\left(\frac{\partial^2 v}{\partial x^2} + \frac{\partial^2 v}{\partial y^2}\right) \tag{5.56}$$

式 (5.55)，(5.56) はナビエ・ストークス（Navier-Stokes）方程式と呼ばれる．式 (5.55)，(5.56) の左辺は慣性項を表し，その第 1 項は時間変動項，第 2, 3 項は対流項あるいは移流項と呼ばれる．式 (5.55)，(5.56) の右辺第 1 項は体積力項，第 2 項は圧力項，第 3 項は粘性項を表す．

軸対称流れの場合には，円柱座標を用いるとナビエ・ストークス方程式はつぎのようになる．

$$\rho\left(\frac{\partial u}{\partial t} + u\frac{\partial u}{\partial x} + v\frac{\partial u}{\partial r}\right) = \rho X - \frac{\partial p}{\partial x} + \mu\left\{\frac{\partial^2 u}{\partial x^2} + \frac{1}{r}\frac{\partial}{\partial r}\left(r\frac{\partial u}{\partial r}\right)\right\} \tag{5.57}$$

$$\rho\left(\frac{\partial v}{\partial t} + u\frac{\partial v}{\partial x} + v\frac{\partial v}{\partial r}\right) = \rho R - \frac{\partial p}{\partial r} + \mu\left(\frac{\partial^2 v}{\partial x^2} + \frac{1}{r}\frac{\partial v}{\partial r} - \frac{v}{r^2} + \frac{\partial^2 v}{\partial r^2}\right) \tag{5.58}$$

ここに，R は流体の単位質量当たりに作用する体積力の r 方向成分を示す．また，渦度は

$$\zeta = \frac{\partial v}{\partial x} - \frac{\partial u}{\partial r} \tag{5.59}$$

となり，せん断応力は

$$\tau = -\mu\left(\frac{\partial v}{\partial x} + \frac{\partial u}{\partial r}\right) \tag{5.60}$$

となる．連続の式は非圧縮性流れに対する式 (5.9) となる．

5.2.7 渦度輸送方程式

式 (5.55)，(5.56) で体積力を $X = Y = 0$ と仮定し，式 (5.56) を x で偏微分したものから式 (5.55) を y で偏微分したものを引くと，次式が得られる．

$$\frac{\partial}{\partial t}\left(\frac{\partial v}{\partial x} - \frac{\partial u}{\partial y}\right) + u\frac{\partial}{\partial x}\left(\frac{\partial v}{\partial x} - \frac{\partial u}{\partial y}\right) + v\frac{\partial}{\partial y}\left(\frac{\partial v}{\partial x} - \frac{\partial u}{\partial y}\right)$$
$$= \frac{\mu}{\rho}\left\{\frac{\partial^2}{\partial x^2}\left(\frac{\partial v}{\partial x} - \frac{\partial u}{\partial y}\right) + \frac{\partial^2}{\partial y^2}\left(\frac{\partial v}{\partial x} - \frac{\partial u}{\partial y}\right)\right\} \tag{5.61}$$

ここに，左辺第 2, 3 項の式変形では連続の式 (5.5) を用いた．式 (5.61) で $\zeta = \partial v/\partial x - \partial u/\partial y$ は渦度であるため

$$\frac{\partial \zeta}{\partial t} + u\frac{\partial \zeta}{\partial x} + v\frac{\partial \zeta}{\partial y} = \frac{\mu}{\rho}\left(\frac{\partial^2 \zeta}{\partial x^2} + \frac{\partial^2 \zeta}{\partial y^2}\right) \tag{5.62}$$

となる．この式は渦度輸送方程式（vorticity transport equation）と呼ばれ，流れ場中の渦度の変化を記述する式である．

いま，代表長さを l，代表速度を U としてつぎの無次元量を定義する．

$$x^* = \frac{x}{l} , \ y^* = \frac{y}{l} , \ u^* = \frac{u}{U} , \ v^* = \frac{v}{U} , \ t^* = \frac{t}{l/U} \tag{5.63}$$

このとき

$$\zeta = \frac{\partial v}{\partial x} - \frac{\partial u}{\partial y} = \frac{\partial (v/U)}{\partial (x/l)}\frac{U}{l} - \frac{\partial (u/U)}{\partial (y/l)}\frac{U}{l} = \frac{U}{l}\left(\frac{\partial v^*}{\partial x^*} - \frac{\partial u^*}{\partial y^*}\right) = \frac{U}{l}\zeta^* \tag{5.64}$$

となる．したがって

$$\frac{\partial \zeta}{\partial t} = \frac{U^2}{l^2}\frac{\partial \zeta^*}{\partial t^*} \ , \quad u\frac{\partial \zeta}{\partial x} = \frac{U^2}{l^2}u^*\frac{\partial \zeta^*}{\partial x^*} \ , \quad v\frac{\partial \zeta}{\partial y} = \frac{U^2}{l^2}v^*\frac{\partial \zeta^*}{\partial y^*} \ ,$$

$$\frac{\partial^2 \zeta}{\partial x^2} = \frac{U}{l^3}\frac{\partial^2 \zeta^*}{\partial x^{*2}} \ , \quad \frac{\partial^2 \zeta}{\partial y^2} = \frac{U}{l^3}\frac{\partial^2 \zeta^*}{\partial y^{*2}} \tag{5.65}$$

式 (5.65) を式 (5.62) に代入すると，つぎの無次元の渦度輸送方程式が得られる．

$$\frac{\partial \zeta^*}{\partial t^*} + u^*\frac{\partial \zeta^*}{\partial x^*} + v^*\frac{\partial \zeta^*}{\partial y^*} = \frac{1}{Re}\left(\frac{\partial^2 \zeta^*}{\partial x^{*2}} + \frac{\partial^2 \zeta^*}{\partial y^{*2}}\right) \tag{5.66}$$

ここに

$$Re = \frac{Ul}{\mu/\rho} \tag{5.67}$$

はレイノルズ数である．式 (5.66) 中の $1/Re$ は拡散係数に相当し，したがってレイノルズ数が小さいほど拡散係数が大きくなるため渦度の拡散は大となる．

5.3　層流の速度分布

ナビエ・ストークスの式 (5.55), (5.56) は対流項が非線形であるため，解析解を得ることは非常に難しく，厳密解は特別な場合のみに得られる．厳密解が得られる二つの例を以下に示す．

5.3.1　平行平板間の層流

図 5.10 に示す幅 h の平行平板間の定常な層流において，助走区間（6 章参照）を過ぎて十分発達した流れ（6 章参照）となった状態を考える．このとき，ナビエ・ストークスの式はつぎのように簡略化される．

5.3 層流の速度分布

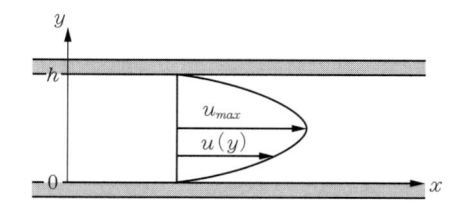

図 5.10 平行平板間の定常層流（流れが十分発達している場合）

① 流れ方向に速度が変化しないため

$$v = 0 \tag{5.68}$$

かつ，u は x 方向に変化しない．したがって

$$\frac{\partial u}{\partial x} = \frac{\partial^2 u}{\partial x^2} = 0 \tag{5.69}$$

となり，u は y のみの関数となる．すなわち，次式を得る．

$$u = u(y) \tag{5.70}$$

② 定常流れであり，流れの時間的変化がないため，次式を得る．

$$\frac{\partial u}{\partial t} = 0 \tag{5.71}$$

③ 体積力がないことを仮定して，次式を得る．

$$X = Y = 0 \tag{5.72}$$

式 (5.56) に式 (5.68)，(5.72) を適用すると，次式が得られる．

$$\frac{\partial p}{\partial y} = 0 \tag{5.73}$$

したがって

$$p = p(x) \tag{5.74}$$

であり，圧力は x のみの関数となり，平板に垂直な断面内で圧力は一定となる．式 (5.55) に式 (5.68) ～ (5.72) を適用すると次式が得られる．

$$\mu \frac{d^2 u}{dy^2} = \frac{dp}{dx} \ (= \text{const.}) \tag{5.75}$$

式 (5.70) より式 (5.75) の左辺は y のみの関数であり，式 (5.74) より式 (5.75) の右辺は x のみの関数となる．一方，x と y は独立変数であるから，式 (5.75) の等号がつねに成り立つためには，その両辺が定数でなければならない．式 (5.75) の両辺を y で 2 回積分すると

5. 粘性流体の流れ

$$\frac{du}{dy} = \frac{1}{\mu}\frac{dp}{dx}y + C_1 \tag{5.76}$$

$$u = \frac{1}{2\mu}\frac{dp}{dx}y^2 + C_1 y + C_2 \tag{5.77}$$

境界条件は $y = 0$, h において $u = 0$ であるため，これらの条件を式 (5.77) に適用すると C_1, C_2 が求まり

$$C_1 = -\frac{1}{2\mu}\frac{dp}{dx}h \quad , \quad C_2 = 0 \tag{5.78}$$

となる．したがって，速度分布は次式で表される放物線となる．この流れは二次元ポアズイユ流れと呼ばれる．

$$u = -\frac{1}{2\mu}\frac{dp}{dx}(h-y)y \tag{5.79}$$

なお，圧力の高いほうから低いほうへ流れが起こるため $dp/dx < 0$ であり，したがって $u > 0$ となる．最大速度 u_{max} となる位置は $y = h/2$ であるため

$$u_{max} = -\frac{1}{8\mu}\frac{dp}{dx}h^2 \tag{5.80}$$

単位幅当たりの流量 Q 〔m^2/s〕は

$$Q = \int_0^h u\,dy = -\frac{1}{12\mu}\frac{dp}{dx}h^3 \tag{5.81}$$

したがって，平均流速 $\bar{u}$ は

$$\bar{u} = \frac{Q}{h} = -\frac{1}{12\mu}\frac{dp}{dx}h^2 \tag{5.82}$$

式 (5.80)，(5.82) よりつぎの関係が得られる．

$$\bar{u} = \frac{2}{3}u_{max} \tag{5.83}$$

せん断応力 τ は

$$\tau = \mu\frac{du}{dy} = -\frac{1}{2}\frac{dp}{dx}(h-2y) \quad , \quad 0 \leq y \leq \frac{h}{2} \tag{5.84}$$

となり，**図 5.11** のように壁上で最大，平板の中間 $y = h/2$ で最小値ゼロをとる．式 (5.84) において，$h/2 \leq y \leq h$ の区間は y 軸の向きと壁から流路の中央への向きが正反対のため，$\tau < 0$ として表される．

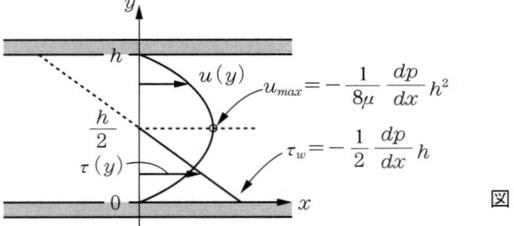

図 5.11 せん断応力分布

5.3.2 円管内の層流

図 5.12 に示す内半径 r_0 の円管内の十分発達した定常な層流を考える。この流れは軸対称流れであるため，円柱座標に対するナビエ・ストークス方程式 (5.57)，(5.58) を用いたほうが便利である。このとき，ナビエ・ストークスの式はつぎのように簡略化される。

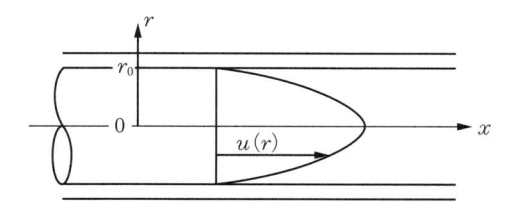

図 5.12 円管内の定常層流

① 速度は流れ方向に変化しないため

$$v = 0 \tag{5.85}$$

かつ，u は x 方向に変化しない。したがって

$$\frac{\partial u}{\partial x} = \frac{\partial^2 u}{\partial x^2} = 0 \tag{5.86}$$

となり，u は r のみの関数となる。すなわち，次式を得る。

$$u = u(r) \tag{5.87}$$

② 定常流れであり，流れの時間的変化がないため，次式を得る。

$$\frac{\partial u}{\partial t} = 0 \tag{5.88}$$

③ 体積力がないことを仮定して，次式を得る。

$$X = R = 0 \tag{5.89}$$

式 (5.85)，(5.89) を式 (5.58) に代入すると

$$\frac{\partial p}{\partial r} = 0 \tag{5.90}$$

が得られる。すなわち

$$p = p(x) \tag{5.91}$$

であり，圧力は管軸に垂直な断面内で一定となる。式 (5.85) 〜 (5.89) を式 (5.57) に適用すると次式が得られる。

$$\mu \frac{1}{r} \frac{d}{dr} \left(r \frac{du}{dr} \right) = \frac{dp}{dx} \ (= \text{const.}) \tag{5.92}$$

式 (5.87) より式 (5.92) の左辺は r のみの関数，式 (5.91) より式 (5.92) の右辺は x のみの関数となるため，式 (5.92) がつねに成り立つためには両辺が定数でなければならない．式 (5.92) の両辺に r を掛けて積分すると

$$r\frac{du}{dr} = \frac{1}{2\mu}\frac{dp}{dx}r^2 + C_1 \tag{5.93}$$

式 (5.93) の両辺を r で割ると

$$\frac{du}{dr} = \frac{1}{2\mu}\frac{dp}{dx}r + \frac{C_1}{r} \tag{5.94}$$

式 (5.94) を r で積分すると

$$u = \frac{1}{4\mu}\frac{dp}{dx}r^2 + C_1 \ln r + C_2 \tag{5.95}$$

境界条件は $r = 0$ で u が有限となること，および $r = r_0$ で $u = 0$ であるから，式 (5.95) にこれらの条件を適用すると C_1，C_2 がつぎのように求まる．

$$C_1 = 0 \ , \ C_2 = -\frac{1}{4\mu}\frac{dp}{dx}r_0^2 \tag{5.96}$$

したがって，円管内の速度分布は次式の回転放物面となる．この流れはポアズイユ流れと呼ばれる．

$$u = -\frac{1}{4\mu}\frac{dp}{dx}(r_0^2 - r^2) \tag{5.97}$$

流速 u は $r = 0$ でつぎの最大値 u_{max} をとる．

$$u_{max} = -\frac{r_0^2}{4\mu}\frac{dp}{dx} \tag{5.98}$$

体積流量 Q は流速分布 u を図 5.13 のように積分することにより求まり，次式となる．

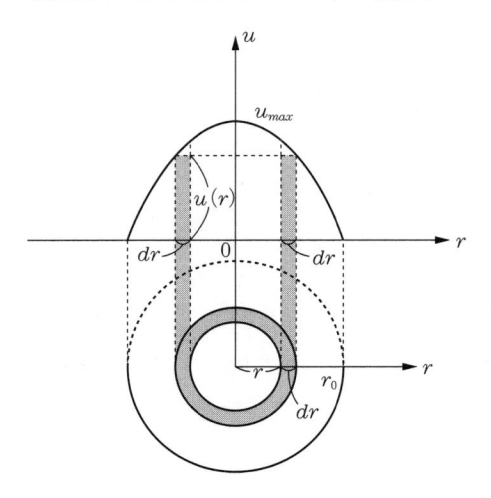

図 5.13　流速の面積分

5.3 層流の速度分布

$$Q = \int_0^{r_0} 2\pi r u dr = -\frac{\pi r_0^4}{8\mu}\frac{dp}{dx} \tag{5.99}$$

したがって，平均流速 $\bar{u}$ は

$$\bar{u} = \frac{Q}{\pi r_0^2} = -\frac{r_0^2}{8\mu}\frac{dp}{dx} \tag{5.100}$$

式 (5.98), (5.100) よりつぎの関係が得られる。

$$\bar{u} = \frac{1}{2}u_{max} \tag{5.101}$$

せん断応力 τ は，壁からの距離を y とすると $y = r_0 - r$ の関係があるため，次式が成り立つ。

$$\tau = \mu\frac{du}{dy} = -\mu\frac{du}{dr} = -\frac{1}{2}\frac{dp}{dx}r \tag{5.102}$$

したがって，**図 5.14** のようにせん断応力は管壁上で最大値 $\tau_{max}[= -(1/2)(dp/dx)r_0]$ をとり，管軸上でゼロとなる。

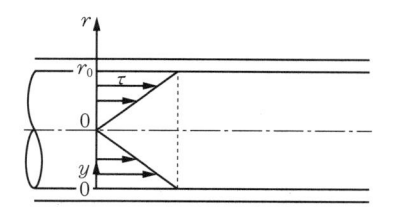

図 5.14 せん断応力の断面内分布

せん断応力の最大値は壁せん断応力 τ_w と一致し，τ_w は管軸方向長さ l の間の摩擦圧力損失 Δp との釣合いよりつぎのように導くこともできる。**図 5.15** に示される検査空間をとる。流れが発達しているので検査空間への運動量の流入量と流出量は等しいため考えなくてよい。したがって，管軸方向の力の釣合いより次式が成り立つ。

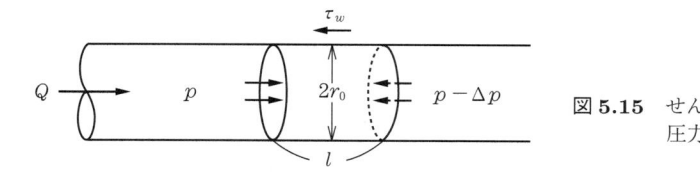

図 5.15 せん断応力と圧力損失

$$\pi r_0^2 p - \pi r_0^2 (p - \Delta p) - 2\pi r_0 l \tau_w = 0 \tag{5.103}$$

したがって

$$\tau_w = \frac{1}{2}\frac{\Delta p}{l}r_0 \tag{5.104}$$

ここで，$\Delta p/l$ は単位長さ当たりの圧力損失であるから次式が成り立つ。

74   5. 粘性流体の流れ

$$\frac{\Delta p}{l} = -\frac{dp}{dx} \tag{5.105}$$

したがって，式 (5.104) は次式となり，τ_{max} と一致する。

$$\tau_w = -\frac{1}{2}\frac{dp}{dx}r_0 \tag{5.106}$$

式 (5.105) を式 (5.100) に代入すると

$$\bar{u} = \frac{Q}{\pi r_0^2} = \frac{r_0^2}{8\mu}\frac{\Delta p}{l} \tag{5.107}$$

したがって

$$\Delta p = \frac{8\mu lQ}{\pi r_0^4} = \frac{128\mu lQ}{\pi d^4} = \frac{8\mu l\bar{u}}{r_0^2} = \frac{32\mu l\bar{u}}{d^2} \tag{5.108}$$

となる。ここに，d は管の内径である。式 (5.108) はハーゲン・ポアズイユ (Hagen-Poiseuille) の式と呼ばれ，管内の流量 Q と圧力損失 Δp を測定して，流体の粘度を求める場合などに利用される。

5.4 乱流の速度分布

5.4.1 乱流による運動量輸送とレイノルズ応力

管内の流れはレイノルズ数（$Re = \bar{u}d/\nu$）が約 2 300 までは層流であるが，レイノルズ数がその値より大きくなると，遷移域を経て乱流となる。図 **5.16** は管内の定常層流の流速を示す。管内の流速分布は図 (a) のようになり，この流速は時間的に変動しない。したがって，管断面内の一点（半径 r の位置）における流速は図 (b) のように一定であり，流速の確率密度関数（probability density function）は図 (c) のようなデルタ（δ）関数となる。一方，図 **5.17** は管内の定常乱流の流速を示すが，流速は時間的に変動し，時間平均した流速分布は図 (a) のようになる。半径 r の位置における流速は図 (b) のように平均流速 $\bar{u}$ のまわりに変動し，流速の確率密度関数は図 (c) のようになる。

乱流をモデル化して数式で表すとつぎのようになる。二次元流れを考え，x, y 方向それぞれの流速を時間平均速度と変動速度に分解してつぎのように表す。

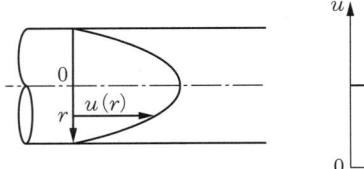

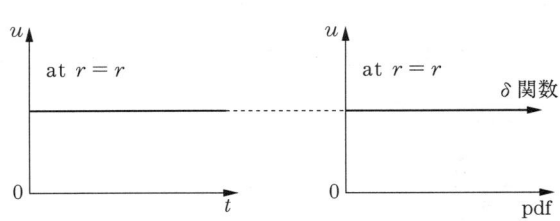

(a) 管断面内の流速分布　　(b) 流速の時間的変化　　(c) 確率密度関数

図 **5.16**　層流（定常流れ）

5.4 乱流の速度分布

(a) 管断面内の流速分布　(b) 流速の時間的変化　(c) 確率密度関数

図 5.17 乱流（定常流れ）

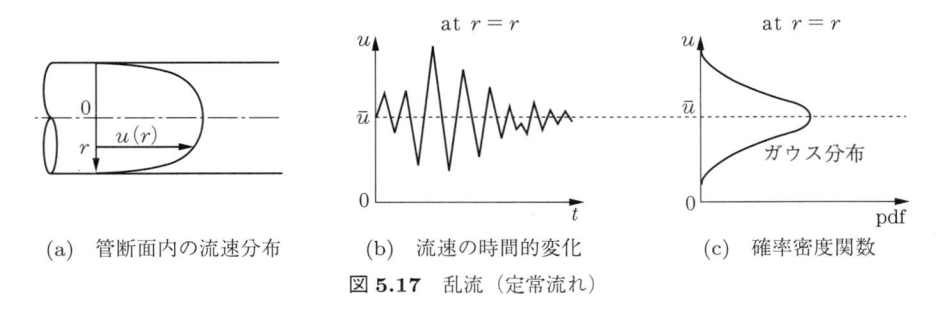

$$u(x,y,t) = \bar{u}(x,y) + u'(x,y,t) \tag{5.109}$$

$$v(x,y,t) = \bar{v}(x,y) + v'(x,y,t) \tag{5.110}$$

平行平板間の流れを考えると，時間平均速度の平板に直角な成分 $\bar{v}$ はゼロとなるため，式 (5.110) は次式となる。

$$v(x,y,t) = v'(x,y,t) \tag{5.111}$$

乱流運動の本質は平均流に直角な方向の流体塊の入れ替わりであり，図 **5.18** に示すように，異なった速度で x 方向に動く流体塊が，不規則に y 方向に入れ替わることにより x 方向の運動量の変化が起こり，その結果図 5.17(b) のような速度変動が生じる。

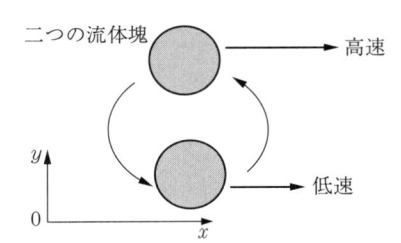

図 5.18 乱流運動の概念モデル

図 **5.19**(a) は，平行平板間の乱流の時間平均速度分布 $\bar{u}(y)$ を表している。図 (a) 中の y 軸に直角な微小面積 dA の近傍を図 (b) に示す。図 (b) に示されるように，面 dA より上の流体塊が $v'(<0)$ の速度で dA を通過する場合，その質量流量は $-\rho v' dA$ であり，さらにこの流体塊は dA の位置に比べて $u'(>0)$ だけ x 方向速度が大きい。したがって，dA より上の流体塊の流入により面 dA での x 方向の運動量は，単位時間当たり $-\rho u'v' dA$ だけ増加する。逆に，dA より下の流体塊（$u' < 0, v' > 0$）が面 dA へ流入することにより，面 dA での x 方向の運動量は，単位時間当たり $-\rho u'v' dA$ だけ減少する。したがって，単位時間・単位面積当たりの運動量変化は応力に等しいので，dA より上の流体塊は面 dA に x の正方向のせん断応力 $-\rho u'v'$ を引き起こし，dA より下の流体塊は面 dA に x の負方向のせん断応力

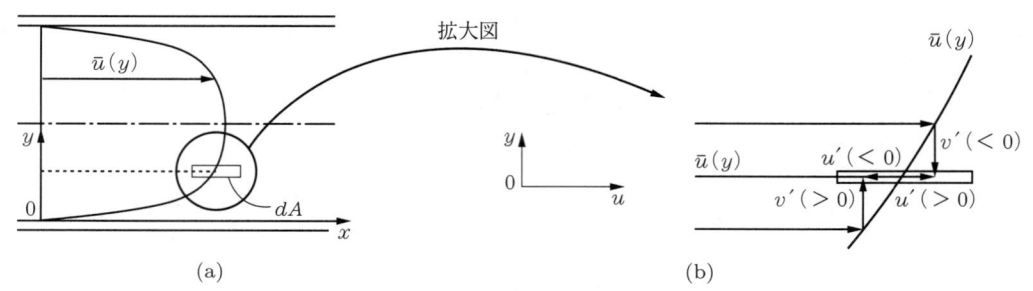

図 5.19 平行平板間の乱流

$-\rho u'v'$ を引き起こす。これらのせん断応力の向きは，層流における粘性によるせん断応力の向きと一致する。

$-\rho u'v'$ を時間平均したものはレイノルズ応力（Reynolds stress）τ_t と呼ばれる。

$$\tau_t = -\rho \overline{u'v'} \tag{5.112}$$

したがって，乱流での時間平均せん断応力は次式で与えられる。

$$\tau = \tau_l + \tau_t \tag{5.113}$$

ここに，τ_l は粘性によるせん断応力であり，次式のニュートンの粘性法則より求まる。

$$\tau_l = \rho\nu\frac{d\bar{u}}{dy} \tag{5.114}$$

ここに，ν は動粘性係数を示す。いま τ_t に対しても式 (5.114) と同様の表現を用いて表すと次式となる。

$$\tau_t = \rho\varepsilon\frac{d\bar{u}}{dy} \tag{5.115}$$

ここに，ε は渦動粘性係数と呼ばれ，物性値ではなく流れの状態によって変化する量である。式 (5.113) 〜 (5.115) より乱流でのせん断応力は次式で与えられる。

$$\tau = \rho(\nu + \varepsilon)\frac{d\bar{u}}{dy} \tag{5.116}$$

5.4.2 プラントルの混合距離理論

プラントルは気体分子運動論における平均自由行程からの類推より，乱流中の流体塊または渦粒子が平均して行程 l だけ移動すると，他の渦粒子との衝突によってその場所での性質に同化すると考え，次式を仮定した。

$$|u'| = |v'| = l\left|\frac{d\bar{u}}{dy}\right| \tag{5.117}$$

そして，この l を混合距離（mixing length）と名づけた．式 (5.117) の第 1 等号は，図 **5.20** (a) のように渦の周速度が円周上で至る所同じであるためであり，第 2 等号は，図 (b) のように y 方向に距離 l だけ離れた位置における時間平均流速の速度差が $l|d\bar{u}/dy|$ となるためである．

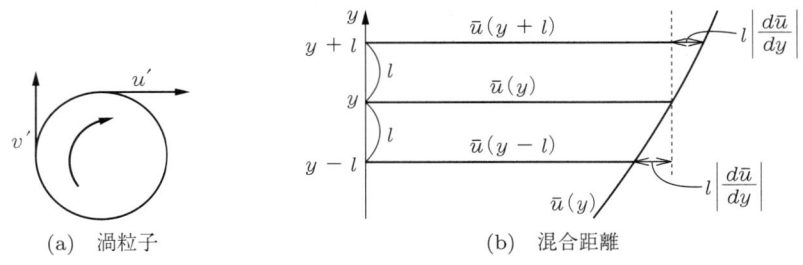

図 5.20 プラントルの乱流モデル

図 5.19 (b) に示されるように u' と v' は異符号であるため，式 (5.117) より次式が得られる．

$$-u'v' = l^2\left(\frac{d\bar{u}}{dy}\right)^2 \tag{5.118}$$

したがって，式 (5.112) より

$$\tau_t = \rho l^2\left(\frac{d\bar{u}}{dy}\right)^2 \tag{5.119}$$

なお，図 5.19 (a) のような場合について $d\bar{u}/dy$ の符号の変化を考慮した式は次式となる．

$$\tau_t = \rho l^2 \left|\frac{d\bar{u}}{dy}\right|\frac{d\bar{u}}{dy} \tag{5.120}$$

式 (5.119) を用いると，乱流の速度分布 $\bar{u}(y)$ をつぎのように定めることができる．まず，式 (5.119) を次式に変形する．

$$\frac{d\bar{u}}{dy} = \frac{1}{l}\sqrt{\frac{\tau_t}{\rho}} \tag{5.121}$$

式 (5.121) における l と τ_t に具体的な関数形を与える必要がある．実験結果より，l は壁からの距離 y に比例することがわかっているため

$$l = ky \tag{5.122}$$

とし，さらに

$$k = 0.4 \tag{5.123}$$

とすると実験結果とよく一致する．つぎに，壁近傍では，τ_t は壁面せん断応力 τ_w に等しいと近似することができる．したがって

78   5. 粘性流体の流れ

$$\tau_t = \tau_w \ (= \text{const.}) \tag{5.124}$$

式 (5.122) ～ (5.124) を式 (5.121) に代入すると

$$\frac{d\bar{u}}{dy} = \frac{1}{0.4}\sqrt{\frac{\tau_w}{\rho}}\frac{1}{y} \tag{5.125}$$

となり，式 (5.125) を y で積分すると

$$\bar{u}(y) = 2.5\sqrt{\frac{\tau_w}{\rho}}\ln y + c \tag{5.126}$$

となる。式 (5.126) で $\sqrt{\tau_w/\rho}$ は速度の次元を持つため

$$v_* = \sqrt{\frac{\tau_w}{\rho}} \tag{5.127}$$

とおく。ここに v_* は摩擦速度と呼ばれる。このとき，式 (5.126) はつぎのように変形できる。

$$\frac{\bar{u}}{v_*} = 2.5\ln y + c' = 2.5\ln\left(\frac{v_* y}{\nu}\right) - 2.5\ln\left(\frac{v_*}{\nu}\right) + c'$$
$$= 2.5\ln\left(\frac{v_* y}{\nu}\right) + A \tag{5.128}$$

ただし円管の場合には実験結果より $A = 5.5$ となる。式 (5.128) を常用対数を用いて表すと

$$\frac{\bar{u}}{v_*} = 5.75\log_{10}\left(\frac{v_* y}{\nu}\right) + 5.5 \tag{5.129}$$

となる。あるいは，無次元表示すると

$$u^+ = 5.75\log_{10} y^+ + 5.5 \tag{5.130}$$

となる。ただし

$$u^+ = \frac{\bar{u}}{v_*} \ , \ \ y^+ = \frac{v_* y}{\nu} \tag{5.131}$$

である。式 (5.129) あるいは式 (5.130) は対数速度分布と呼ばれる。

5.4.3 粘性底層

壁のごく近くでは，固体壁の存在により壁に垂直な方向の乱流運動が妨げられ，また壁に平行な乱流運動も粘性による大きなせん断応力により抑制される。したがって，壁のごく近くでは乱流は抑えられて流れは層流状になる。この領域は粘性底層（viscous sublayer）と呼ばれる。この領域は非常に薄く，粘性の影響が支配的であるため速度分布は図 **5.21** のように直線状になる。したがって，粘性底層内の速度分布は次式で与えられる。

$$\bar{u} = \left(\frac{d\bar{u}}{dy}\right)_w y \tag{5.132}$$

5.4 乱流の速度分布

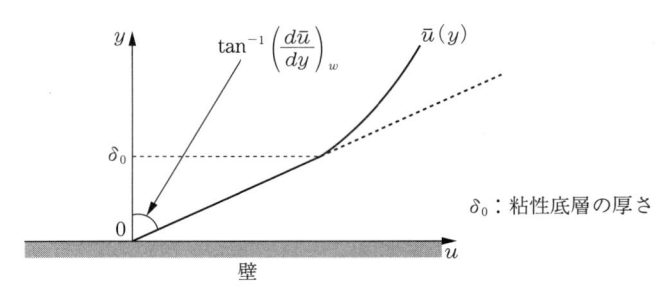

図 5.21 粘性底層内の速度分布

ただし，$(d\bar{u}/dy)_w$ は壁面での速度勾配を示す．一方

$$\tau_w = \mu \left(\frac{d\bar{u}}{dy}\right)_w \tag{5.133}$$

であるため，式 (5.133) を式 (5.132) に代入すると次式が得られる．

$$\bar{u} = \frac{\tau_w}{\mu}y = \frac{\tau_w}{\rho\nu}y = \frac{v_*^2}{\nu}y \tag{5.134}$$

したがって，粘性底層内の速度分布は

$$\frac{\bar{u}}{v_*} = \frac{v_* y}{\nu} \tag{5.135}$$

あるいは

$$u^+ = y^+ \tag{5.136}$$

となる．

5.4.4 乱流中の壁近傍の普遍速度分布

5.4.3 項までで述べてきたことより，式 (5.129)，(5.135) が乱流中の壁近傍の速度分布を与える式となる．横軸に $\log_{10}(v_* y/\nu)$，縦軸に $\bar{u}/v_*$ をとり，これらの式を描くと**図 5.22** とな

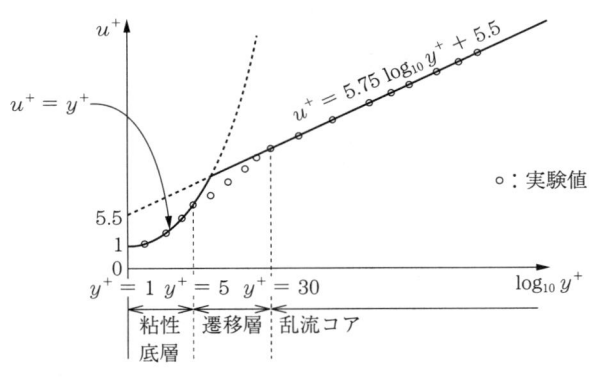

図 5.22 乱流中の壁近傍の速度分布

る。$0 < y^+ < 5$ は粘性底層，$5 < y^+ < 30$ は遷移層，$y^+ > 30$ は乱流コアに対応する．図中の白丸は実験結果であり，遷移層を除くと理論式とよく一致していることがわかる．

円管内の乱流の速度分布に対する簡易法則として，実験結果と合うように速度分布を次式のように指数関数として与える方法がある．

$$\frac{\bar{u}}{\bar{u}_{max}} = \left(\frac{y}{r_0}\right)^{1/n} \tag{5.137}$$

ここに，r_0 は管内径，$\bar{u}_{max}$ は最大速度を示す．n の値はレイノルズ数によって変化し，$Re = 10^5$ では $n = 7$ となり，これは 1/7 乗則と呼ばれる（図 5.23 参照）．

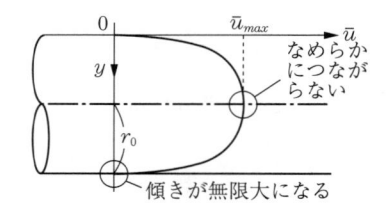

図 5.23　乱流の 1/7 乗則による速度分布

5.5　境　界　層

5.5.1　境界層の形成

レイノルズ数（$Re = Ul/\nu$）が大きい場合，図 5.24 のように物体まわりの流れでは，物体による粘性摩擦の影響を受けるのは物体表面にごく近い部分だけであり，それより外側の流れは粘性を無視してもよい．これはプラントルの考えであり，前者を境界層（boundary layer），後者を主流（main flow）と呼ぶ．

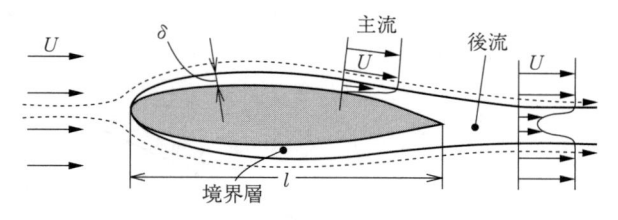

図 5.24　物体まわりの境界層と後流

5.5.2　排除厚さと運動量厚さ

図 5.25 のような平板上の境界層を考えると，流速が主流速度の 99％に達した位置の壁からの距離 δ を境界層厚さと呼ぶ．一方，速度分布は境界層から主流になめらかにつながるため δ の値を正確に決めるのは困難である．そこで境界層内の速度分布の積分量を用いて，境

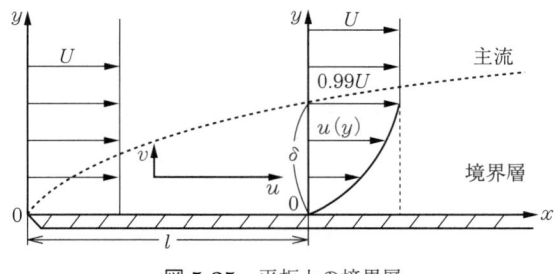

図 5.25 平板上の境界層

界層の排除厚さ (displacement thickness) δ^*, 運動量厚さ (momentum thickness) θ がつぎのように定義される。

図 5.26 に示されるように，物体の近傍では流速が減少し，そこでの質量流量が減少する。そこで，この減少した質量流量に相当する主流が物体から遠くへ押しやられ，物体表面から δ^* までは流速がゼロ，δ^* より遠方では流速が U になると考える。すなわち，物体表面が δ^* だけ膨らんだと考える。このとき排除される質量流量は

$$\int_0^\delta \rho(U-u)dy = \rho\delta^* U \tag{5.138}$$

となるため，排除厚さ δ^* は次式より求まる。

$$\delta^* = \int_0^\delta \left(1 - \frac{u}{U}\right) dy \tag{5.139}$$

なお，式 (5.138), (5.139) の積分区間は $0 \leq y \leq \infty$ であるが，$y \geq \delta$ では $u \fallingdotseq U$ であるため，積分区間を $0 \leq y \leq \delta$ とすることができる。

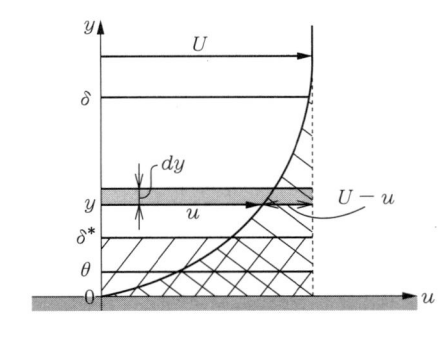

図 5.26 境界層の排除厚さと運動量厚さ

つぎに，物体近傍の流速の減少により，そこでの運動量流量が減少する。そこで，この減少した運動量流量に相当する主流が物体から遠くへ押しやられたと考える。図 5.26 より dy の部分の質量流量は $\rho u dy$ であり，その部分の速度の減少量は $U - u$ であるから，dy の部分の運動量流量の減少量は $\rho u(U-u)dy$ となる。これを y 方向に積分したものが全運動量流量の減少量となる。このとき次式が得られる。

82   5. 粘性流体の流れ

$$\int_0^\delta \rho u(U-u)dy = \rho U^2 \theta \tag{5.140}$$

したがって，運動量厚さ θ は次式より求まる．

$$\theta = \int_0^\delta \frac{u}{U}\left(1-\frac{u}{U}\right)dy \tag{5.141}$$

図 **5.27** は一様な流れの中の平板上に発達する境界層を示す．平板上の境界層も，管内流れと同様に層流境界層から乱流境界層へ遷移する．平板前縁からの距離を x とすると，主流に含まれる乱れの強さが標準的な場合，$Re = Ux/\nu \fallingdotseq 3\times 10^5$ で乱流に遷移する．

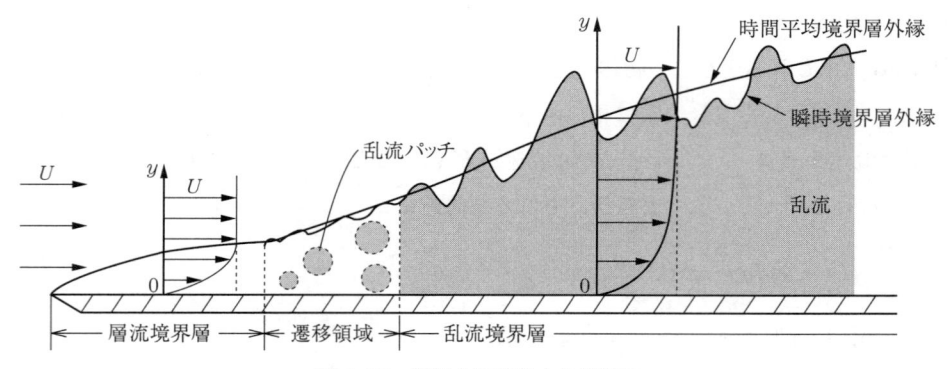

図 **5.27** 平板上に発達する境界層

5.5.3 境界層内の流れの運動方程式

境界層内の流れでは，x, y, u のオーダー（大きさの程度）はそれぞれ $O(x) = l$, $O(y) = \delta$, $O(u) = U$ となる．ただし代表長さを l とする．したがって，連続の式は

$$\frac{\partial u}{\partial x} + \frac{\partial v}{\partial y} = 0 \tag{5.142}$$

であるため，$O(v) = \delta U/l$ となる．

外力の作用しない定常流れに対し，ナビエ・ストークス方程式 (5.55), (5.56) の各項のオーダーはつぎのように各項の下に示すようになる．

$$u\frac{\partial u}{\partial x} + v\frac{\partial u}{\partial y} = -\frac{1}{\rho}\frac{\partial p}{\partial x} + \nu\left(\frac{\partial^2 u}{\partial x^2} + \frac{\partial^2 u}{\partial y^2}\right) \tag{5.143}$$

$$U\frac{U}{l} \quad \frac{\delta U}{l}\frac{U}{\delta} \quad \frac{p}{\rho l} \quad \frac{U}{l^2} \quad \frac{U}{\delta^2}$$

$$u\frac{\partial v}{\partial x} + v\frac{\partial v}{\partial y} = -\frac{1}{\rho}\frac{\partial p}{\partial y} + \nu\left(\frac{\partial^2 v}{\partial x^2} + \frac{\partial^2 v}{\partial y^2}\right) \tag{5.144}$$

$$U\frac{\delta U}{l^2} \quad \frac{\delta U}{l}\frac{U}{l} \quad \frac{p}{\rho \delta} \quad \frac{\delta U}{l^3} \quad \frac{U}{\delta l}$$

一方，ベルヌーイ式 $p+\rho U^2/2 = \text{const.}$ より，$p \approx \rho U^2$ となる。ここに，記号 $\approx$ はオーダーが等しいことを意味する。したがって，式 (5.143)，(5.144) の右辺の圧力項のオーダーはそれぞれ $p/(\rho l) \approx U^2/l$, $p/(\rho \delta) \approx U^2/\delta$ となる。また

$$\delta \ll l \tag{5.145}$$

であるから，式 (5.143)，(5.144) の粘性項の第 1 項は第 2 項に比べて無視できる。一方，式 (5.143)，(5.144) で主流では慣性項が支配的であり，壁のごく近傍では粘性項が支配的であるが，境界層内では慣性項と粘性項のオーダーが等しいと近似できる。したがって，いずれの式からも次式が得られる。

$$\frac{U^2}{l} \approx \nu \frac{U}{\delta^2}, \quad Re = \frac{Ul}{\nu} \approx \left(\frac{l}{\delta}\right)^2 \tag{5.146}$$

よって，オーダー的に見ると，境界層厚さ比 δ/l は $\sqrt{Re}$ に逆比例する。例えば，$Re = 10^6$ のとき $\delta/l \doteqdot 10^{-3}$ となる。さらに，式 (5.144) の慣性項と圧力項とのオーダーの比較より圧力項のみが残ることがわかる。以上より，式 (5.143)，(5.144) はそれぞれ次式となる。

$$u\frac{\partial u}{\partial x} + v\frac{\partial u}{\partial y} = -\frac{1}{\rho}\frac{\partial p}{\partial x} + \nu\frac{\partial^2 u}{\partial y^2} \tag{5.147}$$

$$\frac{\partial p}{\partial y} = 0 \tag{5.148}$$

式 (5.142)，(5.147)，(5.148) は層流の境界層方程式という。

定常な乱流境界層については

$$\bar{u}\frac{\partial \bar{u}}{\partial x} + \bar{v}\frac{\partial \bar{u}}{\partial y} = -\frac{1}{\rho}\frac{\partial \bar{p}}{\partial x} + \nu\frac{\partial^2 \bar{u}}{\partial y^2} + \frac{1}{\rho}\frac{\partial \tau_t}{\partial y} \tag{5.149}$$

$$\frac{\partial \bar{p}}{\partial y} = 0 \tag{5.150}$$

$$\frac{\partial \bar{u}}{\partial x} + \frac{\partial \bar{v}}{\partial y} = 0 \tag{5.151}$$

が成り立つ。ここに，τ_t は式 (5.112) で定義されるレイノルズ応力を示す。式 (5.149) ～ (5.151) は乱流の境界層方程式という。

5.5.4 境界層の運動量積分方程式

流れ方向に発達する境界層厚さと壁面せん断応力 τ_w の関係を表す一般式は，境界層の運動量積分方程式，あるいはカルマン（Kármán）の積分条件式と呼ばれ，次式で表される。

$$\frac{d}{dx}(U^2\theta) + \delta^* U \frac{dU}{dx} = \frac{\tau_w}{\rho} \tag{5.152}$$

あるいは，形状係数

$$H = \frac{\delta^*}{\theta} \tag{5.153}$$

を導入して次式で表すこともできる．

$$\frac{d\theta}{dx} + (2+H)\frac{\theta}{U}\frac{dU}{dx} = \frac{\tau_w}{\rho U^2} \tag{5.154}$$

これらの式の導出をつぎに示す．式 (5.147) を境界層の厚み方向に $y=0$ から $y=\delta$ まで積分すると

$$\int_0^\delta \left(u\frac{\partial u}{\partial x} + v\frac{\partial u}{\partial y}\right)dy = -\int_0^\delta \frac{1}{\rho}\frac{dp}{dx}dy + \int_0^\delta \nu\frac{\partial^2 u}{\partial y^2}dy \tag{5.155}$$

式 (5.142) を $y=0$ から $y=y$ まで積分すると

$$v = -\int_0^y \frac{\partial u}{\partial x}dy \tag{5.156}$$

また，主流に対する運動方程式は次式で与えられる．

$$U\frac{dU}{dx} = -\frac{1}{\rho}\frac{dp}{dx} \tag{5.157}$$

式 (5.156)，(5.157) を式 (5.155) に代入すると

$$\int_0^\delta u\frac{\partial u}{\partial x}dy - \int_0^\delta \frac{\partial u}{\partial y}\left(\int_0^y \frac{\partial u}{\partial x}dy\right)dy = \int_0^\delta U\frac{dU}{dx}dy + \int_0^\delta \nu\frac{\partial^2 u}{\partial y^2}dy \tag{5.158}$$

式 (5.158) の左辺第 2 項はつぎのように変形できる．

$$\int_0^\delta \frac{\partial u}{\partial y}\left(\int_0^y \frac{\partial u}{\partial x}dy\right)dy = \int_0^\delta \frac{\partial}{\partial y}\left(u\int_0^y \frac{\partial u}{\partial x}dy\right)dy - \int_0^\delta u\frac{\partial}{\partial y}\left(\int_0^y \frac{\partial u}{\partial x}dy\right)dy$$

$$= u\int_0^y \frac{\partial u}{\partial x}dy\bigg|_0^\delta - \int_0^\delta u\frac{\partial u}{\partial x}dy = U\int_0^\delta \frac{\partial u}{\partial x}dy - \int_0^\delta u\frac{\partial u}{\partial x}dy \tag{5.159}$$

境界層の外縁では $\partial u/\partial y = 0$ であるため，式 (5.158) の右辺第 2 項はつぎのように変形できる．

$$\int_0^\delta \nu\frac{\partial^2 u}{\partial y^2}dy = \nu\frac{\partial u}{\partial y}\bigg|_0^\delta = \nu\frac{\partial u}{\partial y}\bigg|_{y=\delta} - \nu\frac{\partial u}{\partial y}\bigg|_{y=0} = -\frac{\tau_w}{\rho} \tag{5.160}$$

式 (5.159)，(5.160) を式 (5.158) に代入すると

$$\int_0^\delta 2u\frac{\partial u}{\partial x}dy - U\int_0^\delta \frac{\partial u}{\partial x}dy - \int_0^\delta U\frac{dU}{dx}dy = -\frac{\tau_w}{\rho} \tag{5.161}$$

式 (5.161) の左辺第 1，2 項はそれぞれつぎのように変形できる．

$$\int_0^\delta 2u\frac{\partial u}{\partial x}dy = \int_0^\delta \frac{\partial u^2}{\partial x}dy = \frac{d}{dx}\int_0^\delta u^2 dy \tag{5.162}$$

$$U\int_0^\delta \frac{\partial u}{\partial x}dy = \int_0^\delta \frac{\partial(Uu)}{\partial x}dy - \int_0^\delta u\frac{dU}{dx}dy = \frac{d}{dx}\int_0^\delta Uu\,dy - \frac{dU}{dx}\int_0^\delta u\,dy \quad (5.163)$$

したがって，式 (5.161) はつぎのようになる．

$$\frac{d}{dx}\int_0^\delta u^2 dy - \frac{d}{dx}\int_0^\delta Uu\,dy + \frac{dU}{dx}\int_0^\delta u\,dy - \frac{dU}{dx}\int_0^\delta U\,dy = -\frac{\tau_w}{\rho}$$

$$\frac{d}{dx}\left[\int_0^\delta u(U-u)dy\right] + \frac{dU}{dx}\int_0^\delta (U-u)dy = \frac{\tau_w}{\rho}$$

$$\frac{d}{dx}\left[U^2\int_0^\delta \frac{u}{U}\left(1-\frac{u}{U}\right)dy\right] + U\frac{dU}{dx}\int_0^\delta \left(1-\frac{u}{U}\right)dy = \frac{\tau_w}{\rho} \quad (5.164)$$

式 (5.164) に式 (5.139)，(5.141) を代入すると，式 (5.152) が得られる．

式 (5.152) を変形すると

$$U^2\frac{d\theta}{dx} + 2U\theta\frac{dU}{dx} + \delta^*U\frac{dU}{dx} = \frac{\tau_w}{\rho} \quad (5.165)$$

両辺を U^2 で割ると

$$\frac{d\theta}{dx} + (2\theta + \delta^*)\frac{1}{U}\frac{dU}{dx} = \frac{\tau_w}{\rho U^2} \quad (5.166)$$

さらに式 (5.153) の形状係数 H を導入すると，式 (5.154) が得られる．

5.5.5 境界層の剥離

図 **5.28** は縮小拡大管の拡大部での壁近傍の流速分布を示す．流路の縮小部では流れ方向に圧力が低下するが ($dp/dx < 0$)，拡大部では流れ方向に圧力が上昇する ($dp/dx > 0$)．どちらの流れが剥離しやすいか考えよう．

式 (5.147) において $y=0$（壁面）では $u=v=0$ となるため次式が成り立つ．

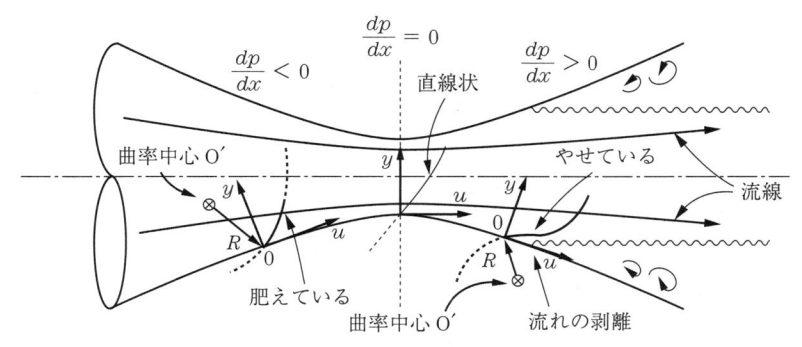

図 **5.28** 縮小拡大管における壁のごく近傍の速度分布

$$\mu\left(\frac{\partial^2 u}{\partial y^2}\right)_{y=0} = \frac{dp}{dx} \tag{5.167}$$

流れ方向に圧力降下がある場合 ($dp/dx < 0$), 流れは加速される。そして式 (5.167) より

$$\left(\frac{\partial^2 u}{\partial y^2}\right)_{y=0} < 0 \tag{5.168}$$

となる。したがって図 5.28 に示されるように，境界層内の壁近傍の曲線 $u(y)$ の曲率中心が曲線 $u(y)$ の上流側にあるため，速度分布は膨らんだ分布になり，流れは剥離しにくい。一方，流れ方向に圧力上昇がある場合 ($dp/dx > 0$), 流れは減速される。そして式 (5.167) より

$$\left(\frac{\partial^2 u}{\partial y^2}\right)_{y=0} > 0 \tag{5.169}$$

となる。したがって，壁近傍の $u(y)$ の曲率中心が曲線 $u(y)$ の下流側にあるため流速分布はやせた形を持ち，流れは剥離しやすい。

図 5.29 (a) は楕円形物体まわりの流れを示す。前縁近傍では流線間隔は流れ方向に減少する，すなわち圧力は低下するため剥離は発生しないが，後縁近傍では流線間隔は流れ方向に増加する，すなわち圧力は上昇するため，図 (b) のように剥離が発生する場合がある。壁から遠い部分の流体は流速が大きく慣性が大きいため，下流の高い圧力に打ち勝って下流まで進むことができるが，壁近傍の低速の流体は慣性が小さいため，正の圧力勾配に打ち勝って下流まで到達することができず，物体から離れて圧力の低い方へ流れる。すなわち逆流する。

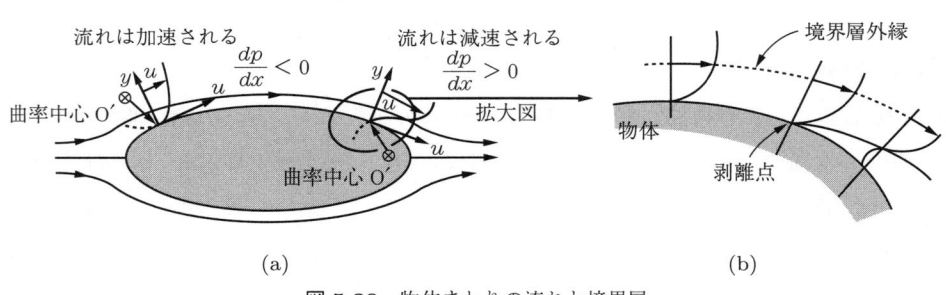

図 5.29 物体まわりの流れと境界層

5.5.6 平板の抗力

図 5.30 のように，一様流れに平行に平板が置かれた場合を考える。検査空間として図中の $AA'BB'$ をとると，流入面 AA' ($x = 0$) から一様流れ U が流入するが，流出面 BB' ($x = x$) では境界層の発達のために x 方向の速度分布は $u(y)$ となる。面 AA' から流入する流量に対して面 BB' から流出する流量は減少するが，これは側面 $A'B'$ から流出する流量があるためであり，この流出する質量流量を $\dot{m}_p$ とすると次式が成り立つ。ここに $y_0 \gg \delta$ とする。

$$\dot{m}_p = \rho U y_0 - \int_0^{y_0} \rho u \, dy = \int_0^{y_0} \rho(U-u) \, dy \tag{5.170}$$

5.5 境　界　層

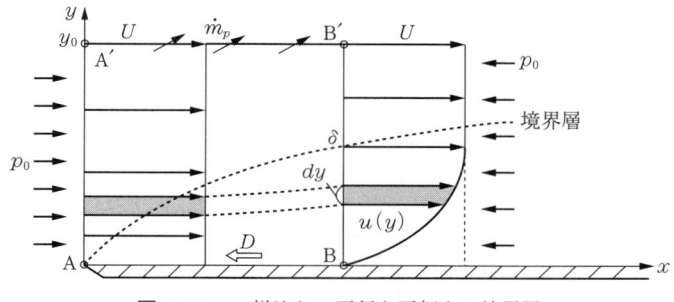

図 5.30　一様流れに平行な平板上の境界層

つぎに，検査空間 AA′BB′ に対する x 方向の運動量の保存則を考える．面 AA′ と BB′ 上の圧力は至る所 p_0 であるため，これらの圧力による力を考える必要はない．面 AB に働くせん断応力による単位幅当たりの抗力を D とする．面 A′B′ 上の x 方向流速は至る所 U である．したがって，次式が成り立つ．

$$\rho U^2 y_0 - D - \dot{m}_p U - \int_0^{y_0} \rho u^2 dy = 0 \tag{5.171}$$

式 (5.170) を式 (5.171) に代入すると次式が得られる．

$$D = \int_0^{y_0} \rho u(U-u) dy \tag{5.172}$$

位置 B における境界層厚さを δ とすると，$y > \delta$ では $u = U$ であるから，式 (5.172) は次式となる．

$$D = \int_0^{\delta} \rho u(U-u) dy \tag{5.173}$$

壁面せん断応力を τ_w とすると，次式が成り立つ．

$$D = \int_0^x \tau_w dx \tag{5.174}$$

したがって，式 (5.140), (5.173), (5.174) より次式が得られる．

$$\tau_w = \frac{dD}{dx} = \frac{d}{dx}\left[\int_0^{\delta} \rho u(U-u) dy\right] = \frac{d}{dx}(\rho U^2 \theta)$$

$$= \frac{d}{dx}\left\{\rho U^2 \delta \int_0^1 \frac{u}{U}\left(1 - \frac{u}{U}\right) d\left(\frac{y}{\delta}\right)\right\} \tag{5.175}$$

式 (5.175) は式 (5.166) で $dU/dx = 0$ とした場合と等しい．ここで

$$\eta = \frac{y}{\delta} \tag{5.176}$$

とし，さらに境界層内の無次元速度分布 $u/U = f(\eta)$ を与えると，式 (5.175) を積分することができる．

(1) 層流境界層の場合　円管内の流れと同様に，つぎの放物状の速度分布を仮定する。

$$\frac{u}{U} = 2\eta - \eta^2 \tag{5.177}$$

このとき，式 (5.175) は次式となる。

$$\tau_w = \frac{2}{15}\rho U^2 \frac{d\delta}{dx} \tag{5.178}$$

一方，壁面において式 (1.6) を適用して τ_w を求めると，式 (5.176)，(5.177) を用いて次式が成り立つ。

$$\tau_w = \mu \left.\frac{du}{dy}\right|_{y=0} = 2\frac{\mu U}{\delta} \tag{5.179}$$

したがって，式 (5.178)，(5.179) を等置すると

$$\delta d\delta = \frac{15\nu}{U}dx \tag{5.180}$$

積分すると

$$\frac{\delta^2}{2} = \frac{15\nu}{U}x + c \tag{5.181}$$

となる。ここに，c は積分定数であるが，$x=0$ にて $\delta=0$ であるため $c=0$ となる。したがって，次式が得られる。

$$\delta = \sqrt{\frac{30\nu x}{U}} = \frac{5.48x}{\sqrt{Re_x}} \tag{5.182}$$

ここに

$$Re_x = \frac{Ux}{\nu} \tag{5.183}$$

である。式 (5.182) を式 (5.178) に代入すると

$$\tau_w = \frac{4}{\sqrt{30}}\frac{\rho U^2}{2}\sqrt{\frac{\nu}{Ux}} = \frac{\rho U^2}{2}\frac{0.73}{\sqrt{Re_x}} \tag{5.184}$$

以上より，境界層厚さ δ および壁面せん断応力 τ_w は，平板前縁から下流に向って**図 5.31** のような分布となる。

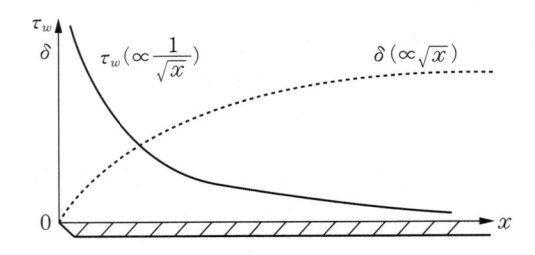

図 5.31 境界層厚さおよび壁面せん断応力の分布

平板の長さが l の場合，平板片面の単位幅当たりの摩擦抗力は，式 (5.184) を用いると

$$D = \int_0^l \tau_w dx = \frac{8}{\sqrt{30}} \frac{\rho U^2}{2} \sqrt{\frac{l\nu}{U}} = l\frac{\rho U^2}{2} \frac{1.46}{\sqrt{Re_l}} \tag{5.185}$$

となる。ここに

$$Re_l = \frac{Ul}{\nu} \tag{5.186}$$

であり，いま

$$D = C_f l \frac{\rho U^2}{2} \tag{5.187}$$

によって摩擦抗力係数 C_f を定義すると，式 (5.185)，(5.187) より

$$C_f = \frac{8}{\sqrt{30}} \sqrt{\frac{\nu}{Ul}} = \frac{1.46}{\sqrt{Re_l}} \tag{5.188}$$

であり，式 (5.188) は $Re_l < 5 \times 10^5$ の範囲で実験値とよく一致する。

（2）乱流境界層の場合　平板前縁から乱流境界層であるとし，境界層内の流速分布は $1/7$ 乗則を用いて次式におく。

$$\frac{u}{U} = \left(\frac{y}{\delta}\right)^{1/7} = \eta^{1/7} \tag{5.189}$$

このとき，層流境界層の場合と同様の方法により，つぎの諸式が得られる[†]。

$$\delta = 0.37 \left(\frac{\nu}{U}\right)^{1/5} x^{4/5} = \frac{0.37x}{Re_x^{1/5}} \tag{5.190}$$

$$\tau_w = \frac{\rho U^2}{2} \frac{0.058}{Re_x^{1/5}} \tag{5.191}$$

$$D = l \frac{\rho U^2}{2} \frac{0.072}{Re_l^{1/5}} \tag{5.192}$$

$$C_f = \frac{0.072}{Re_l^{1/5}} \tag{5.193}$$

図 **5.32** は層流境界層，平板前縁から乱流境界層，平板前縁では層流境界層であるが，下流で乱流境界層に遷移する場合のそれぞれに対する Re_l と C_f の関係式（実線）を示す。

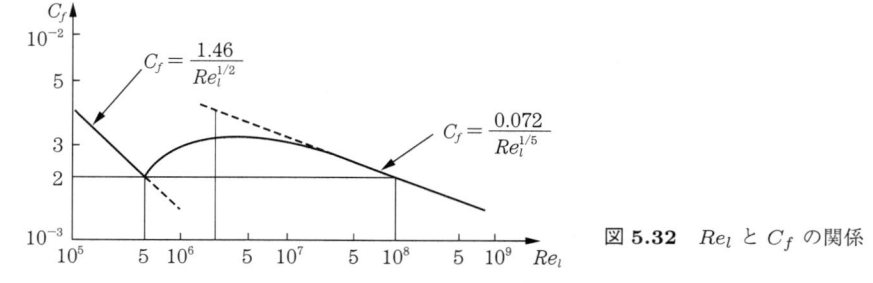

図 **5.32**　Re_l と C_f の関係

[†] Streeter, V.L. and Wylie, E.B. : Fluid Mechanics, 7th ed., p.215, McGraw-Hill (1979).

章 末 問 題

【1】 半径 r_1, r_2 ($r_2 > r_1$) の 2 本の同心円筒からなる環状流路を，管軸方向に流れる定常層流内の管軸方向速度 u_z の半径方向分布を求めよ。ただし，速度成分 u_z のみが存在し（一方向流れの仮定），かつ u_z は r のみの関数である（十分発達した流れの仮定）とする。また，外力は働かないとする。

【2】 境界層の排除厚さ δ^* は，粘性のため壁近傍の流れが減速され，そこでの質量流量が減少するので，一様流速 U の主流が壁から δ^* だけ遠ざけられた（排除された）として定義される。壁からの距離を y，境界層内の流速を $u(y)$ として δ^* の定義式を求めよ。つぎに

$$\frac{u(y)}{U} = \frac{2y}{\delta} - 2\left(\frac{y}{\delta}\right)^3 + \left(\frac{y}{\delta}\right)^4 \qquad 0 \leq y \leq \delta$$

のとき，δ^* と境界層厚さ δ の関係を求めよ。

【3】 境界層の運動量厚さ θ は，粘性のため壁近傍の流れが減速され，そこでの運動量流量が減少するので，一様流速 U の主流が壁から θ だけ遠ざけられたとして定義される。壁からの距離を y，境界層内の流速を $u(y)$ として θ の定義式を求めよ。つぎに

$$\frac{u(y)}{U} = \frac{2y}{\delta} - \left(\frac{y}{\delta}\right)^2 \qquad 0 \leq y \leq \delta$$

のとき，θ と境界層厚さ δ の関係を求めよ。

【4】 一様な流速 U の水流中に幅 b，長さ l のなめらかな平板を流れに平行に置く。平板の前縁から層流境界層が形成されるものとして，平板の中央および後端における境界層の厚さ δ および平板に働く摩擦抵抗 D を求めよ。ただし，境界層厚さ $\delta_l = 5.0(\nu/Ux)^{1/2} \cdot x$，摩擦応力 $\tau_l = 0.664(\nu/Ux)^{1/2} \cdot \rho U^2/2$ で表されるとする。また，$U = 0.4\,\mathrm{m/s}$, $l = 0.8\,\mathrm{m}$, $b = 4.0\,\mathrm{m}$ とする。

【5】 【4】において平板が乱流境界層におおわれているとして δ と D を求めよ。ただし，$\delta_t = 0.37(\nu/Ux)^{1/5} \cdot x$, $\tau_t = 0.0576(\nu/Ux)^{1/5} \cdot \rho U^2/2$ で表されるとする。また，$U = 3.5\,\mathrm{m/s}$, $l = 0.8\,\mathrm{m}$, $b = 4.0\,\mathrm{m}$ とする。

【6】 粘性流体中で平面 $z = 0$ にある平板がその平面内で x 方向に振動するとき，それによって誘起される流れの速度場を記述する方程式が

$$\frac{\partial v_x}{\partial t} = \nu \left(\frac{\partial^2 v_x}{\partial z^2}\right)$$

となることを示せ。ただし，流体の速度ベクトル $\boldsymbol{v} = (v_x(z,t), 0, 0)$ とする。つぎに，振動平板の速度が $U(t) = U_0 \cos(-\omega t)$ で与えられるとき，前記の方程式を解いてみよ。

【7】 平板上の定常層流境界層内の流速分布 $u(y)$ を，多項式

$$\frac{u(y)}{U} = \left(\frac{y}{\delta}\right)^4 + a\left(\frac{y}{\delta}\right)^3 + b\left(\frac{y}{\delta}\right)^2 + c\left(\frac{y}{\delta}\right) + d \qquad 0 \leq y \leq \delta$$

によって表すとき，a, b, c, d の数値を求めよ。ただし，U は主流速度，y は壁からの距離，δ は境界層の厚さである（ヒント：つぎの境界条件を用いる。すなわち，$y = \delta$ で u は U になめらかにつながる。$y = 0$ で，$u = v = 0$ かつ二次元境界層方程式が満たされる）。

6 管内流れ

　粘性を持った非圧縮性流体が管内を充満した状態で流れる場合を扱う。管内流れが問題となる例としては，水道，都市ガス，火力・原子力発電プラント，化学プラント，石油パイプライン，身体の中の血液循環，肺・気道内の空気流などが挙げられる。水道の歴史は古く，英国南西部バースのローマ遺跡に鉛製の水道管跡があるように，B.C. 1 世紀のローマ帝国の時代から鉛管や粘土管が市中の給水系統に使用されていた。

　このような管内流れを扱う実用的手法として，断面内の平均流速 $v\,(=Q/A,\ Q$ は体積流量，A は断面積）を用いる一次元流れとしての解析法を採用する。管内を流れる流体は一般に流れ方向に圧力が降下するが，圧力降下の原因を分類するとつぎのようになる。

① 摩擦による圧力降下（圧力損失）：流れの方向とは逆方向に管壁から壁面せん断応力を受けるため，圧力（静圧）が低下していく。これは電磁気学のオームの法則（$V=RI$）と類似している。

② 流れの剥離による圧力降下（圧力損失）：管の曲り部や分岐部，入口部，急拡大部や急縮小部で流れが剥離し，渦が発生して圧力が低下する。

③ 加速による圧力降下：管断面積 A が減少するなどの理由により平均流速 $v\,(=Q/A)$ が増加すると，ベルヌーイの定理より圧力が低下する。

④ 重力による圧力降下：鉛直管の場合，$p=p_0-\rho g z$（p_0 は基準位置での圧力，z は基準位置からの高さ）の関係が成り立ち，上方ほど圧力が低下する。したがって水平管では考えなくてよい。

なお，③，④はそれぞれ加速による圧力損失，重力による圧力損失と呼ばれることもある。

　図 6.1 のように鉛直軸と角度 θ をなす円形断面の管内の流れに対し，定常非圧縮性粘性流れを仮定した場合の運動方程式は次式で表される。

$$-\frac{dp}{dx} = \rho u \frac{du}{dx} + \frac{s}{A}\tau_w + \rho g \cos\theta \tag{6.1}^\dagger$$

ここに，A は管断面積，τ_w は壁面せん断応力，s は断面内での管の周長を示す。式 (6.1) の左辺は圧力の降下量を示し，右辺はこの降下を引き起こす要因が，加速による圧力降下（第 1 項），摩擦による圧力降下（第 2 項），重力による圧力降下（第 3 項）であることを示す。

---

† 〈式 (6.1) の導出〉 定常一次元流れ中の単位体積の流体に関する運動方程式は，式 (4.15) に管壁からのせん断応力 τ_w による摩擦抗力 $\tau_w s/A$ の項を加えて

$$\rho u \frac{du}{dx} = -\frac{dp}{dx} - \frac{s}{A}\tau_w - \rho g \cos\theta \tag{6.1a}$$

となる。これを圧力損失を表す式とみなし，dp/dx を陽に表すと式 (6.1) が得られる。

92　　6. 管内流れ

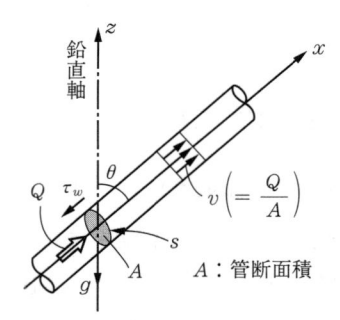

図 **6.1** 円形断面の管内流れ

6.1 助走区間内の流れ

図 **6.2** のように，タンクから円形断面の水平管に流体が流入する層流の流れを考える。なお管入口には丸みがついているものとする。管内の流速分布は断面 A から C までは x 方向に変化していくが，断面 C より下流では変化せず十分発達した流れとなる。断面 A から C までの区間は助走区間（entrance region），その長さ L は助走距離（entrance length）と呼ばれる。図の上部の太実線は管内における圧力降下を示し，太実線より上の (a)〜(d) は圧力降下をもたらす要因別内訳を示す。

(a) は摩擦圧力損失であり，後述のように直線的に降下する。(b) は流速が管入口のほぼゼロから v まで加速されることによる圧力降下を示す。(c) は速度分布が断面 A で $u(r) = v(= \text{const.})$

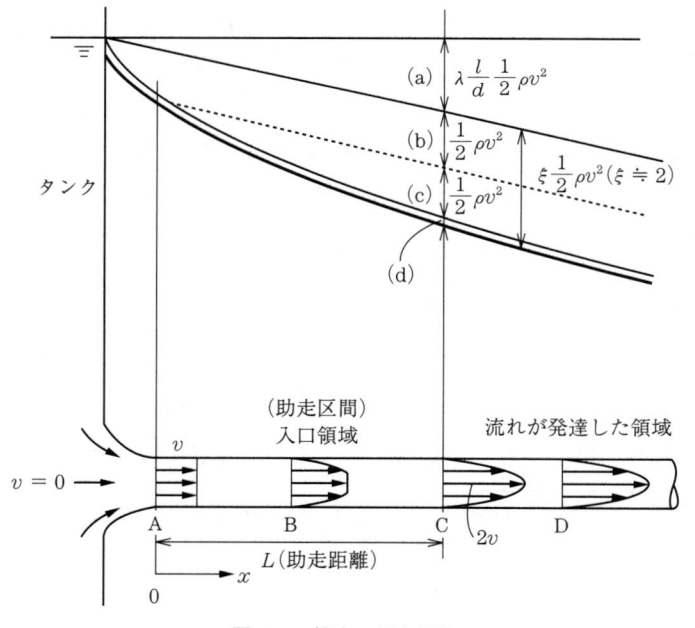

図 **6.2** 管内の圧力損失

から断面 C で $u(r) = 2v\{1 - (2r/d)^2\}$（十分発達した流れ）まで変化することによる圧力降下を示す。この圧力降下量 Δp はつぎのように求められる。断面 A での流れの運動エネルギーは

$$E_A = \rho Q \frac{v^2}{2} = \frac{1}{2}\rho v^3 \frac{\pi}{4}d^2 \tag{6.2}$$

であり，断面 C での流れの運動エネルギーはつぎのようになる。

$$E_C = \int_0^{d/2} \frac{u^2}{2}\rho u 2\pi r dr = \int_0^{d/2} \frac{1}{2}\rho u^3 2\pi r dr$$

$$= \pi\rho \int_0^{d/2} r\left[2v\left\{1 - (2r/d)^2\right\}\right]^3 dr = \frac{\pi}{4}d^2\rho v^3 \tag{6.3}$$

流れの運動エネルギーの差 $E_C - E_A$ は流体の圧力仕事により供給されるので

$$\Delta p = \frac{E_C - E_A}{Q} = \frac{E_C - E_A}{\frac{\pi}{4}d^2 v} = \frac{1}{2}\rho v^2 \tag{6.4}$$

となる。(d) は入口での圧力損失を示す。これは入口の形状により定まり，図 6.2 のような丸みのついた入口ではほぼゼロとなる。

6.2 管 摩 擦 損 失

直径 d の円管内で平均流速が v の十分発達した流れを考えると，**図 6.3** に示す長さ l の区間における摩擦圧力損失は一般に次式で表される。

$$\Delta p = \lambda \frac{l}{d} \frac{1}{2}\rho v^2 \tag{6.5}$$

ここに，λ は管摩擦係数であり，式 (6.5) はダルシー・ワイズバッハ（Darcy-Weisbach）の式と呼ばれる。

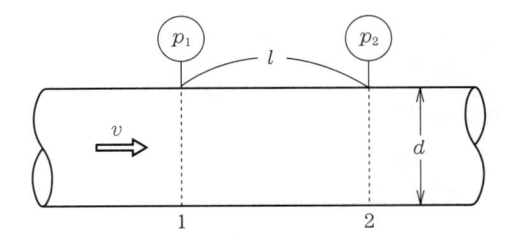

図 6.3　摩擦圧力損失

管内の流れが層流の場合は，ハーゲン・ポアズイユの式 (5.108) と式 (6.5) より次式が得られる。

$$\lambda = 64\frac{\mu}{\rho v d} = \frac{64}{Re} \tag{6.6}$$

94   6. 管内流れ

このように λ はレイノルズ数のみの関数となる。

　管内の流れが乱流の場合は，λ は一般にレイノルズ数と壁面粗さによって変わる。管内面の凹凸の平均高さを ε とすると

$$\frac{\varepsilon v_*}{\nu} < 5 \tag{6.7}$$

の場合には壁面の凹凸が粘性底層内に埋没してしまい，流れは粗さの影響を受けない。このような場合，なめらかな管として扱うことができる。管摩擦係数に関する実験式としては，ブラジウス（Blasius）の式

$$\lambda = \frac{0.3164}{Re^{1/4}} \quad (3 \times 10^3 \leqq Re \leqq 10^5) \tag{6.8}$$

あるいは，プラントル・カルマン（Prandtl-Kármán）の式

$$\frac{1}{\sqrt{\lambda}} = 2 \log_{10} Re\sqrt{\lambda} - 0.8 \quad (3 \times 10^3 \leqq Re \leqq 3 \times 10^6) \tag{6.9}$$

がある。つぎに

$$\frac{\varepsilon v_*}{\nu} \geqq 70 \tag{6.10}$$

となる場合は，壁面の凹凸が乱流域まで及び，レイノルズ数に無関係に ε/d のみで決まる。実験式としては，つぎのニクラゼ（Nikuradse）の式がある。

$$\frac{1}{\sqrt{\lambda}} = 1.74 - 2 \log_{10} \frac{2\varepsilon}{d} \tag{6.11}$$

図 **6.4** は粗い円管の λ に及ぼすレイノルズ数と粗さ ε/d の影響を示す。記号が実験結果であり，また図中に式 (6.6)，(6.8) を示している。

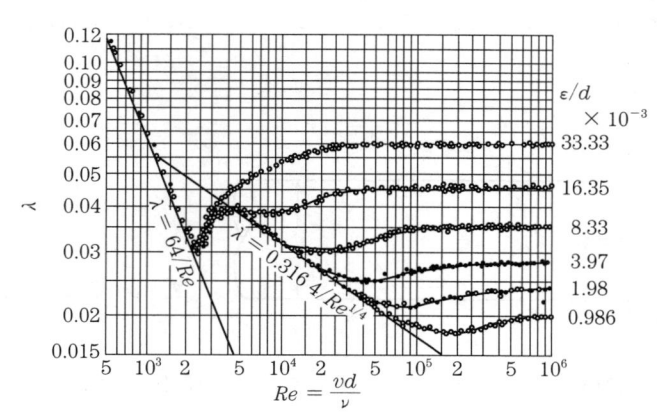

図 **6.4**　円管内の定常流れの管摩擦係数
〔Nikuradse の実験 (1933) より〕

6.3 非円形管の管摩擦損失

図 6.5(a) のように，非円形管内を十分発達した層流あるいは乱流が流れる場合を考える。断面積を A，断面において流体に接している壁の長さ（ぬれ縁長さ）を s，ぬれ縁長さ上の平均壁面せん断応力を τ_0，管軸方向長さ l 当たりの摩擦圧力損失を Δp とする。このとき，流入・流出する運動量は等しいので，壁面せん断応力による力と圧力差による力が釣り合い，次式が成り立つ。

$$\{p - (p - \Delta p)\}A = \tau_0 l s \tag{6.12}$$

したがって，つぎのようになる。

$$\tau_0 = \frac{A}{s}\frac{\Delta p}{l} \tag{6.13}$$

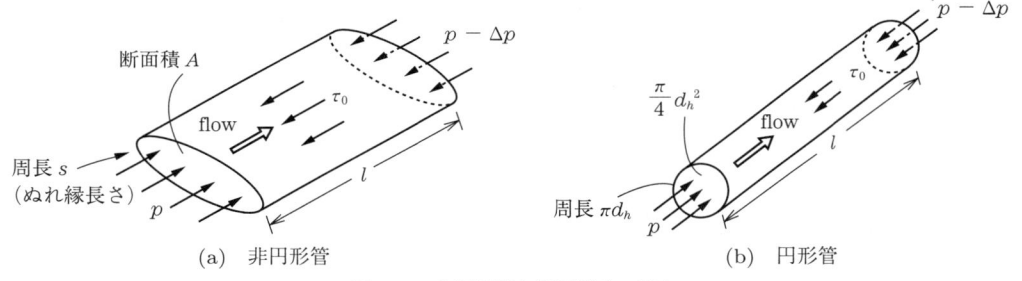

図 6.5 非円形管と円形管内の流れ

いま，Δp，τ_0，l はそのままで，非円形管を図 (b) のような等価直径 d_h の円形管として表す。円形管では $A = \pi d_h^2/4$，$s = \pi d_h$ であるから，式 (6.13) は次式となる。

$$\tau_0 = \frac{d_h}{4}\frac{\Delta p}{l} \tag{6.14}$$

したがって，式 (6.13)，(6.14) より次式が得られる。

$$d_h = \frac{4A}{s} \tag{6.15}$$

d_h は水力平均直径と呼ばれ，非円形管については d_h を用いることにより，円形管に対する式をそのまま適用することができる。例えば，非円形管に関するダルシー・ワイズバッハの式は次式となる。

$$\Delta p = \lambda \frac{l}{d_h}\frac{1}{2}\rho v^2 \tag{6.16}$$

また，レイノルズ数は次式で定義される。

$$Re = \frac{v d_h}{\nu} \tag{6.17}$$

式 (6.15) ～ (6.17) を用いると非円形管に対する管摩擦損失を求めることができる。

6.4 管路の諸損失

管路内を流体が流れるときは摩擦損失のほかに，前述のように，流れの剥離による損失，加速による圧力降下，重力による圧力降下が生じる．本節では流れの剥離による圧力損失を考える．この圧力損失は一般に次式で表される．

$$\Delta p_s = \zeta \frac{\rho}{2} v^2 \tag{6.18}$$

ここに，ζ は損失係数と呼ばれる．また，v は管断面内の平均流速であり，断面積が変化する場合には平均流速の大きなほうの値が用いられる．

6.4.1 急拡大管

図 6.6 のように管路の断面積が急に拡大する部分での圧力損失は，式 (4.52) に示した式と同様な次式となる．

$$\Delta p_s = \frac{\rho}{2}(v_1 - v_2)^2 = \left(1 - \frac{A_1}{A_2}\right)^2 \frac{\rho}{2} v_1^2 \tag{6.19}$$

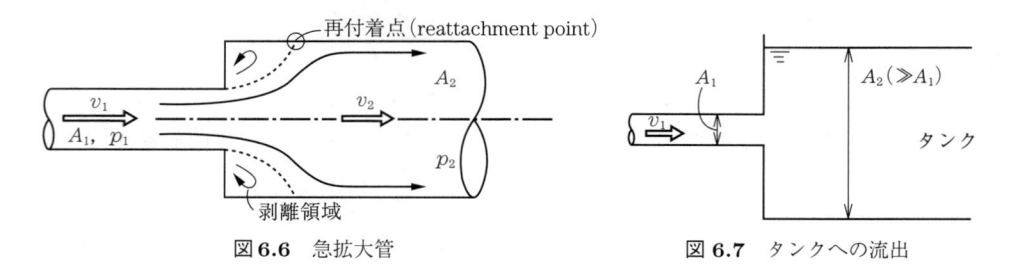

図 6.6 急拡大管

図 6.7 タンクへの流出

図 6.7 のような管出口では $A_2 \gg A_1$ より

$$\Delta p_s = \frac{\rho}{2} v_1^2 \tag{6.20}$$

となる．すなわち，管内の流体が保有する動圧はすべて失われる．

6.4.2 急縮小管

図 6.8 のように断面積が急に縮小する場合，流線は図中の実線のようになる．そこで，$A_1 \to A_c$ への縮流部では損失は発生せず，$A_c \to A_2$ への流れの拡大部で損失が発生すると考える．したがって，圧力損失は次式で表される．

図 6.8 急縮小管

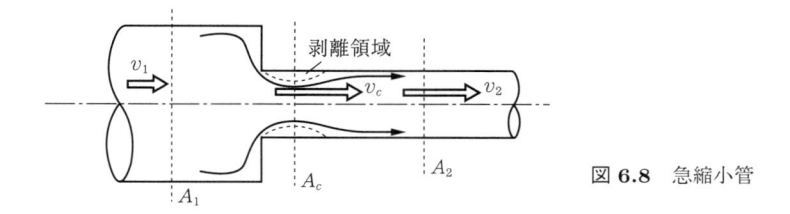

$$\Delta p_s = \frac{\rho}{2}(v_c - v_2)^2 = \left(\frac{A_2}{A_c} - 1\right)^2 \frac{\rho}{2} v_2^2 \tag{6.21}$$

ここで，収縮係数 $C_c(= A_c/A_2)$ を用いると式 (6.21) は次式となる．

$$\Delta p_s = \left(\frac{1}{C_c} - 1\right)^2 \frac{\rho}{2} v_2^2 \tag{6.22}$$

図 6.9 は管の入口形状と損失係数 ζ を示す．図中の破線部が流れの剥離領域を示すが，管路入口では流入時の流れの剥離により損失が決まる．

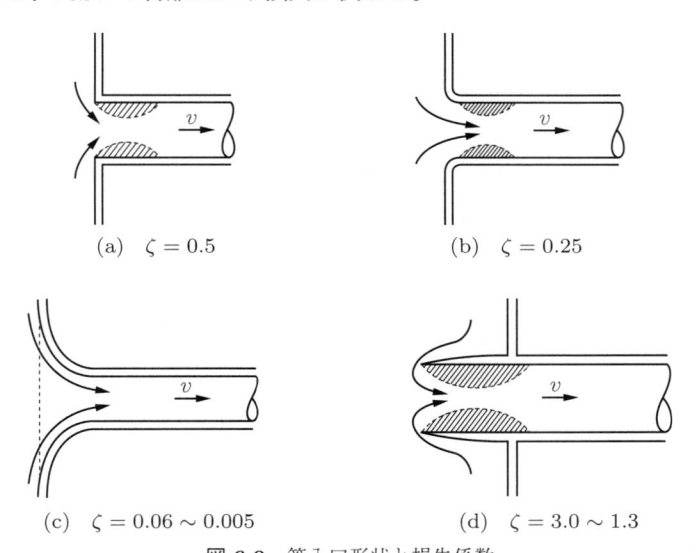

(a) $\zeta = 0.5$
(b) $\zeta = 0.25$
(c) $\zeta = 0.06 \sim 0.005$
(d) $\zeta = 3.0 \sim 1.3$

図 6.9 管入口形状と損失係数

6.4.3 絞 り

流れの断面積を部分的に減少させ，管路内で流れに対する抵抗を発生させるようにしたものを一般に絞りと呼ぶ．絞りには図 6.10 に示すように (a) チョーク，(b) ラビリンス，(c) オリフィス，(d) ノズルがあるが，これらの用途としては，絞り上下流の圧力差を用いて流量を測定する流量計がある．

(a) チョーク (b) ラビリンス
(c) オリフィス (d) ノズル

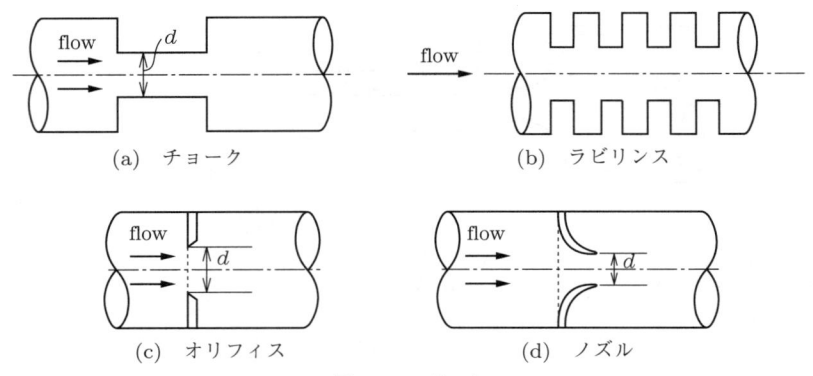

図 6.10 絞 り

6.4.4 ひろがり管

図 6.11(a) のように管の断面積がゆるやかに大きくなる管（ディフューザ）では，ひろがり角 θ が小さいときには流れの剥離は起こらないが，θ が大きくなると図 (b) のように剥離が発生して損失を生じる．圧力損失を

$$\Delta p_s = \xi \frac{\rho}{2}(v_1 - v_2)^2 \tag{6.23}$$

と表すと，円形ひろがり管の場合には，θ の変化に対する ξ の値は図 6.12 となり，$\theta = 5.5°$ で最小値 $\xi = 0.135$ をとる．図 6.11 とは逆に，断面積が流れ方向に小となる狭まり管では剥離による損失は生じない．

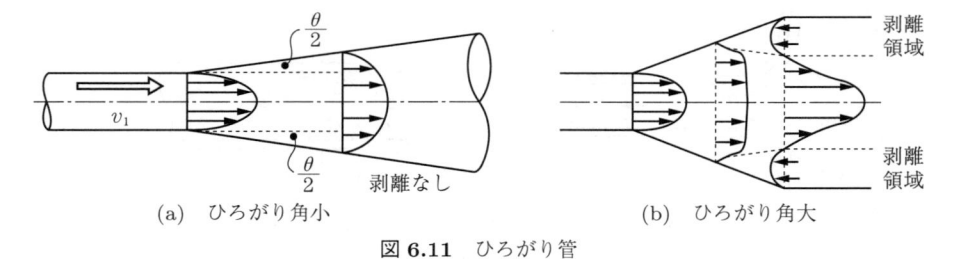

(a) ひろがり角小 (b) ひろがり角大

図 6.11 ひろがり管

図 6.12 ひろがり角と ξ との関係。d_1, A_1 は拡大前の管内径と管断面積であり，A_2 は拡大後の管断面積である．〔Gibson, A.H.：Hydraulics, 91, Constable & Company, (1952), 植松：機論, **2**-7, 254, (1936) より〕

- $\oplus\ d_1 = 2.0$ in $A_2:A_1 = 2.25:1$
- $\circ\ d_1 = 0.5$ in $A_2:A_1 = 9\ \ \ :1$
- $\times\ d_1 = 1.5$ in $A_2:A_1 = 4\ \ \ :1$
- $+\ d_1 = 1.0$ in $A_2:A_1 = 9\ \ \ :1$

6.4.5 流れの方向が変化する管

図 **6.13** はベンド，エルボ，U字管を示す．このような曲り管では，流れの遠心力のために図 **6.14**(a) 中の曲りの内側の点 A では圧力が低下し，曲りの外側の点 A′ では圧力が上昇する．このため，曲りの内側では点 A から下流に向かって圧力が上昇し，図 6.14(a) 中の斜線部で剥離が発生する．主流内部では遠心力と圧力勾配が釣り合うが，境界層内では流速が減少し，このため遠心力も減少して遠心力と圧力勾配との釣合いが破れる．このとき，境界層内では図 6.14(b) に示すような曲りの外側から内側への流れが発生し，これにより図 6.14(c) に示す断面内での二次流れが発生する．したがって，曲り管では剥離に加えて二次流れによる損失が加わる．

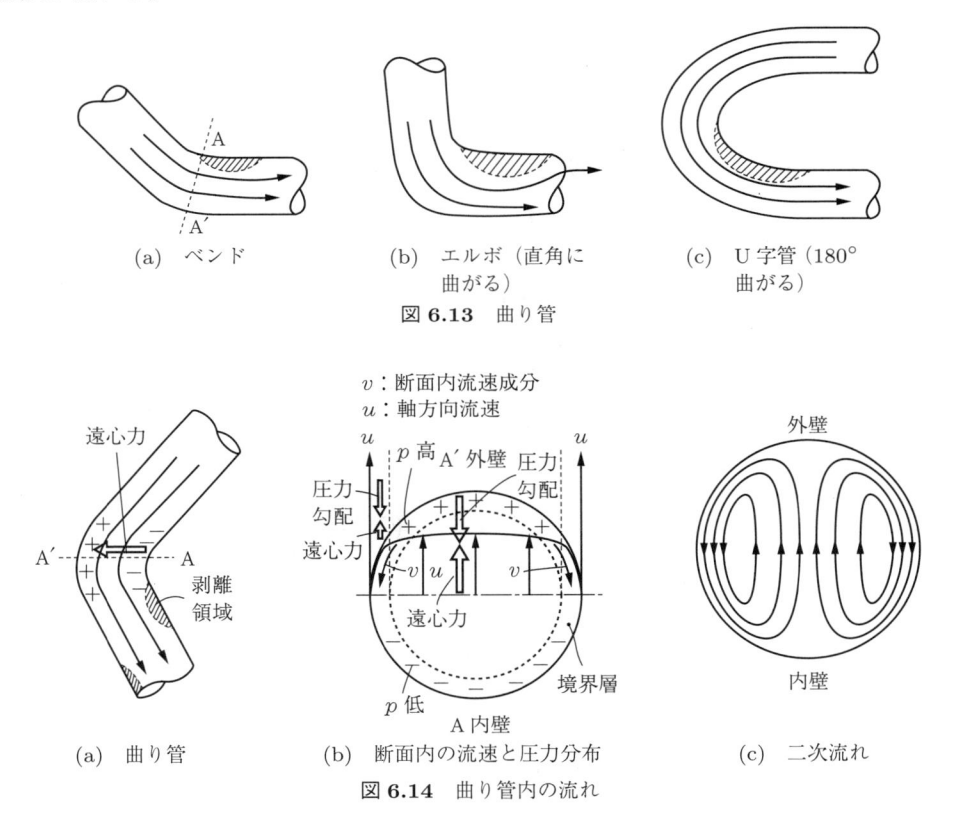

(a) ベンド　　(b) エルボ（直角に曲がる）　　(c) U字管（180°曲がる）

図 **6.13** 曲り管

(a) 曲り管　　(b) 断面内の流速と圧力分布　　(c) 二次流れ

図 **6.14** 曲り管内の流れ

6.4.6 分岐管と合流管

図 **6.15** に示す分岐管と合流管ではそれぞれ破線部に剥離が発生することが多い．血管には多くの分岐部と合流部があるが，分岐部での剥離域には動脈硬化，フロー・ディバイダー (flow divider) には動脈瘤が好発し，発症の原因としては壁面せん断応力などの流体力学的因子が関係する．

(a) 分岐管 (b) 合流管

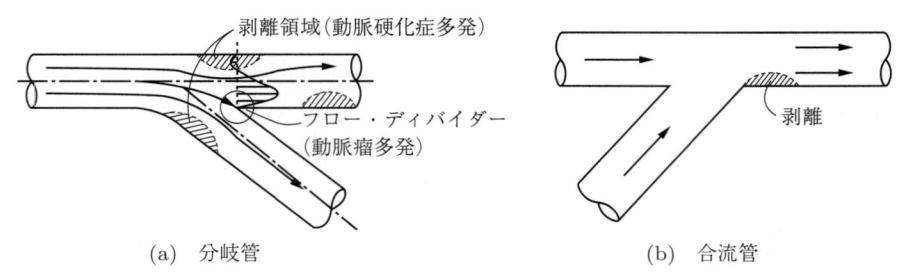

図 6.15 分岐管と合流管

6.4.7 弁とコック

弁の身近な例としては，水道の蛇口（玉形弁）や都市ガスの元栓（コック）などがあり，工業的には流体を輸送する管路系における必要不可欠な要素（素子）として広く使われている。いずれも弁の開度を調節することにより，管内を流れる流量を制御するために用いられる。また，ヒトの血液循環器系においては心臓弁や下肢の静脈弁などがあり，これらの弁は血液の逆流防止のための逆止弁としての役割を果たしている。

流量の調節や切り替えのために図 6.16 に示す弁やコックが用いられる。

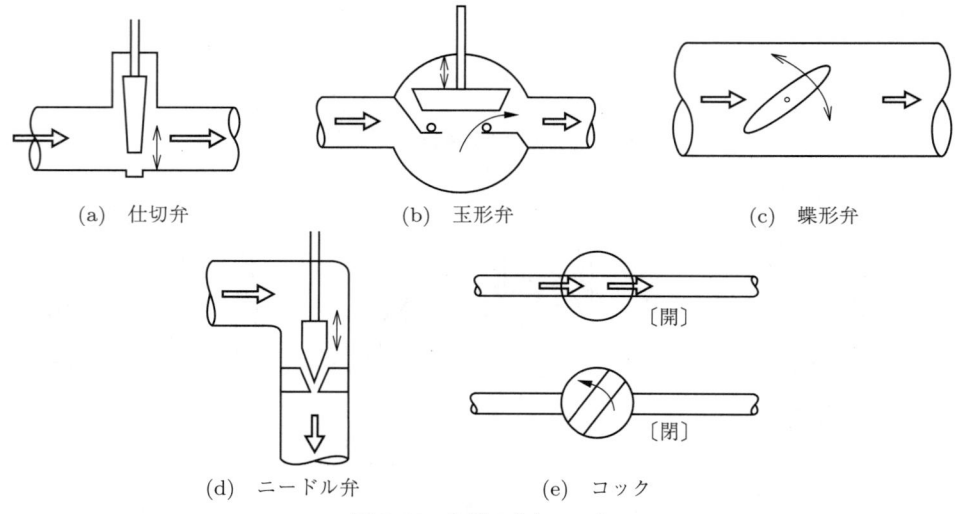

(a) 仕切弁 (b) 玉形弁 (c) 蝶形弁

(d) ニードル弁 (e) コック

図 6.16 各種の弁とコック

6.5 ポンプ

ポンプは歴史的には図 6.17(a) に示されるように揚水を行うために開発されたが，最近は揚水だけではなく，液送や高圧タンクへ液体を注入するために用いられることが多い〔図 (b) 参照〕。下水面と上水面との差 H_a は実揚程と呼ばれるが，ポンプが水に与える揚程は H_a に

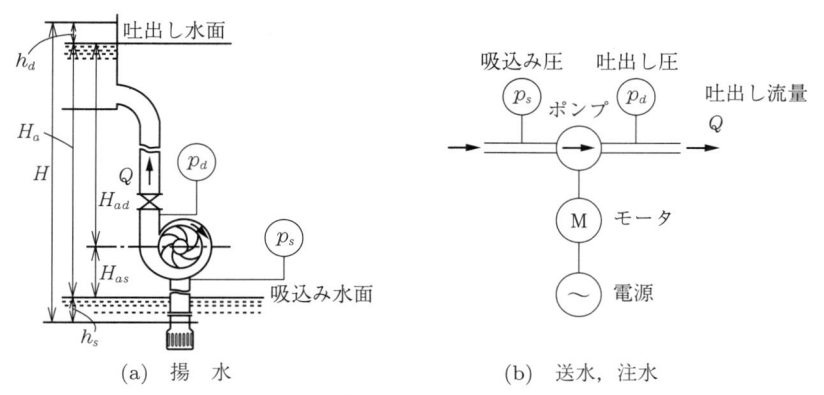

6.5 ポンプ

図 6.17　ポンプ
(a) 揚水
(b) 送水，注水

管路の総損失 h を加えたものとなる。すなわち

$$H = H_a + h \tag{6.24}$$

ここに，H は全揚程または総揚程と呼ばれる。h は吸込み管路の損失 h_s と，吐出し管路の損失 h_d の和である。図の吐出し圧 p_d と吸込み圧 p_s の差，および全揚程 H の間には

$$H = \frac{p_d - p_s}{\rho g} \tag{6.25}$$

の関係が成り立つ。ここで，z_{ds}（p_d と p_s の測定位置間の高低差）はなく，吐出し管内の流速 u_d と吸込み管内の流速 u_s は等しいとした。いま，水がポンプから与えられた動力（水動力）を L_w，吐出し流量を Q とすると，次式が成り立つ。

$$L_w = Q(p_d - p_s) = \rho g H Q = \dot{m} g H \tag{6.26}$$

ここに，$\dot{m}$ は管路内の質量流量を示す。一方，ポンプの回転軸に外部から加えた動力（軸動力）を L_s とすると，ポンプの効率 η は次式より求まる。

$$\eta = \frac{L_w}{L_s} \tag{6.27}$$

ポンプ軸からの回転エネルギーが水の流動エネルギーに変換されるとき，必ず損失があるため $\eta < 1$ となる。

流量 Q と全揚程 H との関係はポンプの揚程曲線といい，図 6.18 の実線のようになる。一

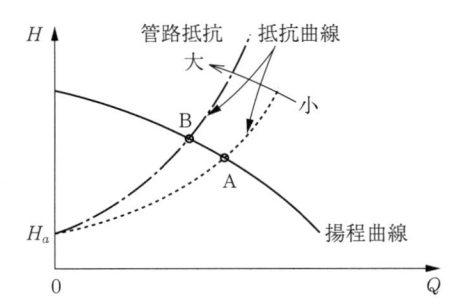

図 6.18　ポンプの揚程曲線と抵抗曲線

方，管路の総損失 h は一般に流量の 2 乗に比例するため，式 (6.24) を描くと図中の破線のような曲線となり，この曲線は抵抗曲線という．したがって，ポンプの作動点は揚程曲線と抵抗曲線の交点 A となる．いま，ポンプ下流の弁開度を小さくすると，管路総損失は増加するため，抵抗曲線は図の破線から一点鎖線へと変化する．したがって，この場合には作動点は点 B となる．

章 末 問 題

【1】 内径 $d = 100\,\mathrm{mm}$，長さ $l = 3\,\mathrm{km}$ のなめらかな鋼管で，流量 $Q = 0.6\,\mathrm{m}^3/\mathrm{min}$ の水を送るとき生じる圧力損失 Δp を求めよ．ただし，管摩擦係数は層流のときポワズイユの式，乱流のときブラジウスの式に従うものとする．また，水の動粘性係数は $\nu_w = 1.00 \times 10^{-6}\,\mathrm{m}^2/\mathrm{s}$ とする．

【2】 内径 $d = 13\,\mathrm{mm}$，長さ $l = 120\,\mathrm{m}$ のなめらかな鋼管で，流量 $Q = 20\,L/\mathrm{min}$ の空気を送るとき生じる圧力損失 Δp を求めよ．ただし，管摩擦係数は層流のときポワズイユの式，乱流のときブラジウスの式に従うものとする．また，空気の動粘性係数は $\nu_a = 1.5 \times 10^{-5}\,\mathrm{m}^2/\mathrm{s}$ とする．

【3】 $0.045\,\mathrm{m}^3/\mathrm{s}$ の水量を円管で送水する場合，$100\,\mathrm{m}$ 当たりの損失ヘッドを $1\,\mathrm{m}$ としたい．管の内径をいくらにすればよいか．ただし，管摩擦係数を $\lambda = 0.03$ とする．

【4】 辺の長さが $2\,\mathrm{cm}$ と $3\,\mathrm{cm}$ の長方形を断面とする管内を，流速 $1\,\mathrm{m/s}$ で $20\,°\mathrm{C}$ の水が流れる．
 (1) 水力平均直径を求めよ．
 (2) レイノルズ数を求めよ．
 (3) 管摩擦係数はブラジウスの式を用いて求め，管長 $1\,\mathrm{m}$ 当たりの損失ヘッドを求めよ．

7 揚力と抗力

6章では管内流れという境界に囲まれた内部流れについて述べたが，本章では外部流れについて述べる。外部流れとは有限寸法の物体まわりの流れであり，例えば航空機，船舶，自動車まわりの流れ，テニス，野球，ゴルフなどのボールまわりの流れ，鳥，昆虫，魚鯨類などの生物体まわりの流れ，ポンプやタービンなどの翼まわりの流れが挙げられる。

7.1 物体まわりの流れ

一様流れ中の物体まわりの流れでは，物体表面に沿って境界層が形成され，物体後部で流れが剥離する場合もあり，さらに物体下流では渦を伴う後流（wake）が生じる。図 7.1 は円柱，平板，楕円柱まわりの流れを示す。点 B はよどみ点（stagnation point）であり，この点で主流の速度がゼロとなる。点 C は流れの剥離点（separation point）を示す。

よどみ点における圧力 p_0 は，ベルヌーイの定理より

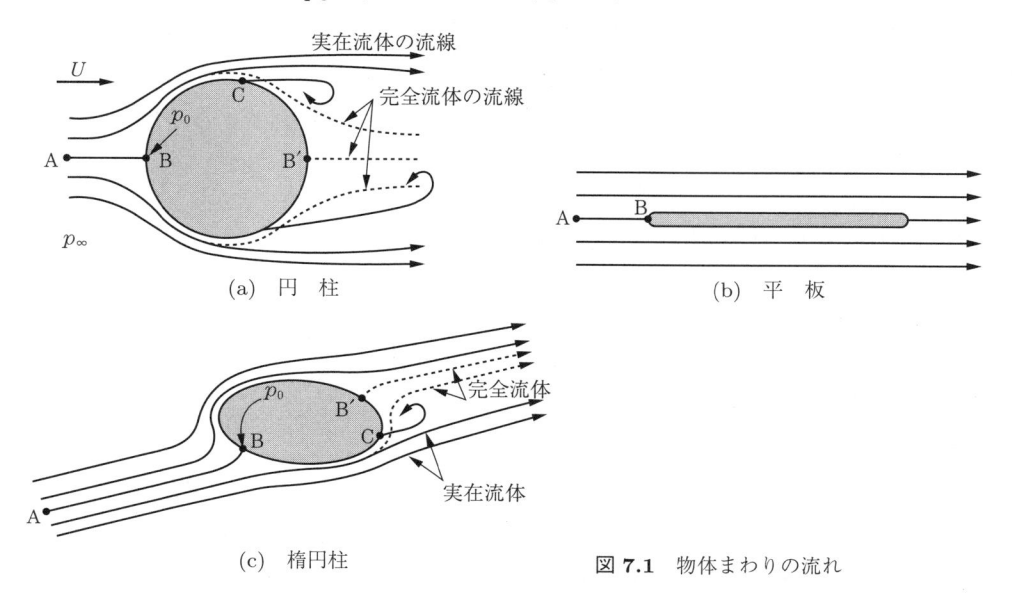

図 7.1 物体まわりの流れ

$$p_0 = p_\infty + \frac{\rho}{2}U^2 \tag{7.1}$$

となる．ここに，U は一様流れの速度，p_∞ は一様流れ中の圧力を示す．

7.2 物体に働く流体力

流れの中に物体を置くと，物体は周囲の流体から力（流体力）を受ける．**図 7.2** のような二次元翼を考え，この力を主流 U の方向の成分 D と，これに直角な方向の成分 L とに分解し，前者を抗力（drag）または抵抗，後者を揚力（lift）と呼ぶ．

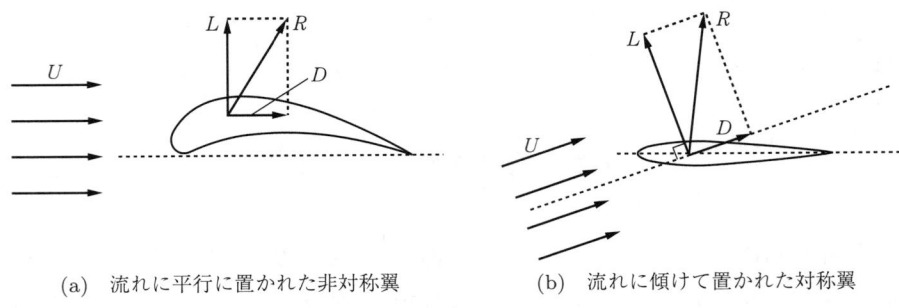

(a) 流れに平行に置かれた非対称翼　　　　(b) 流れに傾けて置かれた対称翼

図 7.2 抗力と揚力

抗力や揚力はつぎのように発生する．**図 7.3**(a) において，物体表面上の任意の微小面積 dA に作用する流体の圧力を p，せん断応力を τ とする．圧力による力 pdA は面 dA に垂直に作用し，せん断応力による力 τdA は面 dA の接線方向を向く．力 pdA の主流方向成分を，物体表面全体にわたって積分した抗力 D_p を圧力抗力（pressure drag），τdA を同様に積分した抗力 D_f を摩擦抗力（friction drag）と呼ぶ．したがって，D_p および D_f はそれぞれ次式より求まる．

$$D_p = \int_A (p - p_\infty)\cos\theta dA \tag{7.2}$$

$$D_f = \int_A \tau \sin\theta dA \tag{7.3}$$

したがって，全抗力 D は

$$D = D_p + D_f \tag{7.4}$$

となる．

全抗力 D に占める D_p と D_f の比率は物体の形状と姿勢により異なり，**表 7.1** のようになる．

7.2 物体に働く流体力

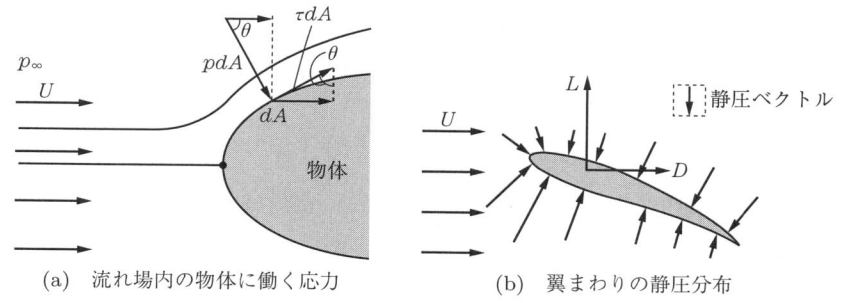

(a) 流れ場内の物体に働く応力　　(b) 翼まわりの静圧分布

図 7.3　流体力の発生

表 7.1　物体の形状と姿勢に対する圧力抗力と摩擦抗力の比率

物体の形状と姿勢	圧力抗力 D_p 〔%〕	摩擦抗力 D_f 〔%〕
平行平板	0	100
翼形	≈ 10	≈ 90
円柱	≈ 90	≈ 10
垂直平板	100	0

揚力についても同様に，圧力による揚力 L_p および摩擦による揚力 L_f はそれぞれ

$$L_p = -\int_A (p - p_\infty) \sin\theta dA \tag{7.5}$$

$$L_f = \int_A \tau \cos\theta dA \tag{7.6}$$

より求まるが，一般に $L_f \ll L_p$ である。

図 7.3(b) は翼断面の各位置における静圧の分布によって，翼断面全体に働く揚力と抗力が生み出されることをモデル的に示したものである。

7.3 物体の抗力

7.3.1 抗力係数

物体の抗力 D を理論的に得ることは困難であるため,通常は実験により求める.D は抗力係数(drag coefficient)と呼ばれる無次元数 C_D を用いて次式のように表される.

$$D = C_D A \frac{\rho U^2}{2} \tag{7.7}$$

ここに,A は主流に垂直な平面への物体の投影面積を示す.

7.3.2 円柱の抗力

粘性のない完全流体(perfect fluid)の一様流れの中に直角に置かれた円柱に対し,循環のない場合の円柱まわりの流れは図 7.4 のようになり,また円柱表面上の任意の点における流速 v_θ は次式で表される〔式 (9.145) 参照〕.

$$v_\theta = 2U \sin \theta \tag{7.8}$$

ただし,θ は前方よどみ点から時計回りに測った角度を示す.なお,円柱表面上では $v_r = 0$ であるため,$v = \sqrt{v_r^2 + v_\theta^2} = v_\theta$ となる.

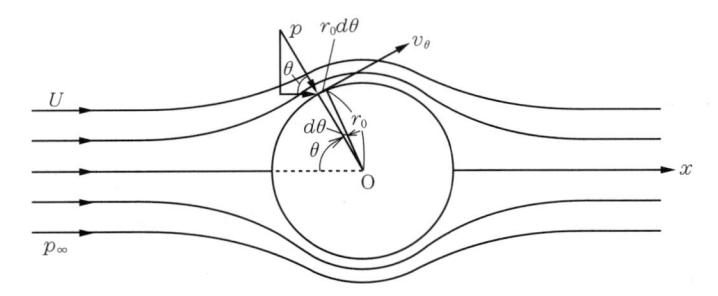

図 7.4 円柱まわりの流れ(完全流体)

円柱表面上の任意の点の圧力を p としてベルヌーイの定理を適用すると次式が得られる.

$$p_\infty + \frac{\rho}{2} U^2 = p + \frac{\rho}{2} v_\theta^2 \tag{7.9}$$

式 (7.8) を式 (7.9) に代入すると次式が得られる.

$$p = p_\infty + \frac{\rho}{2} U^2 (1 - 4 \sin^2 \theta) \tag{7.10}$$

ここで,次式で定義される圧力係数 C_p

$$C_p = \frac{p - p_\infty}{\frac{1}{2}\rho U^2} \tag{7.11}$$

を用いると，式 (7.10) は次式となる．

$$C_p = 1 - 4\sin^2\theta = 2\cos 2\theta - 1 \tag{7.12}$$

式 (7.12) を図示すると図 **7.5** となる．また，円柱表面上の圧力の大きさと向きを描くと図 **7.6** となり，圧力分布は前後・左右対称となる．また，円柱は前と後から流体に押され，左と右から流体に吸い込まれるような力を受ける．完全流体であり摩擦抗力は働かないため，この圧力分布による力の主流方向成分を円柱表面上で積分すると抗力が求まるが，得られる抗力はゼロとなる．円柱単位長さ当たりの抗力 D は

$$D = \int_0^{2\pi}(p - p_\infty)\cos\theta r_0 d\theta = \frac{\rho}{2}U^2 r_0 \int_0^{2\pi} C_p \cos\theta d\theta = \frac{\rho}{2}U^2 r_0 I \tag{7.13}$$

$$I = \int_0^{2\pi}(2\cos 2\theta - 1)\cos\theta d\theta = \int_0^{2\pi}\cos 3\theta d\theta = \frac{1}{3}\sin 3\theta\bigg|_0^{2\pi} = 0 \tag{7.14}$$

より，$D = 0$ となる．すなわち，「完全流体中での物体に働く抗力はゼロとなる」というダランベールのパラドックス (d'Alembert's paradox) が成り立つ．これは実際の流れと矛盾する．

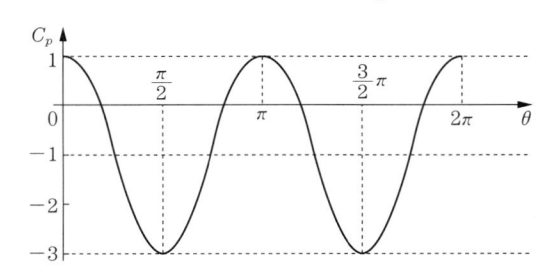

図 7.5 円柱まわりの圧力係数（完全流体）

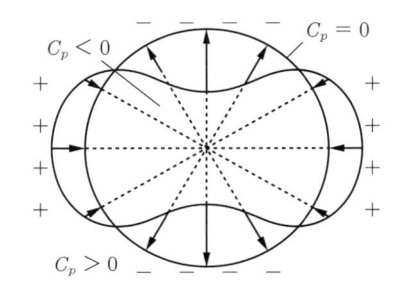

図 7.6 円柱まわりの圧力係数（完全流体）—極座標表示

　一方，粘性のある実在流体では円柱後半部で流れが剥離し，完全流体の流れとは全く異なる流れ場となる．図 7.4 に示されるように，円柱表面近傍の前半部では，流れ方向に流線の間隔が縮まって流れが加速され，ベルヌーイの定理より圧力は流れ方向に低下する．このような負の圧力勾配中では逆流は起こらず，流れは完全流体の流れとほぼ一致する．一方，円

柱表面近傍の後半部では，流れ方向に流線の間隔がひろがって流れが減速され，圧力は流れ方向に上昇する．このような正圧力勾配中では，流れの方向とは逆向きに力を受ける．このとき完全流体では円柱表面で式 (7.8) で示される流れが存在するが，粘性流体では円柱表面で流速がゼロとなるため，図 7.9 のような流れの剥離および逆流が発生し，圧力分布は完全流体のそれとはまったく異なる．

後述のように，剥離が発生すると流れは周期的に変動するが，図 7.7 は境界層が層流剥離（実線），あるいは乱流剥離（一点鎖線）した場合に対する時間平均した円柱表面上の圧力係数の分布を示す．また，図中の破線は完全流体に対する圧力係数の分布を示す．圧力係数がほぼ一定となる領域が剥離域に対応し，乱流剥離のほうが層流剥離より剥離域が小となる．粘性流体の場合について，円柱表面上の圧力の大きさと向きを描くと図 7.8 となり，完全流体に対する図 7.6 と比較すると，粘性流体の場合は剥離域で負圧（大気圧以下の圧力）が働き，このため抗力が発生することがわかる．

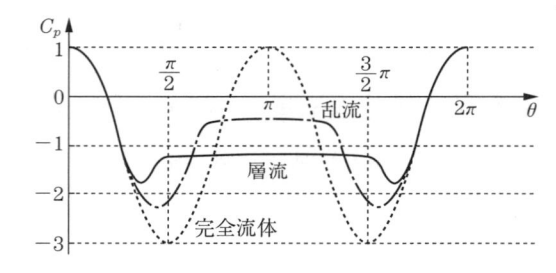

図 7.7 円柱まわりの圧力係数

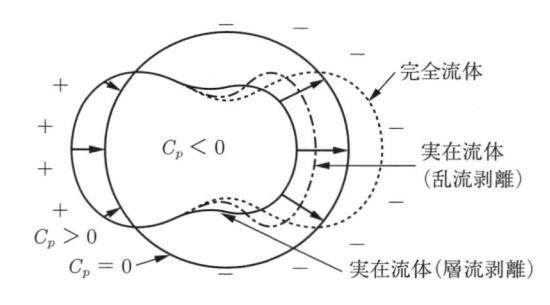

図 7.8 円柱まわりの圧力係数 —極座標表示

図 7.9(a) は境界層が層流剥離する場合であり，剥離点は $\theta \fallingdotseq 80°$ である．臨界レイノルズ数以上では，境界層は図 (b) のように乱流に遷移した後に剥離する．乱流境界層では流れに垂直な方向の運動量の交換があるため剥離が遅れ，剥離点は $\theta \fallingdotseq 130°$ となる．したがって，乱流剥離の場合は層流剥離に比べて後流域が小となり抗力が減少する．図 7.10 は円柱の抗力係数 C_D のレイノルズ数 Re（$= Ud/\nu$，d は円柱の直径）に対する変化を示すが，図より臨界レイノルズ数 Re_C は約 $3 \times 10^5 \sim 4 \times 10^5$ であることがわかる．

レイノルズ数が 90 程度より大きい場合は，図 7.11 に示すように，円柱下流にたがい違い

(a) 層流剥離　　　　　　　　(b) 乱流剥離

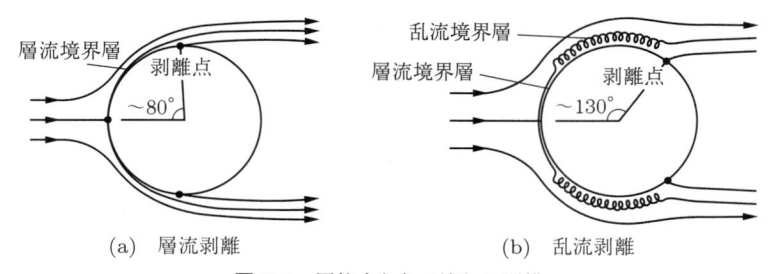

図 **7.9**　円柱まわりの流れの剥離

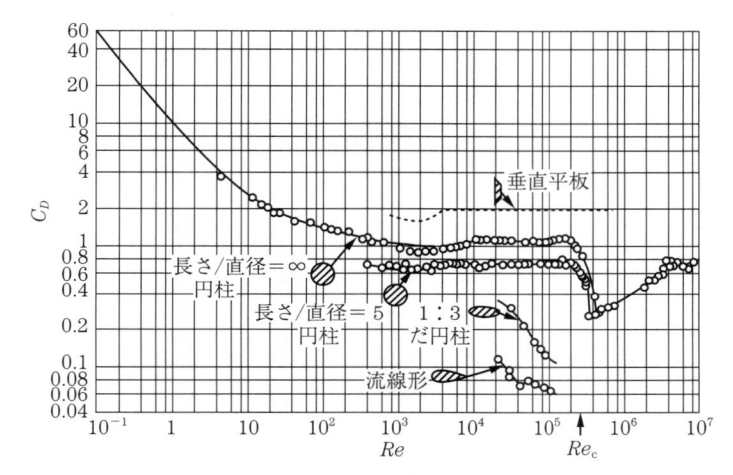

図 **7.10**　柱状物体の抗力係数〔日本機械学会 編：機械工学便覧 A5 流体工学, A5-99, (1986) より〕

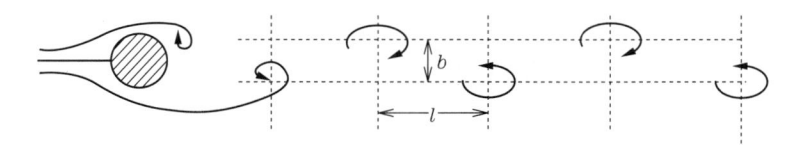

図 **7.11**　カルマン渦列（理論的には $b/l = 0.281$ のとき渦列は安定になる）

に配置された渦列を生じ，この渦列はカルマン渦と呼ばれる．渦対の放出周波数を f とすると，$250 < Re < 2 \times 10^5$ に対するテイラー（G.I. Taylor）の実験式は次式で与えられる．

$$f = 0.198 \frac{U}{d}\left(1 - \frac{19.7}{Re}\right) \fallingdotseq 0.2 \frac{U}{d} \tag{7.15}$$

ここで，次式で定義される無次元数のストローハル（Strouhal）数 St を用いる．

$$St = \frac{fd}{U} \tag{7.16}$$

このとき，式 (7.15) は次式となり，ストローハル数はレイノルズ数のみの関数となる．

$$St = 0.198\left(1 - \frac{19.7}{Re}\right) \fallingdotseq 0.2 \tag{7.17}$$

レイノルズ数が大きい場合は $St \fallingdotseq 0.2$ の一定値となる。

カルマン渦が発生すると，渦の放出ごとに揚力と抗力が変動し，物体は周期的な力を受けて振動する。揚力は f，抗力は $2f$ の周波数で変動し，物体の振動の軌跡は図 **7.12** のようになる。この振動数が物体の固有振動数の近傍にあると，共振（resonance）が発生して振動が増幅され，ついには破壊に至ることもある。高速増殖炉「もんじゅ」の温度計破損によるナトリウム漏出事故はその一例である。

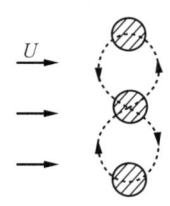

図 **7.12** 物体の振動の軌跡

7.3.3 球の抗力

球の抗力係数はレイノルズ数に対して図 **7.13** のように変化する。球の場合にも円柱の場合と同様に，$Re(=Ud/\nu) \fallingdotseq 3 \times 10^5$ あたりで層流剥離が乱流剥離へ遷移することによって抗力が $1/4 \sim 1/5$ に急減する。球まわりの遅い流れ（$Re < 1$）は，ストークス（Stokes）流れとして知られている。この場合，抗力 D は次式で与えられる。

$$D = 3\pi\mu Ud \tag{7.18}$$

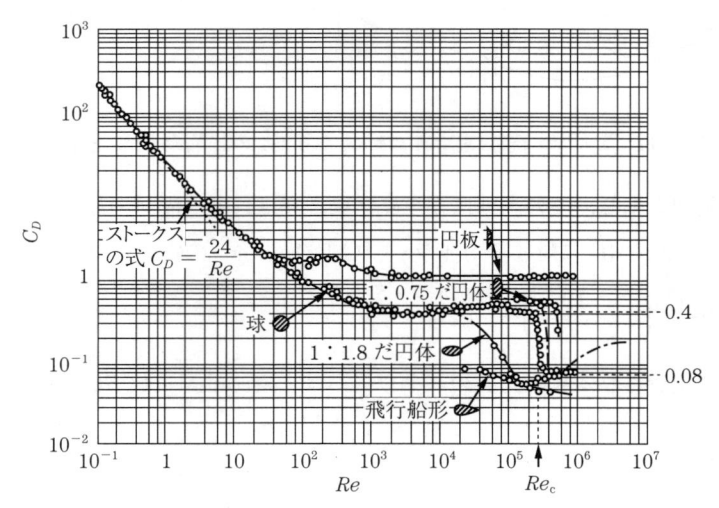

図 **7.13** 球，楕円体，円板などの抗力係数〔日本機械学会 編：機械工学便覧 A5 流体工学，A5-98，(1986) より〕

ここに，d は球の直径を示す．式 (7.18) と式 (7.7) より次式が得られる．

$$C_D = \frac{24}{Re} \tag{7.19}$$

式 (7.18) あるいは式 (7.19) はストークスの式と呼ばれる．

7.4 物体の揚力

7.4.1 揚力の発生

図 **7.14** のように，速度 U の一様流れの中で半径 r_0 の円柱が角速度 ω で回転すると，円柱には揚力が働く．ここでは円柱の単位長さ当たりに働く揚力を計算する．

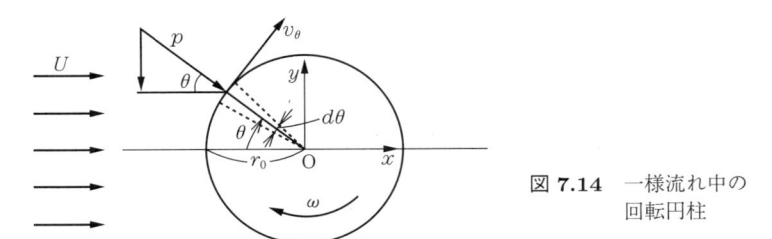

図 **7.14** 一様流れ中の回転円柱

角度 θ を図 7.14 のように測った角度とすると，円柱が回転していない場合の円柱表面上の θ 方向速度は，式 (7.8) のように $2U\sin\theta$ で与えられる．この場合の円柱まわりの流線は図 **7.15**(a) のようになる．つぎに，円柱が時計回りに回転すると円柱表面の流体は粘性のために円柱に付着し，速度 ωr_0 で周方向に動く．したがって，円柱表面における流速 v_θ は次式で表され，円柱まわりの流線は図 (b) のようになる．

$$v_\theta = 2U\sin\theta + \omega r_0 \tag{7.20}$$

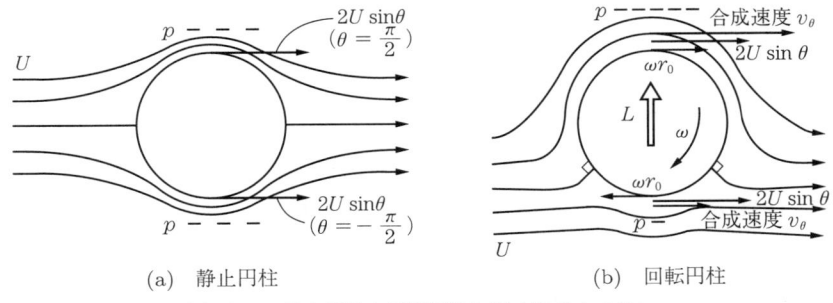

(a) 静止円柱　　(b) 回転円柱

図 **7.15** 静止円柱と回転円柱に働く流体力の違い

無限遠方の圧力を p_∞，円柱表面 (r_0, θ) における圧力を p とすると，ベルヌーイの定理より次式が成り立つ。

$$\frac{\rho}{2} v_\theta^2 + p = \frac{\rho}{2} U^2 + p_\infty \tag{7.21}$$

式 (7.20) を式 (7.21) に代入すると

$$p - p_\infty = \frac{\rho}{2} U^2 \left\{ 1 - 4\sin^2\theta - 4\frac{\omega r_0}{U}\sin\theta - \left(\frac{\omega r_0}{U}\right)^2 \right\} \tag{7.22}$$

となる。したがって，図 7.14 で y 方向を正の向きとした円柱単位長さ当たりの揚力 L はつぎのようになる。

$$\begin{aligned}
L &= -\int_0^{2\pi} (p - p_\infty) \sin\theta r_0 d\theta \\
&= -\int_0^{2\pi} \frac{\rho}{2} U^2 \left\{ 1 - \left(\frac{\omega r_0}{U}\right)^2 - 4\sin^2\theta - 4\frac{\omega r_0}{U}\sin\theta \right\} \sin\theta r_0 d\theta \\
&= -\frac{\rho}{2} U^2 r_0 \int_0^{2\pi} \left\{ \left(1 - \left(\frac{\omega r_0}{U}\right)^2\right) \sin\theta - 4\sin^3\theta - 4\frac{\omega r_0}{U}\sin^2\theta \right\} d\theta
\end{aligned} \tag{7.23}$$

一方，次式が成り立つ。

$$\int_0^{2\pi} \sin\theta d\theta = \int_0^{2\pi} \sin^3\theta d\theta = 0, \quad \int_0^{2\pi} \sin^2\theta d\theta = \pi \tag{7.24}$$

したがって

$$L = 2\pi r_0^2 \omega \rho U \tag{7.25}$$

また，回転円柱の循環は $\Gamma = 2\pi r_0^2 \omega$ となるため，次式が得られる。

$$L = \rho U \Gamma \tag{7.26}$$

式 (7.26) はクッタ・ジューコフスキー (Kutta-Joukowski) の式と呼ばれる。

7.4.2 翼

抗力に比べて揚力が大きくなるように作られたものを翼 (wing, airfoil, blade) と呼ぶ。特に翼断面を表す場合には airfoil (aerofoil) と呼ばれる。図 **7.16** は翼形の典型的形状，および主要な名称を示す。翼の前縁 (leading edge) と後縁 (trailing edge) を結ぶ直線が翼弦 (chord)，その長さが翼弦長 (chord length) である。翼の上面と下面の中心線がそり線 (camber line)，翼弦からそり線までの高さがそり (camber) であり，そり線に直角な方向に測った上面から下面までの長さが翼厚 (thickness) である。一様流れ U の方向と翼弦とのなす角が迎え角 α (attack angle) であり，一様流れの方向とその直角方向にそれぞれ抗力

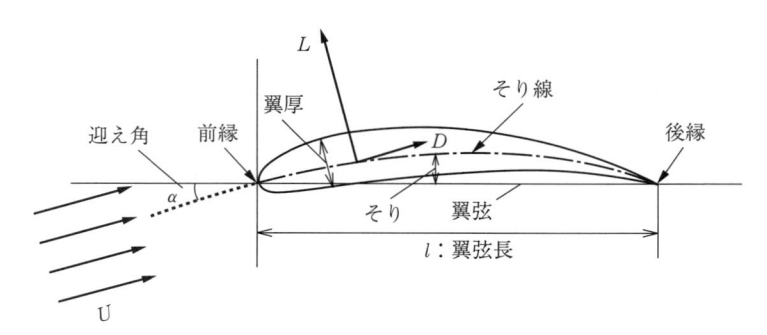

図 7.16 翼 形

D と揚力 L が働く．図 7.17 は翼を上から見た図（planform）を示すが，翼面積を A，翼の長さを b とすると，b^2/A はアスペクト比と呼ばれる．特に長方形翼の場合には $A = bl$ となるため，アスペクト比は b/l となる．

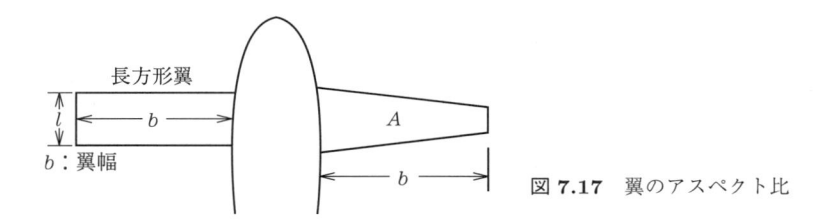

図 7.17 翼のアスペクト比

翼の単位長さ当たりに作用する揚力 L，抗力 D，ピッチングモーメント M（図 7.18 のように，前縁から $l/4$ の位置にある翼弦上の点に関するモーメント）をそれぞれつぎのように表す．

$$L = C_L l \frac{\rho}{2} U^2 \tag{7.27}$$

$$D = C_D l \frac{\rho}{2} U^2 \tag{7.28}$$

$$M = C_M l^2 \frac{\rho}{2} U^2 \tag{7.29}$$

ここに，C_L，C_D，C_M はそれぞれ揚力係数，抗力係数，モーメント係数と呼ばれる．

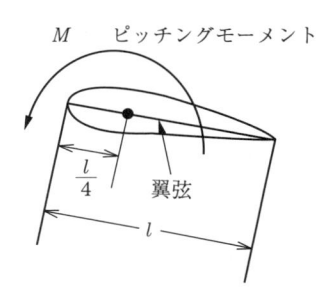

図 7.18 翼に働くモーメント

図 **7.19**(a) は迎え角 α に対する C_L, C_D, C_M の変化の一例を示す。α が増加すると C_L は直線的に増加するが，ある角度で最大値をとり，以後は急激に減少する。この角度は失速角（stalling angle）と呼ばれ，この角度以上になると図 (b) のように翼の上面で大きな流れの剥離域が生じるために揚力が急減し，また失速角近傍では C_D および C_M（時計回り）は急増する。

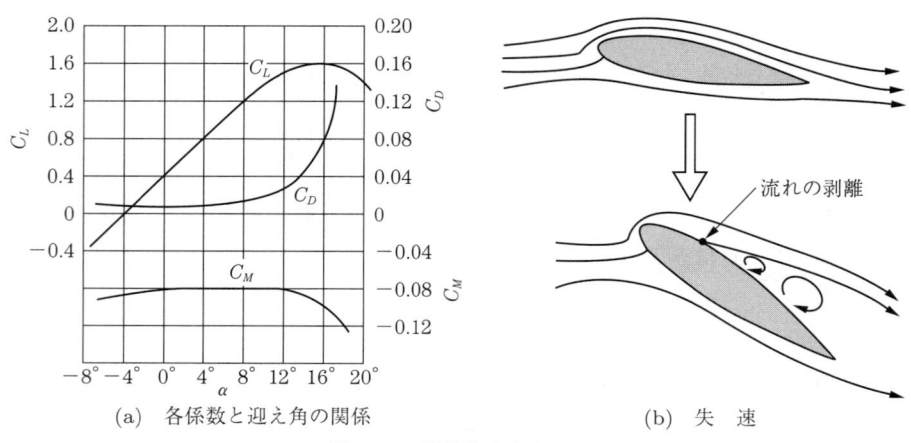

(a) 各係数と迎え角の関係　　(b) 失速

図 **7.19**　翼性能を表す係数

翼に揚力が発生するのは，翼まわりに循環が生じるためである。循環が発生するメカニズムはつぎのように説明される。図 **7.20**(a) は翼が静止流体中を動き始めた瞬間の流線を示し，この流れは渦なし流れ（ポテンシャル流れ）と同じとなるため，後方よどみ点は点 A となり，後縁 B を回る流れが生じる。しかし，流れはとがった後縁を曲がり切ることができず，図 (b) のような剥離渦が発生する。この渦は主流によって図 (c) のように下流に流され，翼の後縁がよどみ点となる（クッタの条件）。一方，初期の流れは渦なし流れであるため，図 (c) 中の渦（出発渦, starting vortex）が生じると，大きさが同じで回転方向が逆の渦（束縛渦, bound vortex）が翼のまわりに発生する。この束縛渦の循環を Γ，一様流れの速度を U とすると，

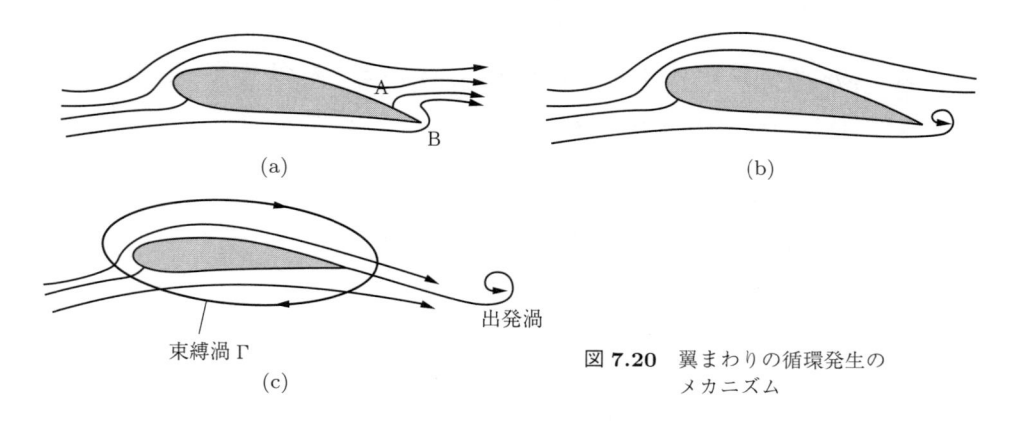

図 **7.20**　翼まわりの循環発生のメカニズム

式 (7.26) で表される揚力 L が発生する。前述のように，翼は束縛渦として扱うことができるが，図 **7.21** に示すように，束縛渦と出発渦は曳行渦（trailing vortex）によって三次元的につながっており，このような渦は渦輪と呼ばれる。

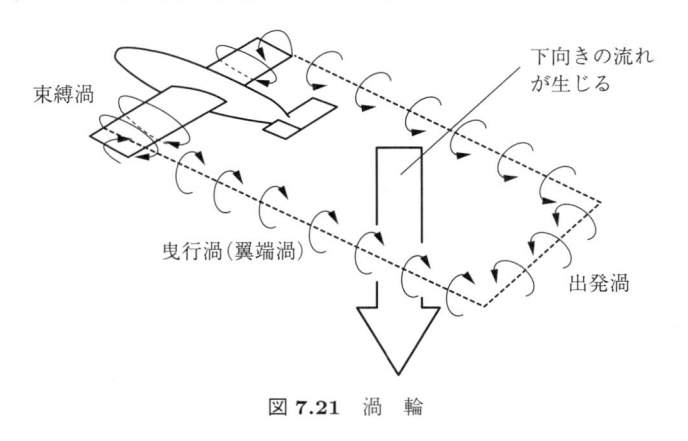

図 **7.21** 渦 輪

7.5 キャビテーション

液体中の圧力が低下して飽和蒸気圧 (p_v) 以下になると，沸騰して気泡が生じるが，この現象はキャビテーション（cavitation）と呼ばれる。図 **7.22** に示すように，翼の上面では流速が大きくなり，圧力が低下して飽和蒸気圧以下の部分でキャビテーションが発生する。そして生じた気泡は流れに乗って圧力の高い部分に運ばれると，翼面上で急激に収縮して消滅する。このとき気泡の中心部に 100〜500 気圧の異常な高圧が発生するため，翼の表面は壊食（erosion）を受ける。したがって，ポンプや水車の羽根車，船のスクリューは，耐キャビテーション性能を考慮して設計する必要がある。

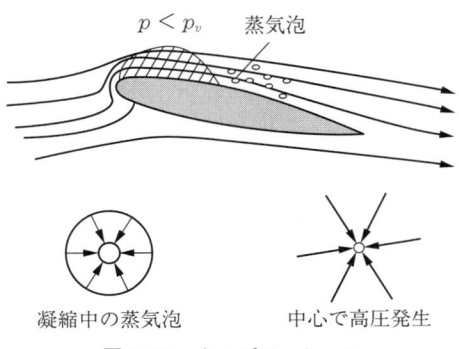

図 **7.22** キャビテーション

章 末 問 題

【1】 正面投影面積 A, 抗力係数 C_D の自動車が, 静止空気中を速度 U で走っているとき, 自動車の受ける抗力 D はいくらか. また, この抗力により失われる動力はいくらか. $A = 2.2\,\mathrm{m}^2$, $U = 90\,\mathrm{km/h}$, $C_D = 0.38$ とする.

【2】 長さ l, 外径 d_c, 肉厚 t のジュラルミン製中空薄肉円柱が地面に鉛直に固定されて立ち, その頂上に直径 d_s の軽い中空球が固く取りつけられている. 風速 U の強風が地面に水平にこの構造物に吹きつけるとき, 円柱に生じる静的な最大たわみおよび最大応力を求めよ. ジュラルミンのヤング率 $E = 7.17 \times 10^{10}\,\mathrm{Pa}$, 降伏応力 $\sigma_Y = 2.76 \times 10^8\,\mathrm{Pa}$, 空気の密度 $\rho_a = 1.2\,\mathrm{kg/m}^3$, 動粘性係数 $\nu_a = 1.5 \times 10^{-5}\,\mathrm{m}^2/\mathrm{s}$ とする. 抗力係数は, 球について $C_D = 0.44\,(Re < 4 \times 10^5)$, $0.1\,(Re > 5 \times 10^5)$, 円柱について $C_D = 1.2\,(Re < 3 \times 10^5)$, $0.4\,(Re > 5 \times 10^5)$ とする. また, $d_c = 10\,\mathrm{cm}$, $t = 2\,\mathrm{mm}$, $l = 3.0\,\mathrm{m}$, $d_s = 100\,\mathrm{cm}$, $U = 40\,\mathrm{m/s}$ とする.

【3】 正面投影面積が $1.8\,\mathrm{m}^2$, 抗力係数が 0.35 の自動車が, 時速 $60\,\mathrm{km}$ で走るときの空気抵抗を求めよ. ただし, 空気の密度を $1.23\,\mathrm{kg/m}^3$ とする.

【4】 翼弦長 $2.4\,\mathrm{m}$, 翼幅 $18\,\mathrm{m}$ の長方形翼が, 迎え角 $5°$ のとき揚力係数が 0.64, 抗力係数が 0.05 である. この長方形翼がこの迎え角で空気中を $360\,\mathrm{km/h}$ の速度で飛行するときの揚力と抗力を求めよ. ただし, 空気の密度を $0.8\,\mathrm{kg/m}^3$ とする.

【5】 流速 $1.5\,\mathrm{m/s}$ の一様な水流中に半径 $2\,\mathrm{cm}$, 長さ $3\,\mathrm{m}$ の円柱が流れと直角に置かれ, 中心軸まわりに一定の回転角速度 $15\,\mathrm{rad/s}$ で回転している.
(1) 円柱まわりに生じる循環を求めよ.
(2) 円柱に作用する揚力の大きさを求めよ. ただし, 水の密度を $1000\,\mathrm{kg/m}^3$ とする.

8 流れの相似則

8.1 相似則とは

二つの流れ，例えば実物と模型に対する流れが相似になるための条件は，現象に関係する同種の物理量 $q_i\ (i=1,2,3,\cdots,n)$ の間に同一の相似比（α とする）が存在することであり，次式のように表される。

$$\alpha = \frac{q_1}{q_1'} = \frac{q_2}{q_2'} = \frac{q_3}{q_3'} = \cdots \tag{8.1}$$

ここに，$q_1, q_2, \ldots$ は実物の物理量 q を示し，$q_1', q_2', \ldots$ は $q_1, q_2, \cdots$ に対応する模型の物理量を示す。式 (8.1) を書き直すと，例えば次式が得られる。

$$\frac{q_1}{q_2} = \frac{q_1'}{q_2'} \tag{8.2}$$

ここで，比 q_1/q_2, q_1'/q_2' などをパイナンバーと呼び，例えば π_{12}, π_{12}' で表す。パイナンバーは同種の物理量の比であるから，無次元量となる。したがって，式 (8.2) は

$$\pi_{12} = \pi_{12}' \tag{8.3}$$

となる。すなわち，実物と模型の流れが相似であるためには，対応するパイナンバーが等しくなければならない。二つの流れが相似であるためには，現象に関連するすべてのパイナンバーを一致させる必要がある。しかし，例えば円管内の定常粘性流れでは，模型と実物でレイノルズ数を一致させると流れが相似になるように，現象を支配するいくつかの重要なパイナンバーを一致させることで実用上は十分相似な流れが得られることが多い。

8.2 力学的相似則

二次元非定常流れに対するナビエ・ストークス方程式は次式で表される。

$$\rho\left(\frac{\partial u}{\partial t} + u\frac{\partial u}{\partial x} + v\frac{\partial u}{\partial y}\right) = -\frac{\partial p}{\partial x} + \mu\left(\frac{\partial^2 u}{\partial x^2} + \frac{\partial^2 u}{\partial y^2}\right) - \rho g \tag{8.4}$$

いま x, y は代表長さ L を，t は代表時間 τ を，u, v は代表速度 U を，p は基準圧力 p_0 を，ρ は基準密度 ρ_0 をそれぞれ用いてつぎのように無次元化する。

$$x' = \frac{x}{L}, \quad y' = \frac{y}{L}, \quad t' = \frac{t}{\tau}, \quad u' = \frac{u}{U}, \quad v' = \frac{v}{U}, \quad p' = \frac{p}{p_0}, \quad \rho' = \frac{\rho}{\rho_0} \tag{8.5}$$

このとき式 (8.4) は次式となる。

$$\underbrace{\frac{\rho_0 U}{\tau}}_{①} \rho' \frac{\partial u'}{\partial t'} + \underbrace{\frac{\rho_0 U^2}{L}}_{②} \rho' \left(u' \frac{\partial u'}{\partial x'} + v' \frac{\partial u'}{\partial y'} \right)$$

$$= -\underbrace{\frac{p_0}{L}}_{③} \frac{\partial p'}{\partial x'} + \underbrace{\mu \frac{U}{L^2}}_{④} \left(\frac{\partial^2 u'}{\partial x'^2} + \frac{\partial^2 u'}{\partial y'^2} \right) - \underbrace{\rho_0 g}_{⑤} \rho' \tag{8.6}$$

式 (8.6) の各項は，それぞれ流体の単位体積当たりに作用するいろいろな種類の力〔N/m³〕であり，式 (8.6) 中の ① ～ ⑤ はその代表値を示す。① は時間的加速度による慣性力であり，② ～ ⑤ の各力の総和によって引き起こされる。② は移流による慣性力，③ は圧力勾配による力，④ は粘性力，⑤ は重力を表す。これらの力の比を求めることにより，つぎのようなさまざまなパイナンバーが得られる。

②/④ より

$$\frac{UL}{\nu} = Re \quad (\text{レイノルズ数}) \tag{8.7}$$

ここで周期 τ の周期性流れを仮定し，$\omega = 2\pi/\tau$ の関係を用いると，①/④ より

$$\frac{L^2}{\nu\tau} = \frac{\omega L^2}{2\pi\nu} = \frac{1}{2\pi} \left(L\sqrt{\frac{\omega}{\nu}} \right)^2 = \frac{1}{2\pi} Wo^2 \tag{8.8}$$

$$Wo = L\sqrt{\frac{\omega}{\nu}} \quad (\text{ウーマスリー数}) \tag{8.9}$$

①/② より

$$\frac{L}{U\tau} = \frac{Lf}{U} = St \quad (\text{ストローハル数}) \tag{8.10}$$

ここでも周期性流れを考えている。また，③/② より

$$\frac{p_0}{\rho_0 U^2} = Eu \quad (\text{オイラー数}) \tag{8.11}$$

②/⑤ より

$$\frac{U^2}{gL} = \left(\frac{U}{\sqrt{gL}} \right)^2 = Fr^2 \tag{8.12}$$

$$Fr = \frac{U}{\sqrt{gL}} \quad (\text{フルード数}) \tag{8.13}$$

いま，式 (8.4) の右辺第 1 項をつぎのように変形する．

$$\frac{\partial p}{\partial x} = \frac{dp}{d\rho}\frac{\partial \rho}{\partial x} = a^2 \frac{\partial \rho}{\partial x} = \underbrace{\frac{a^2 \rho_0}{L}}_{③'} \frac{\partial \rho'}{\partial x'} \tag{8.14}$$

ここに $a\ (=\sqrt{dp/d\rho})$ は音速を示す．このとき，②/③' より

$$\frac{U^2}{a^2} = M^2 \tag{8.15}$$

$$M = \frac{U}{a} \quad (\text{マッハ数}) \tag{8.16}$$

さらに，慣性力と表面張力の比よりウェーバー数 We が得られる．

$$We = \frac{\dfrac{\rho_0 U^2}{L}L^3}{\sigma L} = \frac{\rho_0 U^2 L}{\sigma} \tag{8.17}$$

ここに，σ は表面張力〔N/m〕である．周囲流体との温度差が ΔT である場合，作用する浮力は体積 L^3 当たり $g\beta\rho_0 L^3 \Delta T$ となる．そこで，浮力と粘性力の比および慣性力と粘性力の比を乗じるとグラスホフ数 Gr が得られる．

$$Gr = \frac{g\beta\rho_0 L^3 \Delta T}{\dfrac{\mu U}{L^2}L^3}\frac{\dfrac{\rho_0 U^2}{L}L^3}{\dfrac{\mu U}{L^2}L^3} = \frac{g\beta L^3 \Delta T}{\nu^2} \tag{8.18}$$

ここに，β は体積膨張率〔1/K〕である．

8.3　エネルギー輸送における相似則

二次元の非定常エネルギー輸送方程式は次式で与えられる．

$$\rho c \frac{\partial T}{\partial t} + \rho c \left(u\frac{\partial T}{\partial x} + v\frac{\partial T}{\partial y}\right) = \lambda\left(\frac{\partial^2 T}{\partial x^2} + \frac{\partial^2 T}{\partial y^2}\right) \tag{8.19}$$

ここに T は温度，c は比熱，λ は熱伝導率を示す．式 (8.19) では，流体が単位時間当たりに運ぶ運動エネルギーおよび圧力，粘性力，重力が単位時間当たりになす仕事は微小なので無視している．x, y, t, u, v は，式 (8.5) のように T は基準温度 T_0 を用いてつぎのように無次元化する．

$$T' = \frac{T}{T_0} \tag{8.20}$$

このとき，式 (8.19) はつぎのようになる．

$$\underbrace{\frac{T_0}{\tau}}_{⑥}\rho c \frac{\partial T'}{\partial t'} + \underbrace{\frac{UT_0}{L}}_{⑦}\rho c \left(u'\frac{\partial T'}{\partial x'} + v'\frac{\partial T'}{\partial y'}\right) = \underbrace{\frac{T_0}{L^2}}_{⑧}\lambda\left(\frac{\partial^2 T'}{\partial x'^2} + \frac{\partial^2 T'}{\partial y'^2}\right) \tag{8.21}$$

式 (8.21) の各項は単位体積の流体が単位時間当たりに運ぶエネルギー〔J/sm^3〕である。⑥は非定常輸送，⑦は移流による輸送，⑧は拡散による輸送を示す。異なる種類のエネルギーの比により，つぎに示すパイナンバーが得られる。

⑥/⑦ より

$$\frac{L}{U\tau} = \frac{Lf}{U} = St \quad (\text{ストローハル数}) \tag{8.22}$$

⑧/⑥ より

$$\frac{\lambda\tau}{\rho c L^2} = \frac{\alpha\tau}{L^2} = \frac{\alpha}{L}\frac{\tau}{L} = \frac{\alpha}{UL} = Fo \quad (\text{フーリエ数}) \tag{8.23}$$

ここに

$$\alpha = \frac{\lambda}{\rho c} \tag{8.24}$$

は熱拡散率〔m^2/s〕を示す。⑦/⑧ より

$$\frac{\rho c U L}{\lambda} = \frac{UL}{\alpha} = Pe \quad (\text{ペクレ数}) \tag{8.25}$$

さらに，粘性力と慣性力の比 ($1/Re$) および移流と拡散によるエネルギー輸送量の比 (Pe) を乗じることにより，つぎのようにプラントル数 Pr が得られる。

$$Pr = \frac{Pe}{Re} = \frac{\nu}{\alpha} \tag{8.26}$$

また，プラントル数とすでに述べたグラスホフ数を乗じることにより，レイリー数 Ra が得られる。

$$Ra = Pr \cdot Gr = \frac{g\beta L^3 \Delta T}{\alpha\nu} \tag{8.27}$$

補題 8.1

$\partial/\partial t$ と d/dt の意味の考察

粘性項を無視したときの一次元流れの運動量保存則の式 (4.11) は

$$\frac{\partial}{\partial t}(\rho u A) = -\frac{\partial}{\partial s}(\rho u^2 A) - A\frac{\partial p}{\partial s} - \rho g A \cos\theta \tag{8.28}$$

である。この式に連続の式 (4.4)

$$\frac{\partial}{\partial t}(\rho A) + \frac{\partial}{\partial s}(\rho u A) = 0 \tag{8.29}$$

を代入すると次式が得られる。

$$\underbrace{\frac{\partial u}{\partial t}}_{①} = -\underbrace{u\frac{\partial u}{\partial s}}_{②} - \underbrace{\frac{1}{\rho}\frac{\partial p}{\partial s}}_{③} - \underbrace{g\cos\theta}_{④} \qquad (8.30)$$

式 (8.30) 中の①～④はつぎのような意味を持つ．

① 時間変動項であり，②，③，④によって引き起こされる運動量変動（変化）の総和．

② 移流項であり，現時点での ρu が検査体積から流出し，新たな ρu が流入することにより引き起こされる運動量の変動．

③ 圧力項であり，検査体積の上下流の圧力が異なることにより正味の力を受けるために生じる運動量の変動．

④ 重力項であり，重力により引き起こされる運動量の変動．

通常は①と②を結合させて

$$\frac{\partial u}{\partial t} + u\frac{\partial u}{\partial s} \rightarrow \left(\frac{\partial}{\partial t} + u\frac{\partial}{\partial s}\right)u \rightarrow \frac{du}{dt} \qquad (8.31)$$

と書いて d/dt を実質微分と呼ぶ．すなわち，du/dt は u の単位時間当たりの全変動量 $\partial u/\partial t$ から移流項分 $-u\partial u/\partial s$ を差し引いたものである．すなわち，流れとともに動くと検査体積への流入・流出は生じないため，du/dt は流れとともに動く検査体積が受ける u の変動量を意味する．

章 末 問 題

【1】 長さ 350 m のタンカーが 18 ノットで航行するときのフルード数 Fr はいくらか．この船の造波抵抗を知るため，1/100 の模型を用いて実験を行うとき，模型船の速度はいくらにすればよいか．ただし，1 ノット＝1.852 km/h とする．

【2】 遠心ポンプの羽根車の形状を表すパラメータである比速度の式，$n_s = n\sqrt{Q}/H^{3/4}$ を導け．ここに，n は羽根車の回転数〔rpm〕，Q は吐出し流量〔m³/min〕，H は揚程〔m〕である（ヒント：Q は羽根車の体積（$\propto D^3$，D は羽根車の直径）と n の積に比例し，H は羽根車の周速度（$\propto nD$）の2乗に比例し，各比例定数は羽根車が相似なら一定であることを用いよ）．

【3】 内径 1 m の円管に平均流速 30 cm/s の水を流す場合の流れの状態を推定するために，内径 20 cm の円管に空気を流して実験を行う．空気の平均流速をいくらにすればよいか．ただし，水，空気ともに温度は 20 °C とする．

9 完全流体（理想流体）の流れ

実在流体は多少なりとも粘性と圧縮性を持つが，完全流体とは粘性を持たない流体であり，理論的取扱いを容易にするために考え出された理想化された流体である。

流体中の力には体積力（重力，電磁力など）と応力（圧力，ずり応力，法線応力）があるが，完全流体では，静止中，運動中にかかわらず，接線応力はゼロ，法線応力は圧力のみとされる。図 9.1 のように，物体まわりの流れでは，境界層の外側の主流は完全流体として取り扱うことができることに完全流体の実際的意義がある。本章では二次元定常非圧縮性流れを扱う。

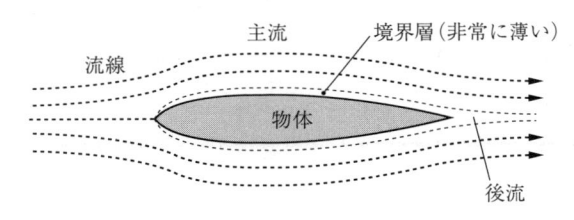

図 9.1　翼まわりの流れ

9.1　速度ポテンシャル

x, y 方向速度成分を u, v として，次式を満足する速度ポテンシャル $\phi(x,y)$ が存在するとする。

$$\frac{\partial \phi}{\partial x} = u \ , \ \frac{\partial \phi}{\partial y} = v \tag{9.1}$$

このとき

$$\frac{\partial^2 \phi}{\partial x \partial y} = \frac{\partial}{\partial x}\left(\frac{\partial \phi}{\partial y}\right) = \frac{\partial v}{\partial x} \tag{9.2}$$

$$\frac{\partial^2 \phi}{\partial y \partial x} = \frac{\partial}{\partial y}\left(\frac{\partial \phi}{\partial x}\right) = \frac{\partial u}{\partial y} \tag{9.3}$$

となる。したがって，次式が成り立つ。

$$\zeta \equiv \frac{\partial v}{\partial x} - \frac{\partial u}{\partial y} = 0 \tag{9.4}$$

ここに，ζ は渦度を示す．すなわち，流れは渦なしである．

逆に，流れが渦なしであるならば，式 (9.4) が成り立ち，このとき $udx + vdy$ は完全微分形となり

$$d\phi = udx + vdy \tag{9.5}$$

により定義される関数 $\phi(x, y)$ が存在する．一方，$\phi = \phi(x, y)$ であることにより

$$d\phi = \frac{\partial \phi}{\partial x}dx + \frac{\partial \phi}{\partial y}dy \tag{9.6}$$

と書くことができるので，式 (9.5)，(9.6) より式 (9.1) が成り立つ．

式 (9.1) を連続の式

$$\frac{\partial u}{\partial x} + \frac{\partial v}{\partial y} = 0 \tag{9.7}$$

に代入すると，次式が得られる．

$$\frac{\partial^2 \phi}{\partial x^2} + \frac{\partial^2 \phi}{\partial y^2} = 0 \tag{9.8}$$

すなわち，ϕ はラプラスの式を満足する．つぎに

$$\phi = \text{const.} \tag{9.9}$$

となる線は，等ポテンシャル線と呼ばれ，この線上では

$$d\phi = 0 \tag{9.10}$$

となる．したがって，式 (9.10) と式 (9.5) より，等ポテンシャル線上では次式が成り立つ．

$$udx + vdy = 0 \tag{9.11}$$

図 9.2 (a) に示すように，位置ベクトルを

$$\boldsymbol{r} = x\boldsymbol{i} + y\boldsymbol{j} \tag{9.12}$$

とおく．ここに，$\boldsymbol{i}$, $\boldsymbol{j}$ はそれぞれ x, y 方向の単位ベクトルを示す．したがって，位置ベクトルの微小変位，すなわち，等ポテンシャル線に対する接線ベクトルは次式で与えられる．

$$d\boldsymbol{r} = dx\boldsymbol{i} + dy\boldsymbol{j} \tag{9.13}$$

また，速度ベクトルを

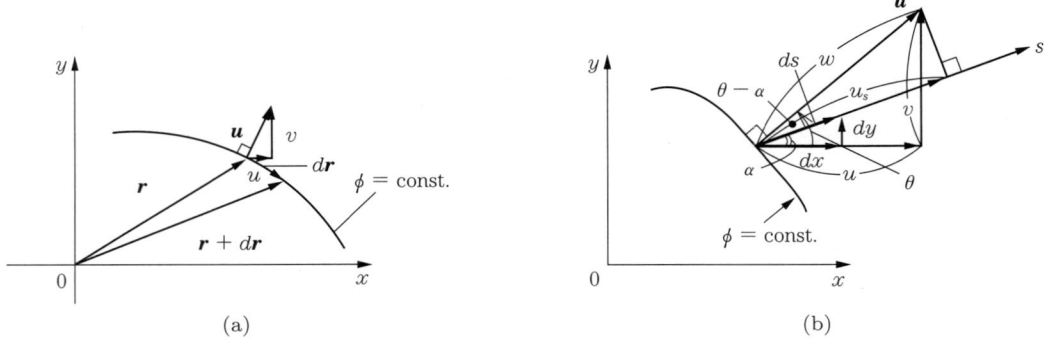

図 9.2　等ポテンシャル線

$$\boldsymbol{u} = u\boldsymbol{i} + v\boldsymbol{j} \tag{9.14}$$

とおく．このとき，速度ベクトルと接線ベクトルの内積は，式 (9.11) より

$$\boldsymbol{u} \cdot d\boldsymbol{r} = udx + vdy = 0 \tag{9.15}$$

したがって，$\boldsymbol{u}$ と $d\boldsymbol{r}$ は直交する．すなわち，流速ベクトルは等ポテンシャル線に直交する．

　流れ場中での任意の方向を s とし，速度ポテンシャル ϕ の s 方向微分を求めると

$$\frac{d\phi}{ds} = \frac{\partial \phi}{\partial x}\frac{dx}{ds} + \frac{\partial \phi}{\partial y}\frac{dy}{ds} = u\frac{dx}{ds} + v\frac{dy}{ds} \tag{9.16}$$

となるが，図 9.2(b) より $dx/ds, dy/ds$ はそれぞれ s 軸の x, y 軸に関する方向余弦となり，s 軸と x 軸のなす角度を α とすると，$dx = ds\cos\alpha, dy = ds\sin\alpha$ であり，また $u = w\cos\theta$, $v = w\sin\theta$, $w = \sqrt{u^2 + v^2}$ であるため式 (9.16) は次式となる．

$$\begin{aligned}\frac{d\phi}{ds} &= u\cos\alpha + v\sin\alpha = w\cos\theta\cos\alpha + w\sin\theta\sin\alpha \\ &= w\cos(\theta - \alpha) = u_s\end{aligned} \tag{9.17}$$

ここに，u_s は s 方向速度を示す．すなわち，速度ポテンシャルを任意の方向に微分する，あるいはその方向の勾配を求めると，その方向の速度が求められる．

9.2　流　れ　関　数

次式を満足する流れ関数 $\psi(x, y)$ が存在するとする．

$$\frac{\partial \psi}{\partial x} = -v \quad , \quad \frac{\partial \psi}{\partial y} = u \tag{9.18}$$

このとき

$$\frac{\partial^2 \psi}{\partial x \partial y} = \frac{\partial}{\partial x}\left(\frac{\partial \psi}{\partial y}\right) = \frac{\partial u}{\partial x} \tag{9.19}$$

$$\frac{\partial^2 \psi}{\partial y \partial x} = \frac{\partial}{\partial y}\left(\frac{\partial \psi}{\partial x}\right) = -\frac{\partial v}{\partial y} \tag{9.20}$$

となる。したがって，次式が得られる。

$$\frac{\partial u}{\partial x} + \frac{\partial v}{\partial y} = 0 \tag{9.21}$$

すなわち，非圧縮性流体の連続の式が成り立つ。式 (9.21) は非圧縮性流体の場合には必ず成り立つので，渦あり・渦なし流れにかかわらず流れ関数 ψ は必ず存在する。

逆に，式 (9.21) が成り立つとき，$-vdx + udy$ は完全微分形となり

$$d\psi = -vdx + udy \tag{9.22}$$

で定義される $\psi(x,y)$ が存在する。さらに

$$d\psi = \frac{\partial \psi}{\partial x}dx + \frac{\partial \psi}{\partial y}dy \tag{9.23}$$

と書くことができるので，式 (9.22)，(9.23) より式 (9.18) が成り立つ。

式 (9.18) を渦なし流れの式 (9.4) に代入すると次式が得られる。

$$\frac{\partial^2 \psi}{\partial x^2} + \frac{\partial^2 \psi}{\partial y^2} = 0 \tag{9.24}$$

すなわち，ψ はラプラスの式を満足する。

9.2.1 流　　　　線

流線とはある瞬間における各流体粒子の速度ベクトルの包絡線として定義される。二次元流れの流線を表す式

$$\frac{dx}{u} = \frac{dy}{v} \tag{9.25}$$

を変形すると次式となる。

$$-vdx + udy = 0 \tag{9.26}$$

式 (9.26) の左辺は，式 (9.22) より $d\psi$ となる。したがって

$$d\psi = 0 \tag{9.27}$$

すなわち，図 **9.3** に示すように，流線に沿って $\psi = \text{const.}$ であり，言い換えると $\psi = \text{const.}$ は流線を表す。

図 9.3 流　線

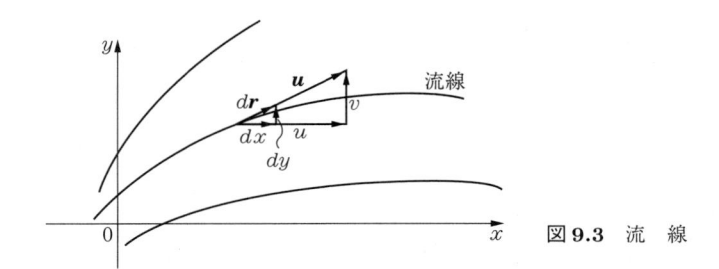

9.2.2 流れ関数の物理的意味

図 **9.4** のように，2本の流線 ψ と $\psi + d\psi$ によって作られる流路を流れる流量を dQ とする。図 9.4 および式 (9.22) より次式が立つ。

$$dQ = (-v)dx + udy = d\psi \tag{9.28}$$

したがって，$d\psi$ は流量 dQ に等しい。なお，ψ が増加する方向を向いたときに左から右へ流れる流量 Q が正であり，これを Q の符号に関する規則とする。

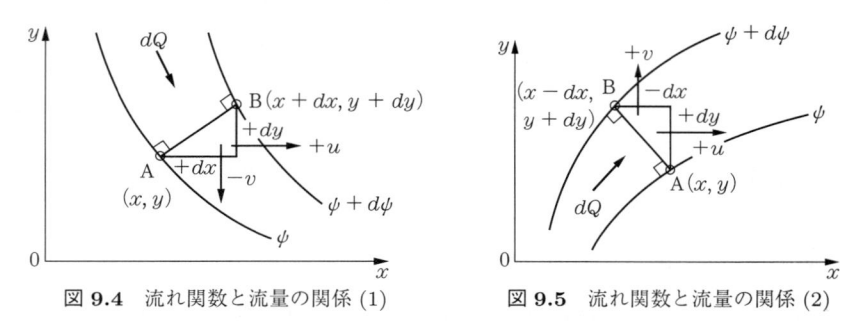

図 **9.4**　流れ関数と流量の関係 (1) 　　図 **9.5**　流れ関数と流量の関係 (2)

図 9.4 とは流線の向きが異なる例を図 **9.5** に示す。この例では次式が成り立つ。

$$dQ = v(-dx) + udy = d\psi \tag{9.29}$$

このように $d\psi$ は隣接する流線 ψ と $\psi + d\psi$ の間の流量 dQ となる。したがって，いずれの場合も $\psi = \psi_1$ と $\psi = \psi_2$ の間の流量 Q は

$$Q = \int_1^2 dQ = \int_1^2 d\psi = \psi_2 - \psi_1 \tag{9.30}$$

となる。すなわち，流れ関数の差は流量となる。

9.2.3 ϕ と ψ の極座標表示

ϕ, ψ を極座標を用いて $\phi(r,\theta), \psi(r,\theta)$ と表す。このとき，r 方向速度，θ 方向速度は，それぞれ ϕ の r, θ 方向勾配より求められる。これらは図 **9.6** に示される幾何学的関係より

9.2 流れ関数

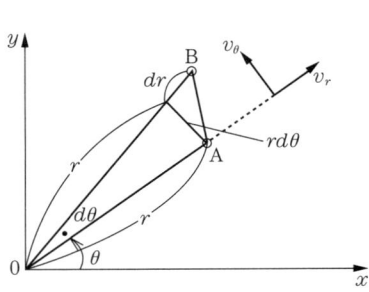

図 9.6 極座標における速度成分

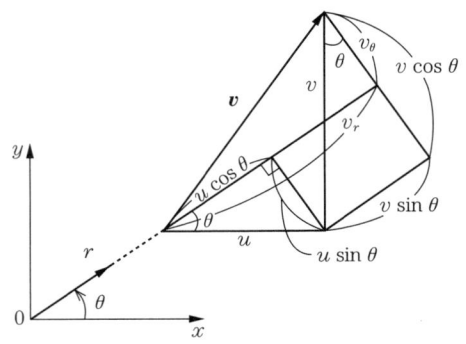

図 9.7 極座標と直角座標における速度成分の関係

$$v_r = \frac{\partial \phi}{\partial r} \quad , \quad v_\theta = \frac{\partial \phi}{r \partial \theta} \tag{9.31}$$

となるが，つぎに式 (9.31) の厳密な導出を示す。

速度の r，θ 方向成分をそれぞれ v_r，v_θ とすると，図 9.7 に示す x，y 座標と r，θ 座標に対する速度成分の関係より

$$v_r = u \cos \theta + v \sin \theta \tag{9.32}$$

$$v_\theta = -u \sin \theta + v \cos \theta \tag{9.33}$$

式 (9.1) を式 (9.32)，(9.33) に代入すると

$$v_r = \frac{\partial \phi}{\partial x} \cos \theta + \frac{\partial \phi}{\partial y} \sin \theta \tag{9.34}$$

$$v_\theta = -\frac{\partial \phi}{\partial x} \sin \theta + \frac{\partial \phi}{\partial y} \cos \theta \tag{9.35}$$

さらに

$$x = r \cos \theta \quad , \quad y = r \sin \theta \tag{9.36}$$

であるから，つぎのようになる。

$$\frac{\partial x}{\partial r} = \cos \theta \quad , \quad \frac{\partial y}{\partial r} = \sin \theta \tag{9.37}$$

$$\frac{\partial x}{\partial \theta} = -r \sin \theta \quad , \quad \frac{\partial y}{\partial \theta} = r \cos \theta \tag{9.38}$$

したがって，式 (9.34)，(9.35) はそれぞれ次式となり，これらは式 (9.31) と一致する。

$$v_r = \frac{\partial \phi}{\partial x} \frac{\partial x}{\partial r} + \frac{\partial \phi}{\partial y} \frac{\partial y}{\partial r} = \frac{\partial \phi}{\partial r} \tag{9.39}$$

$$v_\theta = \frac{\partial \phi}{\partial x}\frac{\partial x}{r\partial \theta} + \frac{\partial \phi}{\partial y}\frac{\partial y}{r\partial \theta} = \frac{\partial \phi}{r\partial \theta} \tag{9.40}$$

つぎに流れ関数については，$\psi = \psi(r, \theta)$ であるから次式が成り立つ．

$$d\psi = \frac{\partial \psi}{\partial r}dr + \frac{\partial \psi}{\partial \theta}d\theta = \frac{\partial \psi}{\partial r}dr + \frac{\partial \psi}{r\partial \theta}rd\theta \tag{9.41}$$

図 9.8 の関係より

$$dQ = (-v_\theta)dr + (-v_r)(-rd\theta) = -v_\theta dr + v_r rd\theta \tag{9.42}$$

一方，式 (9.28) より $d\psi = dQ$ であるから，式 (9.41)，(9.42) より次式が成り立つ．

$$v_r = \frac{\partial \psi}{r\partial \theta} \quad , \quad v_\theta = -\frac{\partial \psi}{\partial r} \tag{9.43}$$

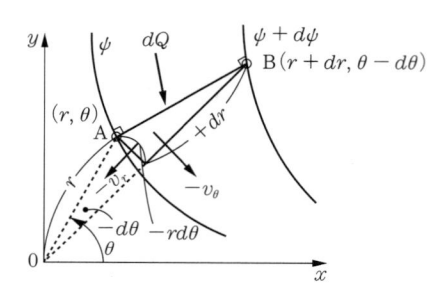

図 9.8　極座標における流れ関数

9.3　複素ポテンシャル

二次元の完全流体の流れ場を取り扱うとき，実部が速度ポテンシャル $\phi(x,y)$，虚部が流れ関数 $\psi(x,y)$ である複素関数を導入する．すなわち

$$w(z) = \phi(x,y) + i\psi(x,y) \tag{9.44}$$

w は複素ポテンシャルと呼ばれ，ϕ と ψ はコーシー・リーマン（Cauchy-Riemann）の式

$$\frac{\partial \phi}{\partial x} = \frac{\partial \psi}{\partial y} \quad , \quad \frac{\partial \phi}{\partial y} = -\frac{\partial \psi}{\partial x} \tag{9.45}$$

を満足する．このとき，w は z のみの関数であり，$w(z)$ は微分可能であることが証明される．式 (9.45) が成り立つとき，$w(z)$ は正則関数（regular function），あるいは解析関数（analytic function）であるという．

コーシー・リーマンの式が成り立つことは，式 (9.1)，(9.18) より速度成分が

$$u = \frac{\partial \phi}{\partial x} = \frac{\partial \psi}{\partial y} \tag{9.46}$$

$$v = \frac{\partial \phi}{\partial y} = -\frac{\partial \psi}{\partial x} \tag{9.47}$$

と表されることより明らかである。

w が z のみの関数となることはつぎのように示される。式 (9.44) で定義される関数 w は一般に z と $\bar{z}$ の関数となる。ここに

$$z = x + iy \tag{9.48}$$

$$\bar{z} = x - iy \tag{9.49}$$

であり，$\bar{z}$ は z の複素共役を示す。したがって，w は x, y 座標，あるいは z, $\bar{z}$ 座標によって表すことが可能であり

$$w = w(x, y) = w(z, \bar{z}) \tag{9.50}$$

となる。一方，式 (9.48)，(9.49) より次式が得られる。

$$x = \frac{z + \bar{z}}{2}, \quad y = \frac{z - \bar{z}}{2i} \tag{9.51}$$

そこで，次式を計算すると

$$\frac{\partial w}{\partial \bar{z}} = \frac{\partial w}{\partial x}\frac{\partial x}{\partial \bar{z}} + \frac{\partial w}{\partial y}\frac{\partial y}{\partial \bar{z}} = \frac{\partial w}{\partial x}\frac{1}{2} + \frac{\partial w}{\partial y}\left(\frac{-1}{2i}\right) = \frac{1}{2}\left(\frac{\partial w}{\partial x} + i\frac{\partial w}{\partial y}\right) \tag{9.52}$$

となり，式 (9.44) を代入すると

$$\frac{\partial w}{\partial \bar{z}} = \frac{1}{2}\left\{\frac{\partial \phi}{\partial x} + i\frac{\partial \psi}{\partial x} + i\left(\frac{\partial \phi}{\partial y} + i\frac{\partial \psi}{\partial y}\right)\right\}$$

$$= \frac{1}{2}\left\{\frac{\partial \phi}{\partial x} - \frac{\partial \psi}{\partial y} + i\left(\frac{\partial \phi}{\partial y} + \frac{\partial \psi}{\partial x}\right)\right\} \tag{9.53}$$

となる。式 (9.45) を式 (9.53) に適用すると

$$\frac{\partial w}{\partial \bar{z}} = 0 \tag{9.54}$$

となるため，w は z のみの関数であり

$$w = w(z) \tag{9.55}$$

となる。つぎに，コーシー・リーマンの式が成り立てば $w(z)$ が微分可能となることを示す。微分可能とは

$$\frac{dw}{dz} = \lim_{z' \to z} \frac{w(z') - w(z)}{z' - z} \tag{9.56}$$

が図 **9.9** のような z' が z に近づく経路に無関係に一定値を持つことである。

図 9.9 z 平面

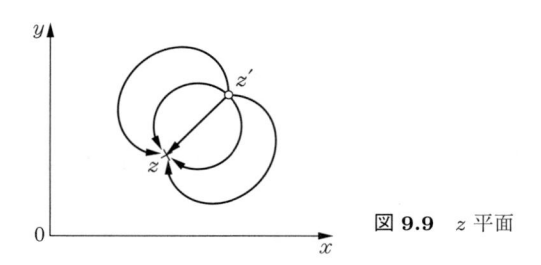

いま，微分が可能であると仮定して，式 (9.56) で与えられる一定値を $\alpha + i\beta$ とおくと，次式が得られる。

$$dw = (\alpha + i\beta)dz \tag{9.57}$$

式 (9.57) に式 (9.44), (9.48) を代入すると次式が得られる。

$$d\phi + id\psi = (\alpha + i\beta)d(x+iy) = (\alpha dx - \beta dy) + i(\beta dx + \alpha dy) \tag{9.58}$$

式 (9.58) より次式が得られる。

$$d\phi = \alpha dx - \beta dy \tag{9.59}$$

$$d\psi = \beta dx + \alpha dy \tag{9.60}$$

一方

$$d\phi = \frac{\partial \phi}{\partial x}dx + \frac{\partial \phi}{\partial y}dy \tag{9.61}$$

$$d\psi = \frac{\partial \psi}{\partial x}dx + \frac{\partial \psi}{\partial y}dy \tag{9.62}$$

が成り立つから，式 (9.59) と式 (9.61)，および式 (9.60) と式 (9.62) を比較すると

$$\alpha = \frac{\partial \phi}{\partial x} = \frac{\partial \psi}{\partial y} \tag{9.63}$$

$$-\beta = \frac{\partial \phi}{\partial y} = -\frac{\partial \psi}{\partial x} \tag{9.64}$$

となり，ϕ と ψ はコーシー・リーマンの式を満足する。逆に，コーシー・リーマンの式の成立を仮定し，次式を計算する

$$\frac{dw}{dz} = \frac{d(\phi + i\psi)}{dz} = \frac{d\phi + id\psi}{dz} \tag{9.65}$$

ここに，式 (9.44) を用いた。

$$d\phi + id\psi = \frac{\partial \phi}{\partial x}dx + \frac{\partial \phi}{\partial y}dy + i\left(\frac{\partial \psi}{\partial x}dx + \frac{\partial \psi}{\partial y}dy\right) \tag{9.66}$$

式 (9.66) にコーシー・リーマンの式を適用すると

$$d\phi + id\psi = \frac{\partial \phi}{\partial x}dx - \frac{\partial \psi}{\partial x}dy + i\left(\frac{\partial \psi}{\partial x}dx + \frac{\partial \phi}{\partial x}dy\right)$$

$$= \left(\frac{\partial \phi}{\partial x} + i\frac{\partial \psi}{\partial x}\right)(dx + idy) = \frac{\partial (\phi + i\psi)}{\partial x}(dx + idy)$$

$$= \frac{\partial w}{\partial x}(dx + idy) = \frac{\partial w}{\partial x}dz \tag{9.67}$$

式 (9.67) を式 (9.65) に代入すると，分母と分子から dz が相殺される，すなわち経路に無関係に

$$\frac{dw}{dz} = \frac{\partial w}{\partial x} \tag{9.68}$$

となり，式 (9.68) 右辺で与えられる一定値をとる。これは特定方向の微分値 $\partial w/\partial x$ が，あらゆる方向の微分値 dw/dz に等しいことを表し，微分が可能であることが示された。

つぎに，共役複素関数 $u - iv$ を導入する。w の全微分をとると

$$dw = \frac{\partial w}{\partial x}dx + \frac{\partial w}{\partial y}dy \tag{9.69}$$

式 (9.44) を代入すると

$$dw = \left(\frac{\partial \phi}{\partial x} + i\frac{\partial \psi}{\partial x}\right)dx + \left(\frac{\partial \phi}{\partial y} + i\frac{\partial \psi}{\partial y}\right)dy \tag{9.70}$$

式 (9.1), (9.18) を代入すると

$$dw = (u - iv)dx + (v + iu)dy = (u - iv)dx + i(u - iv)dy$$

$$= (u - iv)(dx + idy) = (u - iv)dz \tag{9.71}$$

となる。したがって，つぎのようになる。

$$\frac{dw}{dz} = u - iv \tag{9.72}$$

すなわち，w を z で 1 回微分すると共役複素速度 $u - iv$ が得られる。これは u と v が複素数の実部と（負符号つきの）虚部として同時に求まることを示す。

補題 9.1　（虚数単位 i は回転演算子 $\boldsymbol{k}\times$ に対応する）

複素数は二次元座標 (x, y) を表示する方法の一つである。図 **9.10** に示されるように，位置ベクトル $\boldsymbol{r}$ は

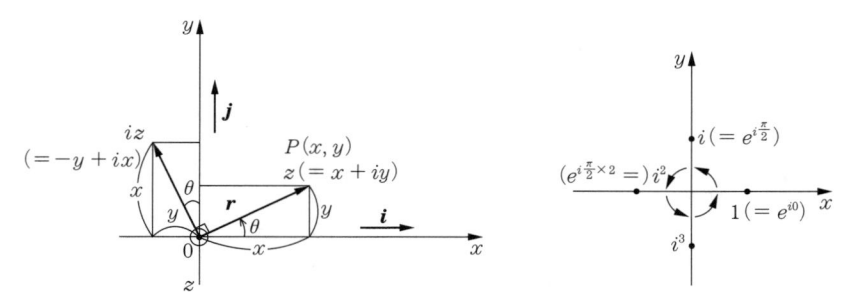

図 9.10 位置ベクトルと複素数の関係

$$\boldsymbol{r} = x\boldsymbol{i} + y\boldsymbol{j} \tag{9.73}$$

と表されるが，複素数を用いると，式 (9.73) は

$$z = x + iy \tag{9.74}$$

となる。

式 (9.74) と式 (9.73) との関係を考察しよう。$z\;(=re^{i\theta})$ に i を乗じると

$$zi = re^{i\theta}e^{i\frac{\pi}{2}} = re^{i(\theta+\frac{\pi}{2})} \tag{9.75}$$

であるから，虚数単位 i は，位置ベクトルを $\pi/2$ だけ反時計方向に回転させる作用を持つ。このような作用素は $\boldsymbol{k}\times$ である。ここに，$\boldsymbol{k}$ は z 方向の単位ベクトルを示す。そこで

$$i \to \boldsymbol{k}\times \tag{9.76}$$

とし，一方 $x,\;y$ は実数であるため

$$x \to x\boldsymbol{i}\;,\quad y \to y\boldsymbol{i} \tag{9.77}$$

として，これらを式 (9.74) の右辺に代入すると

$$x + iy \to x\boldsymbol{i} + \boldsymbol{k}\times y\boldsymbol{i} = x\boldsymbol{i} + y\boldsymbol{k}\times\boldsymbol{i} = x\boldsymbol{i} + y\boldsymbol{j} \tag{9.78}$$

となり，式 (9.73) の右辺と一致する。

9.4 ポテンシャル流れの例

簡単な流れの複素ポテンシャルを求める。

9.4.1　x 軸に平行な一様流れ

図 **9.11** に示すような流速 U（=const.）の x 軸に平行な一様流れを考える。まず，速度ポテンシャル $\phi(x,y)$ を求める。

$$u = \frac{\partial \phi}{\partial x} = U\;,\quad v = \frac{\partial \phi}{\partial y} = 0 \tag{9.79}$$

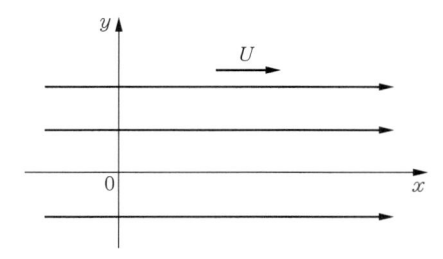

図 9.11　x 軸に平行な一様流れ

であるから，式 (9.79) を次式

$$d\phi = \frac{\partial \phi}{\partial x}dx + \frac{\partial \phi}{\partial y}dy \tag{9.80}$$

に代入すると

$$d\phi = Udx \tag{9.81}$$

となり，積分すると

$$\phi = Ux + C \tag{9.82}$$

ここに，C は任意定数であり，その値は流れ場には影響を与えないため，$C = 0$ とおくと

$$\phi = Ux \tag{9.83}$$

となる．つぎに，流れ関数 $\psi(x,y)$ を求める．

$$u = \frac{\partial \psi}{\partial y} = U \ , \ v = -\frac{\partial \psi}{\partial x} = 0 \tag{9.84}$$

であるから，次式を得る．

$$d\psi = \frac{\partial \psi}{\partial x}dx + \frac{\partial \psi}{\partial y}dy = Udy \tag{9.85}$$

式 (9.85) を積分して，積分定数をゼロとおくと

$$\psi = Uy \tag{9.86}$$

式 (9.83), (9.86) より複素ポテンシャル $w(z)$ を求めると，つぎのようになる．

$$w = \phi + i\psi = Ux + iUy = U(x + iy) = Uz \tag{9.87}$$

9.4.2　x 軸から角度 α だけ傾いた一様流れ

図 9.12 のような流れに対し，(x,y) 座標を角度 α だけ回転させた (x',y') 座標で考えると，この流れは x' 軸に平行な一様流れとなる．したがって

$$w(z') = Uz' \tag{9.88}$$

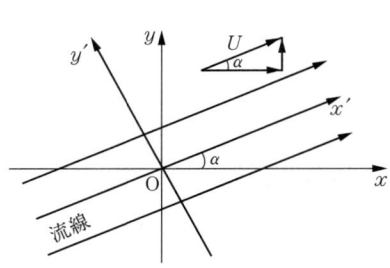

図 9.12 x 軸から角度 α だけ傾いた一様流れ

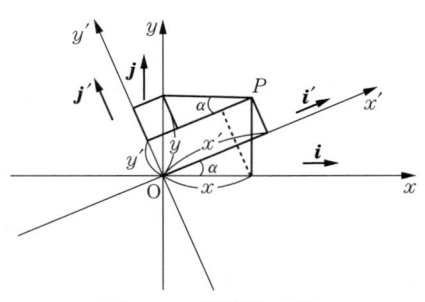

図 9.13 座標系の回転

となる。ここに
$$z' = x' + iy' \tag{9.89}$$

つぎに，z と z' の関係を求める。図 **9.13** 中の点 P の位置ベクトルは，x，y 軸方向の単位ベクトル $\boldsymbol{i}$，$\boldsymbol{j}$，および x'，y' 軸方向の単位ベクトル $\boldsymbol{i}'$，$\boldsymbol{j}'$ を用いて次式のように 2 通りに表される。
$$\overrightarrow{\mathrm{OP}} = x\boldsymbol{i} + y\boldsymbol{j} = x'\boldsymbol{i}' + y'\boldsymbol{j}' \tag{9.90}$$

式 (9.90) に $\boldsymbol{i}'$ および $\boldsymbol{j}'$ を内積することにより，それぞれ次式が得られる。
$$x' = x\boldsymbol{i}\cdot\boldsymbol{i}' + y\boldsymbol{j}\cdot\boldsymbol{i}' \tag{9.91}$$
$$y' = x\boldsymbol{i}\cdot\boldsymbol{j}' + y\boldsymbol{j}\cdot\boldsymbol{j}' \tag{9.92}$$

ここに，$\boldsymbol{i}\cdot\boldsymbol{i}'$，$\boldsymbol{j}\cdot\boldsymbol{i}'$ はそれぞれ x' 軸の x，y 軸に対する方向余弦を示し，$\boldsymbol{i}\cdot\boldsymbol{j}'$，$\boldsymbol{j}\cdot\boldsymbol{j}'$ はそれぞれ y' 軸の x，y 軸に対する方向余弦を示す。これらの方向余弦は表 **9.1** のようになる。

表 9.1 方向余弦

	x'	y'
x	$\cos\alpha$	$-\sin\alpha$
y	$\sin\alpha$	$\cos\alpha$

したがって，式 (9.91)，(9.92) はそれぞれ次式となる。
$$x' = x\cos\alpha + y\sin\alpha \tag{9.93}$$
$$y' = -x\sin\alpha + y\cos\alpha \tag{9.94}$$

これらの式より，つぎのようになる。
$$z' = x' + iy' = (x\cos\alpha + y\sin\alpha) + i(-x\sin\alpha + y\cos\alpha)$$
$$= x(\cos\alpha - i\sin\alpha) + y(\sin\alpha + i\cos\alpha)$$

$$= x(\cos\alpha - i\sin\alpha) + iy(\cos\alpha - i\sin\alpha)$$

$$= (x + iy)(\cos\alpha - i\sin\alpha) = ze^{-i\alpha} \tag{9.95}$$

式 (9.95) を式 (9.88) に代入すると，次式を得る．

$$w(z) = Uze^{-i\alpha} \tag{9.96}$$

9.4.3 吹出しと吸込み

図 **9.14** に示すように，原点から流量 $q\,[\mathrm{m^2/s}]$ で流体がわき出している．ここに，$q > 0$ のとき吹出し（source）であり，$q < 0$ のとき吸込み（sink）となる．半径 r の円周上の半径方向の速度を v_r とすると，質量保存則より

$$2\pi r v_r = q\,(= \mathrm{const.}) \tag{9.97}$$

したがって，つぎのようになる．

$$v_r = \frac{q}{2\pi r} \quad,\quad v_\theta = 0 \tag{9.98}$$

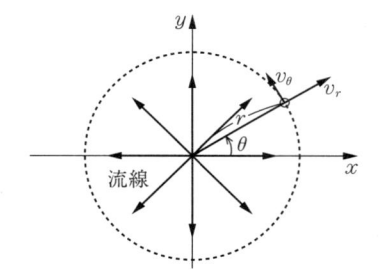

図 **9.14** 吹出し

まず，速度ポテンシャル $\phi(r,\theta)$ を求める．

$$v_r = \frac{\partial \phi}{\partial r} = \frac{q}{2\pi r} \quad,\quad v_\theta = \frac{\partial \phi}{r\partial \theta} = 0 \tag{9.99}$$

したがって

$$d\phi = \frac{\partial \phi}{\partial r}dr + \frac{\partial \phi}{\partial \theta}d\theta = \frac{q}{2\pi r}dr \tag{9.100}$$

式 (9.100) を r で積分すると

$$\phi = \frac{q}{2\pi}\ln r \tag{9.101}$$

つぎに，流れ関数 $\psi(r,\theta)$ を求める．

$$v_r = \frac{\partial \psi}{r \partial \theta} = \frac{q}{2\pi r} \quad , \quad v_\theta = -\frac{\partial \psi}{\partial r} = 0 \tag{9.102}$$

したがって

$$d\psi = \frac{\partial \psi}{\partial r} dr + \frac{\partial \psi}{\partial \theta} d\theta = \frac{q}{2\pi} d\theta \tag{9.103}$$

式 (9.103) を θ で積分すると

$$\psi = \frac{q}{2\pi} \theta \tag{9.104}$$

以上より，複素ポテンシャル $w(z)$ は，つぎのようになる。

$$w = \phi + i\psi = \frac{q}{2\pi} \ln r + \frac{iq}{2\pi} \theta = \frac{q}{2\pi} (\ln r + \ln e^{i\theta})$$

$$= \frac{q}{2\pi} \ln(re^{i\theta}) = \frac{q}{2\pi} \ln z \tag{9.105}$$

9.4.4 渦　　点

図 **9.15** に示されるように，流体が原点のまわりを反時計回りに一定の循環 Γ で回転している流れを渦点（point vortex）という。このとき，半径 r の円周方向の速度を v_θ とすると

$$2\pi r v_\theta = \Gamma (= \text{const.}) \tag{9.106}$$

したがって，つぎのようになる。

$$v_\theta = \frac{\Gamma}{2\pi r} \quad , \quad v_r = 0 \tag{9.107}$$

まず，速度ポテンシャル $\phi(r, \theta)$ を求める。

$$v_r = \frac{\partial \phi}{\partial r} = 0 \quad , \quad v_\theta = \frac{\partial \phi}{r \partial \theta} = \frac{\Gamma}{2\pi r} \tag{9.108}$$

したがって

$$d\phi = \frac{\partial \phi}{\partial r} dr + \frac{\partial \phi}{\partial \theta} d\theta = \frac{\Gamma}{2\pi} d\theta \tag{9.109}$$

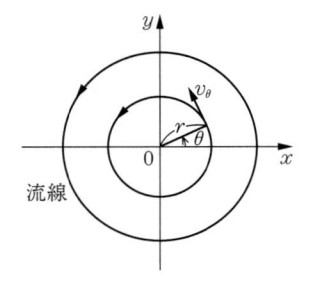

図 **9.15**　渦　点

式 (9.109) を θ で積分すると
$$\phi = \frac{\Gamma}{2\pi}\theta \tag{9.110}$$

つぎに，流れ関数 $\psi(r,\theta)$ を求める。
$$v_r = \frac{\partial \psi}{r\partial \theta} = 0 \ , \ v_\theta = -\frac{\partial \psi}{\partial r} = \frac{\Gamma}{2\pi r} \tag{9.111}$$

したがって
$$d\psi = \frac{\partial \psi}{\partial r}dr + \frac{\partial \psi}{\partial \theta}d\theta = -\frac{\Gamma}{2\pi r}dr \tag{9.112}$$

式 (9.112) を r で積分すると
$$\psi = -\frac{\Gamma}{2\pi}\ln r \tag{9.113}$$

以上より，複素ポテンシャル $w(z)$ はつぎのようになる。
$$w = \phi + i\psi = \frac{\Gamma}{2\pi}(\theta - i\ln r) = -\frac{i\Gamma}{2\pi}(\ln r + i\theta) = -\frac{i\Gamma}{2\pi}(\ln r + \ln e^{i\theta})$$
$$= -\frac{i\Gamma}{2\pi}\ln(re^{i\theta}) = -\frac{i\Gamma}{2\pi}\ln z \tag{9.114}$$

ただし，反時計回りのとき $\Gamma > 0$ となる。

9.5 ポテンシャル流れの合成

　正則関数 $w_1(z)$, $w_2(z)$ の和 $w_1(z)+w_2(z)$ もまた正則関数である。したがって，$w_1(z)$ と $w_2(z)$ が複素ポテンシャルであるとすると，その和をつくることにより別の複素ポテンシャルを得ることができる。これはポテンシャル流れを重ね合わせることにより新たなポテンシャル流れが得られることを示す。

9.5.1　吹出しと吸込みの重ね合わせ

図 **9.16** の点 A$(-a,0)$ に q の吹出し，点 B$(a,0)$ に $-q$ の吸込みがあるとする。点 A の吹出しによる点 z での複素ポテンシャル w_1 は

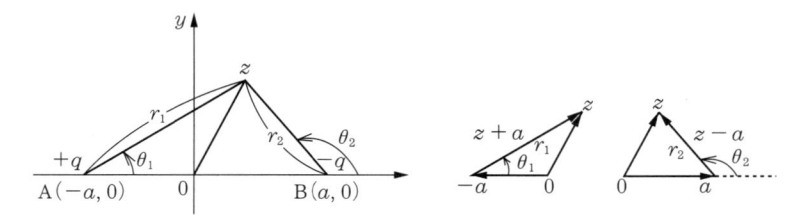

図 9.16 吹出しと吸込み

$$w_1 = \frac{q}{2\pi}\ln(z+a) \tag{9.115}$$

となり，点 B の吸込みによる点 z での複素ポテンシャル w_2 は

$$w_2 = -\frac{q}{2\pi}\ln(z-a) \tag{9.116}$$

となる。この二つの流れによる合成複素ポテンシャル w は，つぎのようになる。

$$w = \frac{q}{2\pi}\{\ln(z+a) - \ln(z-a)\} \tag{9.117}$$

一方，図 9.16 より

$$z+a = r_1 e^{i\theta_1}\ ,\ z-a = r_2 e^{i\theta_2} \tag{9.118}$$

なので，式 (9.118) を式 (9.117) に代入すると

$$w = \frac{q}{2\pi}\{\ln(r_1 e^{i\theta_1}) - \ln(r_2 e^{i\theta_2})\} = \frac{q}{2\pi}\left\{\ln\left(\frac{r_1}{r_2}\right) + i(\theta_1 - \theta_2)\right\} \tag{9.119}$$

$$= \phi + i\psi \tag{9.120}$$

したがって，次式を得る。

$$\phi = \frac{q}{2\pi}\ln\left(\frac{r_1}{r_2}\right) \tag{9.121}$$

$$\psi = \frac{q}{2\pi}(\theta_1 - \theta_2) \tag{9.122}$$

一方，$\psi = \mathrm{const.}$ は流線を表すため，式 (9.122) より

$$\theta_1 - \theta_2 = \frac{2\pi}{q}\psi = \mathrm{const.} \tag{9.123}$$

が流線を表す式となる。図 **9.17** 中に示される弦 $\overline{\mathrm{AB}}$ に対し，一定角 $\theta_2 - \theta_1$ を頂角とする点 z は，円周角の定理より同一の円周上を動く。したがって，流線は図 **9.18** のように $\overline{\mathrm{AB}}$ を弦とする多くの円群となる。

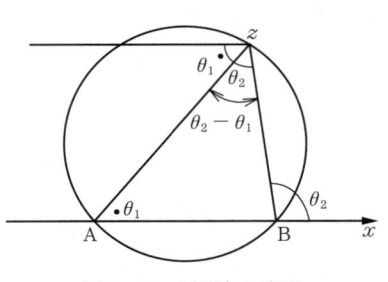

図 **9.17** 円周角の定理

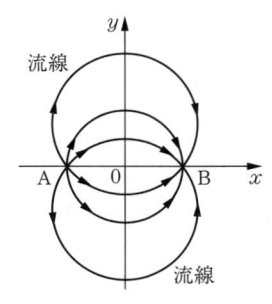

図 **9.18** 流 線

9.5.2 二 重 吹 出 し

式 (9.117) に対して

$$aq = \text{const.} \tag{9.124}$$

という条件のもとに $a \to 0$，すなわち吹出しと吸込みを無限に近づけた場合を考える．これは二重吹出し（doublet）と呼ばれる．式 (9.117) をつぎのように変形する．

$$w = \frac{q}{2\pi}\left\{\ln\left(1+\frac{a}{z}\right) - \ln\left(1-\frac{a}{z}\right)\right\} \tag{9.125}$$

一方，関数 $\ln(1+x)$ の $x=0$ に関するべき級数展開より次式が得られる．

$$\ln(1+x) = x - \frac{x^2}{2} + \frac{x^3}{3} - \frac{x^4}{4} + \frac{x^5}{5} - \cdots \tag{9.126}$$

したがって

$$\ln(1-x) = -x - \frac{x^2}{2} - \frac{x^3}{3} - \frac{x^4}{4} - \frac{x^5}{5} - \cdots \tag{9.127}$$

となり，式 (9.126)− 式 (9.127) より

$$\ln(1+x) - \ln(1-x) = 2\left(x + \frac{x^3}{3} + \frac{x^5}{5} + \cdots\right) \tag{9.128}$$

となる．$a \to 0$ として式 (9.128) を式 (9.125) に適用すると

$$w = \frac{q}{\pi}\left\{\frac{a}{z} + \frac{1}{3}\left(\frac{a}{z}\right)^3 + \frac{1}{5}\left(\frac{a}{z}\right)^5 + \cdots\right\}$$

$$= \frac{aq}{\pi z}\left\{1 + \frac{1}{3}\left(\frac{a}{z}\right)^2 + \frac{1}{5}\left(\frac{a}{z}\right)^4 + \cdots\right\} \fallingdotseq \frac{aq}{\pi}\frac{1}{z} \tag{9.129}$$

となる．一方，式 (9.124) より

$$m = \frac{aq}{\pi} \tag{9.130}$$

とおくと，式 (9.129) は次式となる．

$$w = \frac{m}{z} \tag{9.131}$$

ここに，m は二重吹出しの強さという．

式 (9.131) より

$$w = \frac{m}{x+iy} = \frac{m(x-iy)}{x^2+y^2} \tag{9.132}$$

したがって

$$\phi = \frac{mx}{x^2+y^2} \tag{9.133}$$

$$\psi = -\frac{my}{x^2+y^2} \tag{9.134}$$

となる。式 (9.134) を変形すると

$$x^2 + \left(y + \frac{m}{2\psi}\right)^2 = \left(\frac{m}{2\psi}\right)^2 \tag{9.135}$$

したがって，二重吹出しの流線は図 **9.19** のように y 軸上に中心を持ち，x 軸に接する円群となる。

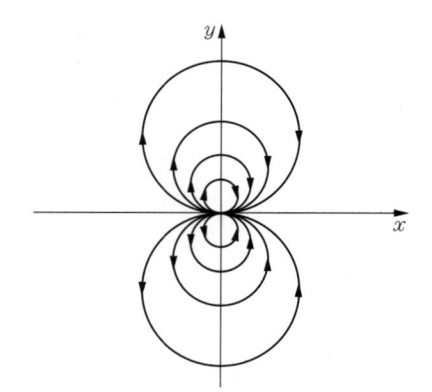

図 9.19 二重吹出し

9.5.3 循環のない円柱まわりのポテンシャル流れ

式 (9.87) の x 軸に平行な一様流れと式 (9.131) の二重吹出しを重ね合わせると

$$w = Uz + \frac{m}{z} \tag{9.136}$$

となる。いま

$$r_0^2 \equiv \frac{m}{U} \tag{9.137}$$

とおくと，式 (9.136) は次式となる。

$$w = U\left(z + \frac{r_0^2}{z}\right) \tag{9.138}$$

一方，$z = re^{i\theta}$ であるから

$$\begin{aligned}w &= U\left(re^{i\theta} + \frac{r_0^2}{r}e^{-i\theta}\right) = Ur(\cos\theta + i\sin\theta) + \frac{Ur_0^2}{r}(\cos\theta - i\sin\theta)\\ &= U\left(r + \frac{r_0^2}{r}\right)\cos\theta + iU\left(r - \frac{r_0^2}{r}\right)\sin\theta\end{aligned} \tag{9.139}$$

したがって

$$\phi = U\left(r + \frac{r_0^2}{r}\right)\cos\theta \tag{9.140}$$

$$\psi = U\left(r - \frac{r_0^2}{r}\right)\sin\theta \tag{9.141}$$

となる。式 (9.72) と式 (9.138) より，次式を得る。

$$u - iv = U\left(1 - \frac{r_0^2}{z^2}\right) \tag{9.142}$$

よどみ点では $u = v = 0$ であるから，式 (9.142) よりよどみ点は $z = \pm r_0$ となる。また，式 (9.141) において $\psi = 0$ とすると，つぎの三つの解が得られる。

$$r = r_0 \ , \ \theta = 0 \ , \ \theta = \pi \tag{9.143}$$

ここに，$r = r_0$ は半径 r_0 の円，$\theta = 0$ は x 軸の正の部分，$\theta = \pi$ は x 軸の負の部分を表す。したがって，これらの流線は図 9.20 のようによどみ点で分岐する分岐流線（流量ゼロの流線）となる。分岐流線がわかれば，近傍の流線を描くことができる。

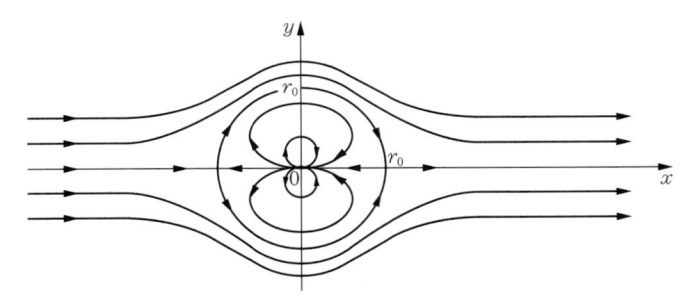

図 9.20 循環のない円柱まわりのポテンシャル流れ

周方向速度は

$$v_\theta = \frac{\partial \phi}{r\partial \theta} = -U\left(1 + \frac{r_0^2}{r^2}\right)\sin\theta \tag{9.144}$$

となるため，円柱表面上でのそれは，式 (9.144) で $r = r_0$ とおくことにより求められ

$$v_\theta = -2U\sin\theta \tag{9.145}$$

となる。円柱表面上での流速の最大値は $2U$ であり，その位置は $\theta = \pm\pi/2$ となる。また，図の流れは x 軸に関して対称であるため循環のない流れとなる。

9.5.4 循環のある円柱まわりのポテンシャル流れ

式 (9.138) すなわち x 軸方向一様流れと二重吹出しの合成流れ，および式 (9.114) の渦点による流れで循環の向きを時計回りとした流れを重ね合わせると次式となる。

$$w(z) = U\left(z + \frac{r_0^2}{z}\right) + \frac{i\Gamma}{2\pi}\ln z \tag{9.146}$$

ここに $\Gamma > 0$ である。式 (9.146) から ψ を求めると

$$\psi(r,\theta) = U\left(r - \frac{r_0^2}{r}\right)\sin\theta + \frac{\Gamma}{2\pi}\ln r \tag{9.147}$$

となり，式 (9.147) から周方向速度を求めると

$$v_\theta = -\frac{\partial \psi}{\partial r} = -U\left(1 + \frac{r_0^2}{r^2}\right)\sin\theta - \frac{\Gamma}{2\pi r} \tag{9.148}$$

となる。円柱表面上 ($r = r_0$) での周方向速度は

$$v_\theta = -2U\sin\theta - \frac{\Gamma}{2\pi r_0} \tag{9.149}$$

となる。つぎに，式 (9.147) より半径方向速度を求めると

$$v_r = \frac{\partial \psi}{r\partial \theta} = U\left(1 - \frac{r_0^2}{r^2}\right)\cos\theta \tag{9.150}$$

円柱表面上 ($r = r_0$) での半径方向速度は

$$v_r = 0 \tag{9.151}$$

したがって，よどみ点は式 (9.149) で $v_\theta = 0$ とすることにより求まり

$$\sin\theta = -\frac{\Gamma}{4\pi r_0 U} \tag{9.152}$$

となる。式 (9.152) の解は

$$y = \sin\theta \quad, \quad y = -\frac{\Gamma}{4\pi r_0 U} \tag{9.153}$$

の交点より求まる。図 **9.21** は $y = \sin\theta$ ($0 \leqq \theta \leqq 2\pi$) に対して，$\Gamma$ が変化した場合の交点

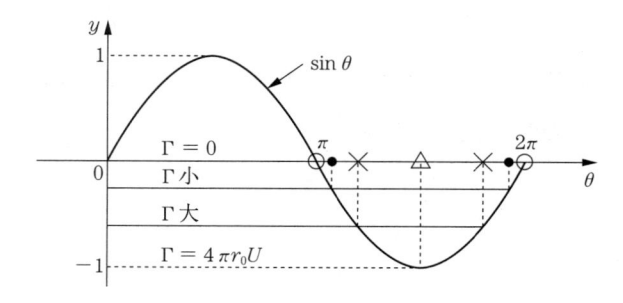

図 **9.21** $y = \sin\theta$ と $y = -\Gamma/4\pi r_0 U$ の交点

の変化を示す．$\Gamma = 0$ のとき交点は図中の ○ の 2 点であり，Γ が大になると ● から × へと交点は変化し，$\Gamma = 4\pi r_0 U$ のとき交点は 1 点（$\theta = 3\pi/2$）となり，さらに $\Gamma > 4\pi r_0 U$ となると交点は消失する．すなわち，よどみ点は円柱表面を離れて流れ場の内部の点となる．Γ の変化に対する流れの変化のようすを図 **9.22** に示す．

(a) $\Gamma = 0$

(b) $\Gamma(< 4\pi r_0 U)$：小　前方よどみ点　後方よどみ点

(c) $\Gamma(< 4\pi r_0 U)$：大

(d) $\Gamma = 4\pi r_0 U$

(e) $\Gamma > 4\pi r_0 U$　閉じた循環流の領域

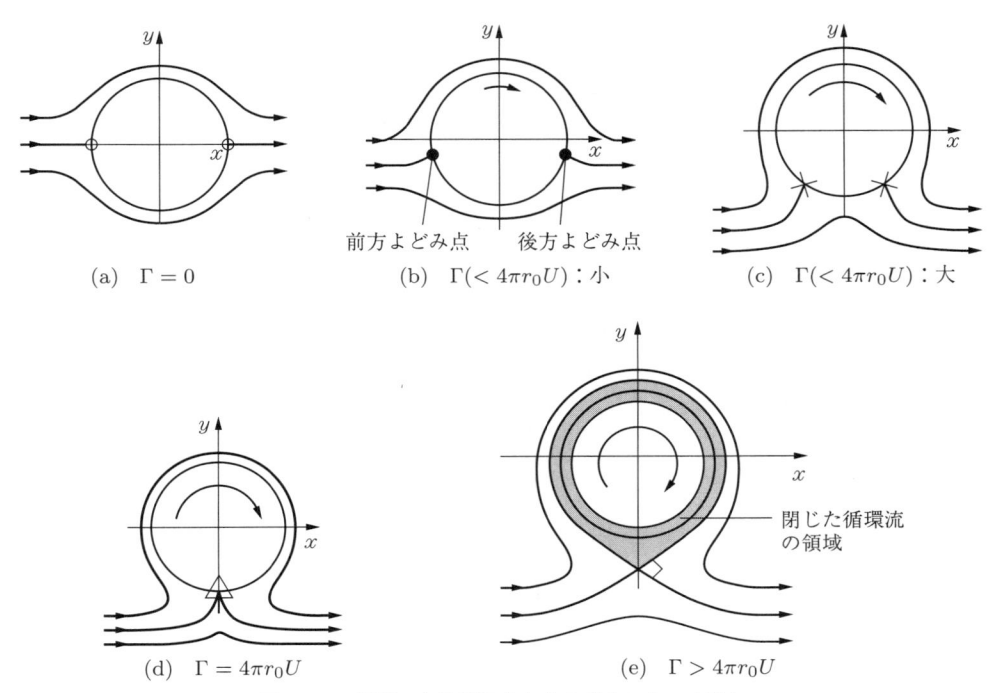

図 **9.22** 循環のある円柱まわりのポテンシャル流れ

循環が Γ である場合，円柱の単位長さに対する揚力 L は y 軸方向に作用し，式 (7.26) に従い

$$L = \rho U \Gamma \tag{9.154}$$

より求められる．ここに，ρ は流体密度を示す．

9.6　等　角　写　像

9.6.1　等角写像とは

写像とは，z 平面上の図形に対して写像関数 $\zeta = f(z)$ を用いることにより，ζ 平面上の図形へと変換することをいう．単純な流れ，例えば円柱まわりの流れの複素ポテンシャル $w(z)$ は容易に求められるため，この複素ポテンシャルを写像関数を用いて ζ 平面に写像すると，複雑な物体まわりの流れ，例えば翼まわりの流れを得ることができる．写像の身近な例とし

9. 完全流体（理想流体）の流れ

ては世界地図を挙げることができ，これは地球表面上の三次元図形を写像により平面図形に変換して描いている。写像の方法の違いにより，メルカトル（Mercator）図法，円錐図法などがある。

つぎの正則関数を考える。これは z 平面から ζ 平面への写像関数とみなせる。

$$\zeta = f(z) \tag{9.155}$$

ここに，$z = x + iy$, $\zeta = \xi + i\eta$ である。z 平面上の点 z_0 および微小距離だけ離れた点 z_1, z_2 が写像された ζ 平面上での点をそれぞれ ζ_0, ζ_1, ζ_2 とする。このとき，式 (9.155) から得られる次式

$$d\zeta = f'(z)dz \tag{9.156}$$

は図 **9.23** の幾何学的関係に対して次式に表される。

$$\zeta_1 - \zeta_0 = f'(z_0)(z_1 - z_0) \tag{9.157}$$

$$\zeta_2 - \zeta_0 = f'(z_0)(z_2 - z_0) \tag{9.158}$$

ここに，$f(z)$ は z の正則関数であるため，z が z_0 に近づく方向とは無関係に $f'(z_0)$ は同一の値をとる。したがって，式 (9.157), (9.158) より次式が得られる。

$$\frac{\zeta_1 - \zeta_0}{\zeta_2 - \zeta_0} = \frac{z_1 - z_0}{z_2 - z_0} \tag{9.159}$$

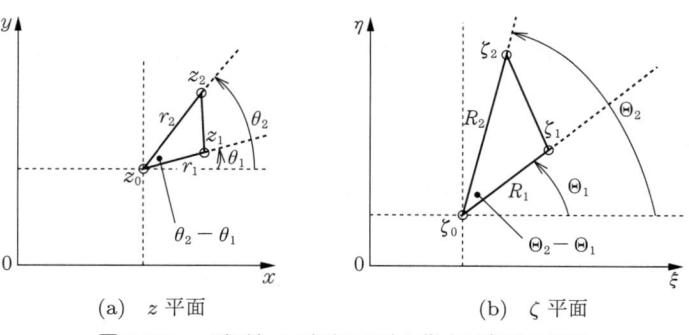

図 **9.23** z 平面と ζ 平面における微小三角形の相似

ここで，図のように

$$\zeta_1 - \zeta_0 = R_1 e^{i\Theta_1}, \quad \zeta_2 - \zeta_0 = R_2 e^{i\Theta_2} \tag{9.160}$$

$$z_1 - z_0 = r_1 e^{i\theta_1}, \quad z_2 - z_0 = r_2 e^{i\theta_2} \tag{9.161}$$

とおくと，式 (9.159) は次式となる。

9.6 等角写像

$$\frac{R_1}{R_2} e^{i(\Theta_1 - \Theta_2)} = \frac{r_1}{r_2} e^{i(\theta_1 - \theta_2)} \tag{9.162}$$

式 (9.162) より次式が得られる。

$$\frac{R_1}{R_2} = \frac{r_1}{r_2} , \quad \Theta_1 - \Theta_2 = \theta_1 - \theta_2 \tag{9.163}$$

したがって

$$\triangle z_0 z_1 z_2 \infty \triangle \zeta_0 \zeta_1 \zeta_2 \tag{9.164}$$

となる。すなわち，$\triangle z_0 z_1 z_2$ と $\triangle \zeta_0 \zeta_1 \zeta_2$ は相似である。したがって，図形全体は z 平面と ζ 平面では異なっても，両者の対応する微小部分はたがいに相似であり，等角に写像される。このような図形の写像法は「等角写像（conformal mapping）」と呼ばれる。

z 平面での複素ポテンシャルを $w(z)$ とすると，ζ 平面での複素ポテンシャル $w(\zeta)$ は，式 (9.155) より f の逆関数を

$$z = f^{-1}(\zeta) \tag{9.165}$$

とすると，次式で与えられる。

$$w(\zeta) = w(f^{-1}(\zeta)) = w(z) \tag{9.166}$$

この複素ポテンシャル $w(\zeta)$ に対する ζ 平面でのポテンシャル流れの ξ，η 方向速度成分をそれぞれ v_ξ，v_η とし，共役複素速度を $v_\xi - iv_\eta$ で定義すると，式 (9.72) と同様に次式が成り立つ。

$$v_\xi - iv_\eta = \frac{dw(\zeta)}{d\zeta} \tag{9.167}$$

一方，式 (9.72)，(9.155)，(9.156) を用いると次式が得られる。

$$\frac{dw(\zeta)}{d\zeta} = \frac{dw(z)}{dz}\frac{dz}{d\zeta} = \frac{u - iv}{d\zeta/dz} = \frac{u - iv}{f'(z)} \tag{9.168}$$

したがって，式 (9.167)，(9.168) より，ζ 平面での共役複素速度と z 平面でのそれとの関係が得られ，次式となる。

$$v_\xi - iv_\eta = \frac{u - iv}{f'(z)} \tag{9.169}$$

すなわち，z 平面での共役複素速度と写像関数 $f(z)$ より，ζ 平面での共役複素速度が求められる。なお，$f'(z) = 0$，∞ となる点は写像の特異点となり，等角性は成り立たない。また，特異点では z 平面上での速度が有限である場合も，対応する ζ 平面での速度は一般に無限大あるいはゼロとなる。

z 平面での物体まわりの循環を Γ, 写像された ζ 平面での物体まわりの循環を Γ' とすると

$$\Gamma = \oint_C v_s ds \ , \ \ \Gamma' = \oint_{C'} v_{s'} ds' \tag{9.170}$$

ここに，C, C' はそれぞれ z, ζ 平面での物体まわりの閉曲線であり，C' は C が写像された曲線とする．また，$\oint$ は閉曲線に沿う一周積分，s, s' はそれぞれ C, C' に沿う方向を示す．一方，式 (9.17) より

$$v_s = \frac{d\phi(x,y)}{ds} \ , \ \ v_{s'} = \frac{d\Phi(\xi,\eta)}{ds'} \tag{9.171}$$

となる．ここに，$\Phi(\xi,\eta)$ は ζ 平面での速度ポテンシャルを示す．したがって，式 (9.170) は

$$\Gamma = \oint_C d\phi(x,y) = [\Delta\phi(x,y)]_C \ , \ \ \Gamma' = \oint_{C'} d\Phi(\xi,\eta) = [\Delta\Phi(\xi,\eta)]_{C'} \tag{9.172}$$

ここに，$[\Delta\phi(x,y)]_C$, $[\Delta\Phi(\xi,\eta)]_{C'}$ はそれぞれ閉曲線の積分開始点と終点（開始点と同じ）の間の速度ポテンシャルの差を示す．このように速度ポテンシャルに差が生じることは，ポテンシャルが多価関数となることを示す．すなわち，循環のある流れの速度ポテンシャルは多価関数となる．例えば，式 (9.110) で表される渦点の速度ポテンシャルでは，関数 θ が多価関数である．一方，式 (9.166) より

$$\Phi(\xi,\eta) = \phi(x,y) \tag{9.173}$$

が成り立つため

$$[\Delta\Phi(\xi,\eta)]_{C'} = [\Delta\phi(x,y)]_C \tag{9.174}$$

となる．したがって，式 (9.172) より次式が成り立つ．

$$\Gamma' = \Gamma \tag{9.175}$$

すなわち，循環は等角写像により不変に保たれる．

9.6.2 ジューコフスキー変換による写像

ジューコフスキー（Joukowski）変換は次式で定義される．

$$\zeta = z + \frac{a^2}{z} \ , \ \ a > 0 \tag{9.176}$$

この変換により，z 平面上の円が ζ 平面上のどのような図形に写像されるかを調べる．

（1） z 平面上の原点を中心とする半径 a の円　　この円は次式で表される．

$$z = ae^{i\theta} \tag{9.177}$$

式 (9.177) を式 (9.176) に代入すると，次式を得る。

$$\zeta = a\left(e^{i\theta} + \frac{1}{e^{i\theta}}\right) = a(e^{i\theta} + e^{-i\theta}) = 2a\cos\theta \tag{9.178}$$

式 (9.178) で θ を 0 から 2π まで変化させたときの ζ の値を**表 9.2** に示す。したがって，**図 9.24** に示されるように ζ 平面では長さ $4a$ の平板翼となる。

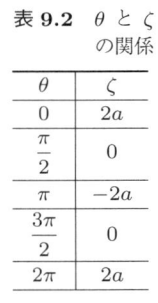

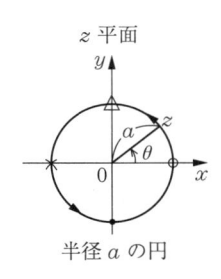

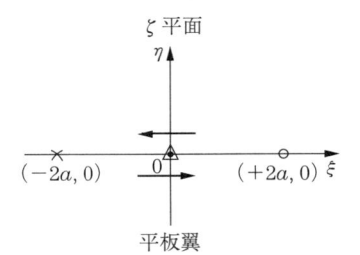

表 9.2　θ と ζ の関係

θ	ζ
0	$2a$
$\frac{\pi}{2}$	0
π	$-2a$
$\frac{3\pi}{2}$	0
2π	$2a$

図 9.24　平板翼

（2）y 軸上に中心を持ち x 軸との交点が $(\pm a, 0)$ である円　図 9.25 のように，点 A，B を通り y 軸上に中心 $C(0, b)$，$b > 0$ を持つ円を考え，この円と y 軸との交点を D とする。z 平面上の点 $A(a, 0)$，$B(-a, 0)$ は，式 (9.176) より ζ 平面上の点 $A'(2a, 0)$，$B'(-2a, 0)$ に写像される。つぎに，原点を O，$\angle OAC = \beta$ とすると

$$\overline{OD} = \frac{a}{\cos\beta} + a\tan\beta = a\frac{1 + \sin\beta}{\cos\beta} \tag{9.179}$$

となる。したがって，点 D の座標の複素表示を z_D とすると

$$z_D = ia\frac{1 + \sin\beta}{\cos\beta} \tag{9.180}$$

を得る。点 z_D が写像された ζ 平面上の点を $\zeta_{D'}$ とすると，これは式 (9.176) より求まり，つぎのようになる。

$$\zeta_{D'} = z_D + \frac{a^2}{z_D} = ia\frac{1+\sin\beta}{\cos\beta} + \frac{a^2}{ia\dfrac{1+\sin\beta}{\cos\beta}} = i2a\tan\beta \tag{9.181}$$

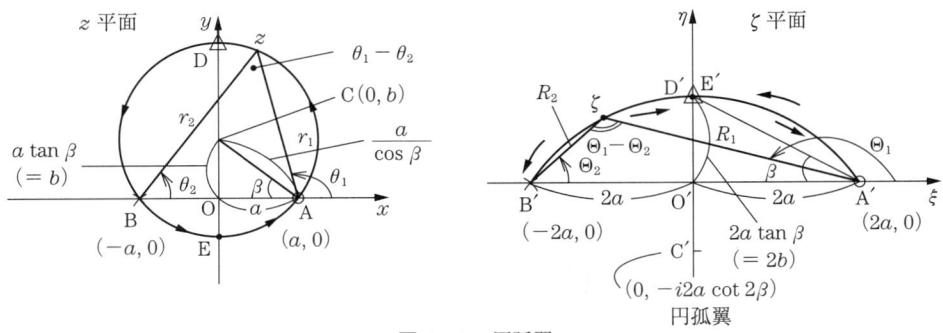

図 9.25　円弧翼

すなわち，z 平面上の点 D は ζ 平面上の点 D′ に写像される．同様に点 E は点 E′ に写像される．では，ζ 平面上で 3 点 A′, D′(E′), B′ を結ぶ線はどのような曲線になるだろうか．

そこで，ジューコフスキー変換の式 (9.176) を次式に変形する．

$$\frac{\zeta - 2a}{\zeta + 2a} = \left(\frac{z-a}{z+a}\right)^2 \tag{9.182}$$

図 9.25 より，次式が成り立つ．

$$z = a + r_1 e^{i\theta_1} \quad, \quad z = -a + r_2 e^{i\theta_2} \tag{9.183}$$

$$\zeta = 2a + R_1 e^{i\Theta_1} \quad, \quad \zeta = -2a + R_2 e^{i\Theta_2} \tag{9.184}$$

式 (9.183), (9.184) を式 (9.182) に代入すると

$$\frac{R_1}{R_2}\frac{e^{i\Theta_1}}{e^{i\Theta_2}} = \left(\frac{r_1}{r_2}\frac{e^{i\theta_1}}{e^{i\theta_2}}\right)^2 \tag{9.185}$$

を得る．したがって

$$\Theta_1 - \Theta_2 = 2(\theta_1 - \theta_2) \tag{9.186}$$

となる．z 平面の円上では $\theta_1 - \theta_2$ は一定値をとるため，ζ 平面での $\Theta_1 - \Theta_2$ は $2(\theta_1 - \theta_2)$ の一定値をとる．したがって，図 9.25 に示されるように ζ 平面上では点 C′$(0, -i2a\cot 2\beta)$ を円の中心とし，翼弦長 $4a$, (最大) 反り比 $(\tan\beta)/2$ の円弧翼となる．

(3) z 平面上の原点に中心を持つ半径 $b\ (>a)$ の円　　この円は次式で表される．

$$z = be^{i\theta} \tag{9.187}$$

式 (9.187) を式 (9.176) に代入すると

$$\zeta = be^{i\theta} + \frac{a^2}{b}e^{-i\theta} = b(\cos\theta + i\sin\theta) + \frac{a^2}{b}(\cos\theta - i\sin\theta)$$

$$= \left(b + \frac{a^2}{b}\right)\cos\theta + i\left(b - \frac{a^2}{b}\right)\sin\theta \tag{9.188}$$

となる．一方

$$\zeta = \xi + i\eta \tag{9.189}$$

であるから

$$\xi = \left(b + \frac{a^2}{b}\right)\cos\theta \quad, \quad \eta = \left(b - \frac{a^2}{b}\right)\sin\theta \tag{9.190}$$

を得る．式 (9.190) から θ を消去すると

$$\frac{\xi^2}{\left(b+\dfrac{a^2}{b}\right)^2} + \frac{\eta^2}{\left(b-\dfrac{a^2}{b}\right)^2} = 1 \tag{9.191}$$

したがって，図 **9.26** に示されるように ζ 平面では長径 $b+a^2/b$，短径 $b-a^2/b$ の楕円翼となる。楕円の焦点を $(\pm k, 0)$ とすると，次式を得る。

$$k = \sqrt{\left(b+\frac{a^2}{b}\right)^2 - \left(b-\frac{a^2}{b}\right)^2} = 2a \tag{9.192}$$

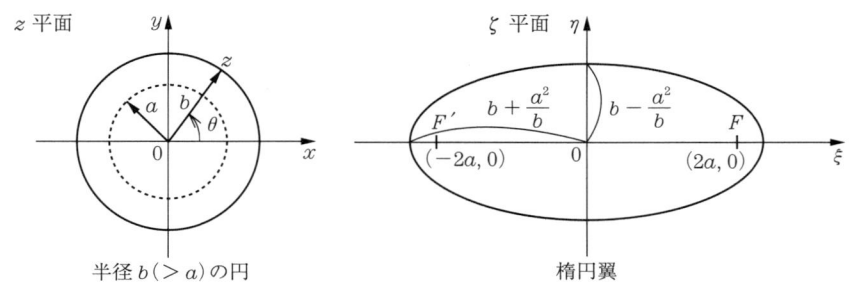

図 **9.26** 楕円翼

（**4**） ***z*** **平面上で中心** $(\boldsymbol{a-b, 0})$，**半径** $\boldsymbol{b\ (>a)}$ **の円**　　この円は次式で与えられる。

$$z = a - b + be^{i\theta} \tag{9.193}$$

式 (9.193) を式 (9.176) に代入し，実部を ξ，虚部を η として整理した後，$\theta = 0 \sim 2\pi$ に対して点 (ξ, η) をプロットすると，図 **9.27** のような対称翼となる。

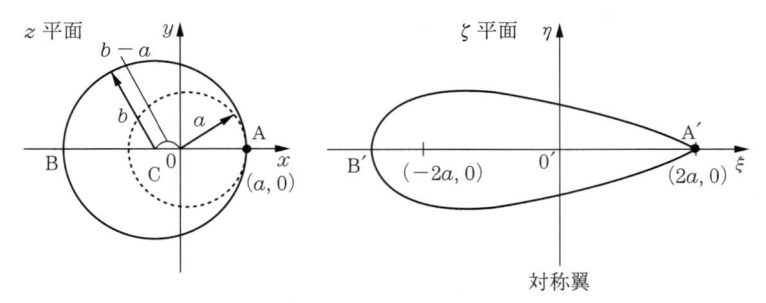

図 **9.27** 対称翼

（**5**） ***z*** **平面上で中心** $\boldsymbol{z_0}$，**半径** $\boldsymbol{r'_0}$ **で点** $\boldsymbol{(a, 0)}$ **を通る円**　　この円は次式で与えられる。

$$z = z_0 + r'_0 e^{i\theta'} \;,\; z_0 = a - r'_0 e^{-i\beta} \tag{9.194}$$

式 (9.194) を式 (9.176) に代入し，(4) と同様の手順により ζ 平面での翼型を求めると図 **9.28** のような非対称翼が得られ，これはジューコフスキー翼と呼ばれる。

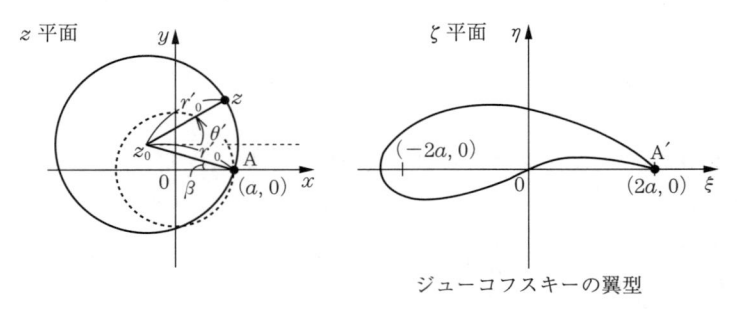

150   9. 完全流体（理想流体）の流れ

図 9.28　ジューコフスキー翼

9.6.3 クッタの条件

図 9.28 の z 平面上の円柱が x 軸方向の流速 U の一様流れ中に置かれ，円柱まわりに時計回りの循環 Γ が発生している流れを考える。この流れの複素ポテンシャルは

$$w = U\left\{(z - z_0) + \frac{r_0'^2}{z - z_0}\right\} + \frac{i\Gamma}{2\pi}\ln(z - z_0) \tag{9.195}$$

となる。ここに z は円上だけでなく，円外の任意の点をとるものとする。z_0 を原点とする極座標 (r', θ') をとると，式 (9.195) で

$$z = z_0 + r'e^{i\theta'} \tag{9.196}$$

とおける。よって，次式が得られる。

$$\phi = U\left(r' + \frac{r_0'^2}{r'}\right)\cos\theta' - \frac{\Gamma}{2\pi}\theta' \tag{9.197}$$

$$\psi = U\left(r' - \frac{r_0'^2}{r'}\right)\sin\theta' + \frac{\Gamma}{2\pi}\ln r' \tag{9.198}$$

したがって，$r' = r'_0$ の円上では

$$\psi = \frac{\Gamma}{2\pi}\ln r'_0 = \text{const.} \tag{9.199}$$

であり，円 $r' = r'_0$ は流線となる。つぎに，式 (9.197) より，式 (9.17) を用いると

$$v_{r'} = \frac{\partial \phi}{\partial r'} = U\left(1 - \frac{r_0'^2}{r'^2}\right)\cos\theta' \tag{9.200}$$

となるため，$r' = r'_0$ では $v_{r'} = 0$ となる。また，式 (9.197) より，式 (9.17) を用いるとつぎのようになる。

$$v_{\theta'} = \frac{\partial \phi}{r'\partial \theta'} = -U\left(1 + \frac{r_0'^2}{r'^2}\right)\sin\theta' - \frac{\Gamma}{2\pi r'} \tag{9.201}$$

翼の後縁ではクッタ（Kutta）の条件，すなわち「後縁で流速が有限になる」という条件

を満足する必要がある．翼の後縁は ζ 平面では $\zeta = 2a$ となるが，z 平面では $z = a$ となる．ところが，ジューコフスキー変換の式 (9.176) より

$$\frac{d\zeta}{dz} = 1 - \frac{a^2}{z^2} \tag{9.202}$$

となり，$z = a$ では $d\zeta/dz = 0$ となるため，後縁は写像の特異点となる．すなわち，式 (9.169) で分母がゼロとなる．したがって，ζ 平面で後縁の速度が有限となるためには，z 平面の $z = a$ において式 (9.169) の分子もゼロ，すなわち速度がゼロ，すなわちよどみ点となる必要がある．z 平面の円柱表面上では $v_{r'} = 0$ であるため，$z = a$ において $v_{\theta'} = 0$ が満足されればよい．$z = a$ の位置は

$$r' = r'_0 \ , \quad \theta' = -\beta \tag{9.203}$$

となるため，式 (9.201) より

$$v_{\theta'} = 2U\sin\beta - \frac{\Gamma}{2\pi r'_0} = 0 \tag{9.204}$$

したがって

$$\Gamma = 4\pi r'_0 U \sin\beta \tag{9.205}$$

となる．このときクッタの条件は満足される．あるいは，翼まわりの循環はクッタの条件を満足するように定まる．

　一様流れ中で循環を持つ円柱まわりのポテンシャル流れは図 9.22 に示したが，一様流れ中で循環を持つ楕円翼，対称翼，ジューコフスキー翼まわりのポテンシャル流れをそれぞれ図 **9.29** に示す．いずれも循環の方向は時計回りであり，図 (b), (c) では ○ 印の後縁がよどみ点になっていてクッタの条件が満足されている．

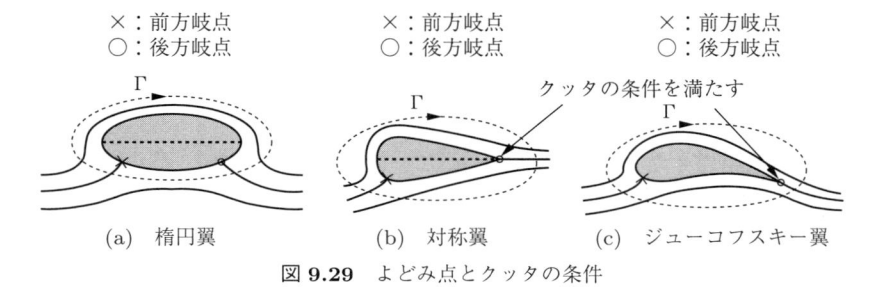

図 9.29 よどみ点とクッタの条件

　つぎに，式 (9.205) の別の導出法をつぎに示す．循環 Γ を持つ円柱まわりの流れの共役複素速度は

$$u - iv = \frac{dw}{dz} = U\left\{1 - \frac{r_0'^2}{(z-z_0)^2}\right\} + \frac{i\Gamma}{2\pi}\frac{1}{z-z_0} \tag{9.206}$$

であるから，式 (9.169) よりジューコフスキー翼まわりの流れの共役複素速度は

$$v_\xi - iv_\eta = \left\{U\left(1 - \frac{r_0'^2}{(z-z_0)^2}\right) + \frac{i\Gamma}{2\pi}\frac{1}{z-z_0}\right\} \Big/ \left(1 - \frac{a^2}{z^2}\right) \tag{9.207}$$

となる．式 (9.207) で点 z に対応する ζ 平面での位置は，式 (9.176) より求めればよい．

式 (9.206) を用いると，循環 Γ は後方よどみ点である後縁 $z=a$ において $u_s - iv_s = 0$ という条件からも求めることが可能であり，つぎのようになる．図 9.28 に示すように，式 (9.196) は $z=a$ のとき

$$a - z_0 = r_0' e^{-i\beta} \tag{9.208}$$

であるから，$z=a$ および式 (9.208) を式 (9.206) に代入すると次式が得られる．

$$u_s - iv_s = U(1 - \cos 2\beta) - \frac{\Gamma}{2\pi r_0'}\sin\beta + i\left(-U\sin 2\beta + \frac{\Gamma}{2\pi r_0'}\cos\beta\right) \tag{9.209}$$

よどみ点では $u_s = v_s = 0$ であるため，式 (9.209) の実部と虚部をゼロとすると，ともに同一の次式が得られる．

$$\Gamma = 4\pi r_0' U \sin\beta \tag{9.210}$$

式 (9.210) は式 (9.205) と一致する．

章 末 問 題

【1】 複素ポテンシャルが次式で与えられるとき，流れ関数を求めて，流線を描け．

(1) $w = Uz^2$ (2) $w = \dfrac{m}{z}$

【2】 静止流体中でたがいに逆向きに回転する循環 Γ の渦糸が，2 点 $z=z_1$ と $z=z_2$ に存在するとき，二つの渦糸の運動を論じよ．

【3】 複素ポテンシャルが $w = Uz \cdot \exp(-i\alpha)$ で与えられるとき，流れ関数を求めて，流線を描け．

【4】 複素ポテンシャルが次式で与えられるとき，流れ関数を求めて，流線を描け．また，速度成分 u_r, u_θ を求めよ．

(1) $w = \dfrac{q}{2\pi}\ln z$ (2) $w = -i\dfrac{\Gamma}{2\pi}\ln z$

【5】 速度 U の一様流れ中に置かれた半径 r_0 の円柱まわりのポテンシャル流れを表す複素ポテンシャルを求めよ．また，円柱表面に沿う静圧分布を表す式と図を求めよ．

【6】 静止流体中で同じ向きに回転する循環 Γ の渦糸が，2 点 $z=z_1$ と $z=z_2$ に存在するとき，二つの渦糸の運動を論じよ．

【7】 ジューコフスキー変換 $\zeta = z + a^2/z$ (a は正の実数) により，z 平面上の原点を中心とする半径 b ($b > a$) の円は ζ 平面上でどのような図形に変換されるか．

【8】 問図 9.1 に示すように，角速度 ω で回転している半径 r_0 の円柱が速度 U，密度 ρ_a，圧力 p_a の一様流れの中に置かれるとき，円柱の単位長さ当たりに働く揚力を，(1) 円柱まわりの圧力分布を積分する方法と，(2) 円柱まわりの循環を求める方法によって計算せよ．また，図中に揚力の方向を矢印で書き込め．ただし，回転していない円柱の表面での円周方向の流速は $2U\sin\theta$ で与えられる．ここに，θ は図のように回転していないときの前方よどみ点より時計回りに測るものとする．

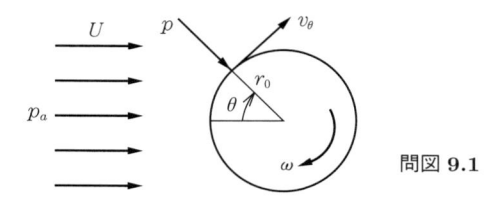

問図 9.1

【9】 x，y 方向速度成分が次式で与えられる流れを考える．
$$u = x^2 - y^2, \quad v = -2xy$$
(1) 渦なし流れであることを示せ．
(2) 速度ポテンシャルを求めよ．
(3) 非圧縮の条件を満足することを示せ．
(4) 流れ関数を求めよ．
(5) 複素ポテンシャルを求めよ．

【10】 点 $(a, 0)$ と点 $(-a, 0)$ にそれぞれ強さ q の吹出しがある．
(1) 複素ポテンシャルを求めよ．
(2) y 軸が壁面となることを示せ．

10 圧縮性流体の流れ

流体の圧縮性が重要になる流れとしてはつぎの例が挙げられる。
- 大きな圧力差のもとで起こる管内の高速気流
- 静止気体中を高速で運動する物体まわりの流れ
- 燃焼を伴う流れ
- 大気の鉛直方向の運動（高さが大きく変化する大気の運動）
- 水撃現象

これらの例は，いずれも流体の体積が流れに伴い膨脹（expansion）したり，圧縮（compression）されたりし，その結果熱力学第一法則より流体の温度の下降，上昇が生じるという流体力学と熱力学の連成現象である。

圧縮性の程度を示すパラメータとしてマッハ数 M（Mach number）があり，次式で定義される。

$$M = \frac{u}{a} \tag{10.1}$$

ここに，u は流速，a は音速を示す。マッハ数の値により，流れは

$M > 1$　超音速流れ（supersonic flow）

$M < 1$　亜音速流れ（subsonic flow）

と分類される。なお，超音波（ultrasonic wave）とは，周波数が可聴域 20 Hz ～ 20 kHz より高い音波のことを指す。

10.1 流体の熱力学的性質

10.1.1 理想気体の状態方程式（ボイル・シャルルの法則）

状態方程式は単位質量の気体について

$$p = \rho RT \tag{10.2}$$

または

$$pv = RT \tag{10.3}$$

と表される。ここに，p〔Pa〕は圧力，ρ〔kg/m^3〕は密度，v〔m^3/kg〕は比体積（$\rho v = 1$），T〔K〕は温度を示す。また，R〔J/kgK〕は比気体定数（specific gas constant）であり，単位質量当たりの気体定数を示し，次式より求められる。

$$R = \frac{R_u}{M_m} \tag{10.4}$$

ここに，R_u は普遍気体定数（universal gas constant）であり，$R_u = 8.314\,\text{J/molK}$，$M_m$ はモル質量（molar mass）を示す。例えば，空気の場合 $M_m = 28.96 \times 10^{-3}\,\text{kg/mol}$ であるから，比気体定数はつぎのようになる。

$$R = \frac{8.314}{28.96 \times 10^{-3}} = 287.1\,\text{J/kgK}$$

10.1.2 内部エネルギー，エンタルピー，比熱

単位質量当たりの気体の内部エネルギー（internal energy）を e，エンタルピー（enthalpy）を h とすると h は次式で表される。

$$h = e + pv \tag{10.5}$$

また，定圧比熱は

$$c_p = \left(\frac{\partial q}{\partial T}\right)_p \tag{10.6}$$

であり，定積比熱は

$$c_v = \left(\frac{\partial q}{\partial T}\right)_v \tag{10.7}$$

となる。ここに，q〔J/kg〕は外部から供給された熱量を示す。c_p，c_v の単位は〔J/kgK〕である。

10.1.3 熱力学第一法則

図 **10.1** のような閉じた系に対し，外部から dQ の熱量が供給され，その結果，系は温度が上昇し，dE の内部エネルギーの増加，および dV の体積の増加が起こるものとする。このとき

$$dQ = dE + pdV \tag{10.8}$$

となる。ここに，pdV は系の膨張により外部にした仕事を示す。これは流体の膨張により外部になした仕事が，仕事 ＝ 力 × 距離 ＝ $pSdl = pdV$ となることによる。ただし，S は系の

10. 圧縮性流体の流れ

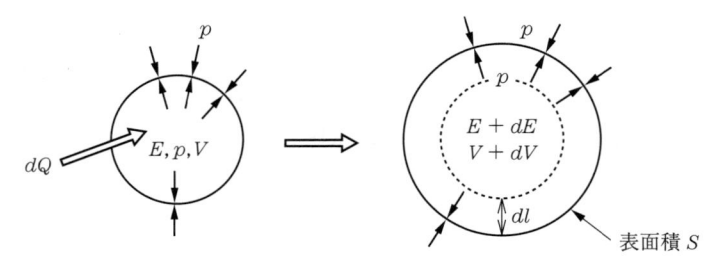

図 10.1 閉じた系（周囲と力学的平衡状態にある気体塊のエネルギー保存）

表面積, dl は表面の外部方向への移動距離である. 単位質量の気体に対して式 (10.8) は次式となる.

$$dq = de + pdv \tag{10.9}$$

10.1.4 不可逆過程への熱力学第一法則の適用

（1） 閉じた系内の断熱膨脹　図 10.2 のように温度 T の等しい同一気体が，仕切膜で隔てられ断熱壁で囲まれた別々の空間内に閉じ込められている. 左側の気体の圧力を p_1, 体積を V_1 とし，右側の気体の圧力を p_2, 体積を V_2 とする. 仕切膜を破って気体を完全に混合させたとき，混合後の内部エネルギーと混合前の内部エネルギーの差を求める.

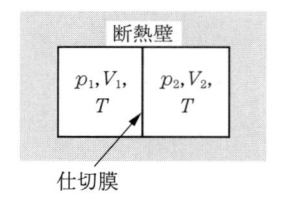

図 10.2 断熱壁で囲まれた閉じた系内の気体の混合

断熱壁に囲まれているので

$$dq = 0 \tag{10.10}$$

である. 壁は動かないので，断熱壁内の体積は一定であるため

$$dv = 0 \tag{10.11}$$

したがって，熱力学第一法則の式 (10.9) より

$$de = 0 \tag{10.12}$$

すなわち，閉じた系では内部エネルギーは一定に保たれる. 理想気体では内部エネルギーは温度のみの関数である. すなわち $e = e(T)$ となるため，温度も一定に保たれる.

10.1 流体の熱力学的性質

（2）開いた系の抑流過程　図10.3のような断熱壁に囲まれた流路内の抵抗（障害物，例えば絞りや多孔栓）を通る定常流れを考える。図中で時刻 t のときに実線で囲まれた部分の気体が，時刻 t' のときに一点鎖線で囲まれた部分まで移動し，その間に単位質量の気体が抵抗を通過したとする。この場合，図中の t から t' までの2か所の灰色部の質量はともに単位質量となる。抵抗上流と下流の状態にそれぞれ添え字1, 2をつけて表す。抵抗通過前後の気体の内部エネルギーの変化を Δe とすると，つぎのようになる。

$$\Delta e = e_2 - e_1 \tag{10.13}$$

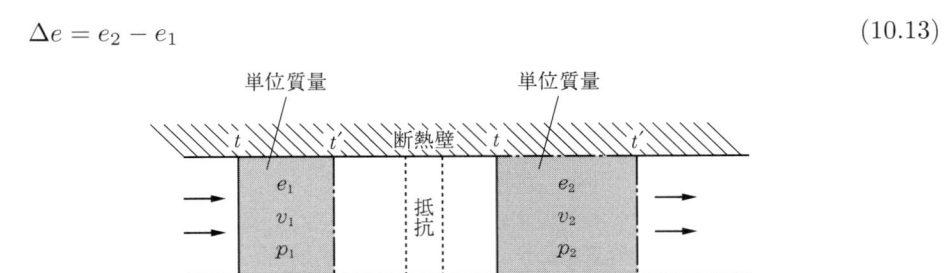

図10.3　管内の抵抗を通る流れ

抵抗の左側では圧力 p_1 のもとに，上流の外部気体によって体積 v_1 の気体が下流に押し込まれるため，気体がなした仕事 w_1 は

$$w_1 = -p_1 v_1 \tag{10.14}$$

となる。ここに，負符号は気体が仕事を与えられたことを意味する。一方，抵抗の右側では圧力 p_2 のもとに，体積 v_2 の気体が下流の気体を押すため，気体がなした仕事 w_2 は

$$w_2 = p_2 v_2 \tag{10.15}$$

したがって，図で実線から一点鎖線まで移動する間に気体がなした仕事は

$$w = w_1 + w_2 = -p_1 v_1 + p_2 v_2 \tag{10.16}$$

となる。断熱壁に囲まれているため $\Delta q = 0$ であることを考慮すれば，熱力学第一法則および式 (10.13), (10.16) より次式が成り立つ。

$$0 = \Delta e + w = e_2 - e_1 - p_1 v_1 + p_2 v_2 \tag{10.17}$$

したがって

$$e_1 + p_1 v_1 = e_2 + p_2 v_2 \tag{10.18}$$

エンタルピー h を用いると，式 (10.18) は

$$h_1 = h_2 \tag{10.19}$$

となる。すなわち，開いた断熱系ではエンタルピーが一定に保たれる。

10.1.5　一般的な開いた断熱系内の流れ

流れの運動エネルギーが無視できないときは，オイラーの運動方程式と熱力学第一法則に基づいて考える必要がある。定常流れに対するオイラーの運動方程式は

$$\rho u du = -dp \tag{10.20}$$

となる。ここに，u は流速を示す。熱力学第一法則より

$$dq = de + pdv = dh - vdp \tag{10.21}$$

となる。ここに，式 (10.5) を用いた。断熱流れであるので $dq = 0$ となるため

$$dh = vdp \tag{10.22}$$

を得る。式 (10.20) を式 (10.22) に代入すると

$$dh = -v\rho u du \tag{10.23}$$

一方，$\rho v = 1$ であるから

$$dh + udu = 0 \tag{10.24}$$

となり，式 (10.24) を積分形で表すと，つぎのようになる。

$$h + \frac{u^2}{2} = \text{const.} \tag{10.25}$$

すなわち，エンタルピーと運動エネルギーの和が一定に保たれる。

10.1.6　理想気体の定圧比熱 c_p，定積比熱 c_v，および比気体定数 R

状態方程式 (10.3) の対数微分より次式が得られる。

$$\frac{dp}{p} + \frac{dv}{v} = \frac{dT}{T} \tag{10.26}$$

等圧変化の場合 $dp = 0$ であるため式 (10.26) は次式となる。

$$\frac{dv}{v} = \frac{dT}{T} \tag{10.27}$$

式 (10.6) に式 (10.9) および式 (10.27) を代入すると

$$\begin{aligned}
c_p &= \left(\frac{\partial q}{\partial T}\right)_p = \frac{de}{dT} + p\frac{dv}{dT} = \frac{de}{dT} + \frac{d(pv)}{dT} \\
&= \frac{d(e+pv)}{dT} = \frac{dh}{dT} \quad, \quad p = \text{const.}
\end{aligned} \tag{10.28}$$

したがって，式 (10.28) は次式となる。

10.1 流体の熱力学的性質

$$c_p = \left(\frac{\partial h}{\partial T}\right)_p \tag{10.29}$$

h を T と p の関数として全微分をとり，$dp = 0$ および式 (10.29) を用いると

$$dh = \left(\frac{\partial h}{\partial T}\right)_p dT + \left(\frac{\partial h}{\partial p}\right)_T dp = \left(\frac{\partial h}{\partial T}\right)_p dT = c_p dT \tag{10.30}$$

すなわち $h = h(T)$ であり，h は T のみの関数である。

定積変化の場合は $dv = 0$ であるため，式 (10.9) は次式となる。

$$dq = de \tag{10.31}$$

式 (10.7) に式 (10.31) を代入すると

$$c_v = \left(\frac{\partial q}{\partial T}\right)_v = \left(\frac{\partial e}{\partial T}\right)_v \tag{10.32}$$

e を T と v の関数として全微分をとり，$dv = 0$ および式 (10.32) を用いると

$$de = \left(\frac{\partial e}{\partial T}\right)_v dT + \left(\frac{\partial e}{\partial v}\right)_T dv = \left(\frac{\partial e}{\partial T}\right)_v dT = c_v dT \tag{10.33}$$

すなわち $e = e(T)$ であり，e は T のみの関数である。

式 (10.30)－式 (10.33) より

$$dh - de = (c_p - c_v)dT \tag{10.34}$$

となり，式 (10.5) を代入すると

$$d(pv) = (c_p - c_v)dT \tag{10.35}$$

となる。状態方程式より

$$RdT = (c_p - c_v)dT \tag{10.36}$$

したがって，次式を得る。

$$c_p = c_v + R \tag{10.37}$$

また，比熱比の定義

$$\kappa = \frac{c_p}{c_v} \tag{10.38}$$

および式 (10.37) より次式が得られる。

$$c_p = \frac{\kappa}{\kappa - 1}R \quad , \quad c_v = \frac{R}{\kappa - 1} \tag{10.39}$$

10.1.7 エントロピーと断熱変化

単位質量当たりのエントロピー（entropy）を s とすると，エントロピーの変化 ds はクラウジウス（Clausius）により次式で定義される。

$$ds = \frac{dq}{T} \tag{10.40}$$

式 (10.9) の両辺を T で割り，式 (10.33)，(10.40) と状態方程式を用いると

$$ds = \frac{de}{T} + \frac{p}{T}dv = c_v\frac{dT}{T} + R\frac{dv}{v} \tag{10.41}$$

を得る。式 (10.41) に式 (10.26)，(10.37) を代入すると

$$ds = c_v\left(\frac{dp}{p} + \frac{dv}{v}\right) + R\frac{dv}{v} = c_v\frac{dp}{p} + (c_v + R)\frac{dv}{v} = c_v\frac{dp}{p} + c_p\frac{dv}{v} \tag{10.42}$$

となる。式 (10.42) に式 (10.38) を代入すると

$$ds = c_v\frac{dp}{p} + \kappa c_v\frac{dv}{v} = c_v\left(\frac{dp}{p} + \kappa\frac{dv}{v}\right) \tag{10.43}$$

したがって

$$ds = c_v d\left(\int \frac{dp}{p} + \kappa \int \frac{dv}{v}\right) = c_v d\left(\ln p + \kappa \ln v\right) = c_v d(\ln pv^\kappa) \tag{10.44}$$

あるいは，次式となる。

$$ds = c_v d\left(\ln \frac{T}{\rho^{\kappa-1}}\right) \quad , \quad ds = c_p d\left(\ln \frac{T}{p^{(\kappa-1)/\kappa}}\right) \tag{10.45}$$

等エントロピー変化 $ds = 0$，すなわち断熱変化 $dq = 0$ のときは，式 (10.44)，(10.45) より

$$pv^\kappa = \text{const.} \tag{10.46}$$

あるいは，つぎのようになる。

$$\frac{T}{\rho^{\kappa-1}} = \text{const.} \quad , \quad \frac{T}{p^{(\kappa-1)/\kappa}} = \text{const.} \tag{10.47}$$

10.2 音の伝播とマッハ数

10.2.1 音の伝播の理論

流体中を微小擾乱（じょう）が伝播する現象を考える。x 方向速度を u とした一次元流れの場合，連続の式より

$$\frac{\partial \rho}{\partial t} + \frac{\partial}{\partial x}(\rho u) = 0 \tag{10.48}$$

となる。また，オイラーの運動方程式より

$$\frac{\partial u}{\partial t}+u\frac{\partial u}{\partial x}=-\frac{1}{\rho}\frac{\partial p}{\partial x} \tag{10.49}$$

ここで，摩擦を無視した断熱流れ，すなわち等エントロピー変化あるいは可逆断熱変化を仮定すると，圧力 p と密度 ρ との関係が定まるため

$$p=p(\rho) \tag{10.50}$$

となる。したがって

$$\frac{\partial p}{\partial x}=\frac{dp}{d\rho}\frac{\partial \rho}{\partial x}=a^2\frac{\partial \rho}{\partial x} \tag{10.51}$$

ただし，a を次式で定義する。

$$a \equiv \sqrt{\frac{dp}{d\rho}} \tag{10.52}$$

式 (10.51) を用いると，式 (10.49) は次式に表される。

$$\frac{\partial u}{\partial t}+u\frac{\partial u}{\partial x}=-\frac{a^2}{\rho}\frac{\partial \rho}{\partial x} \tag{10.53}$$

いま，速度，密度，圧力をいずれも時間平均した一定値（ ¯ をつける）と微小擾乱量（ ′ をつける）とに分解し，つぎのように表す。ただし，静止流体を考えて $\bar{u}=0$ とする。

$$u=u'(x,t) \tag{10.54}$$

$$\rho=\bar{\rho}+\rho'(x,t) \tag{10.55}$$

$$p=\bar{p}+p'(x,t) \tag{10.56}$$

また，擾乱量 u', ρ', p' は微小であり，擾乱量の二次以上の項を無視する。さらに，式 (10.52) において $dp/d\rho$ は x, t の関数でないと仮定する。

式 (10.54), (10.55) を式 (10.48) に代入すると

$$\frac{\partial \bar{\rho}}{\partial t}+\frac{\partial \rho'}{\partial t}+\frac{\partial}{\partial x}(\bar{\rho}u')+\frac{\partial}{\partial x}(\rho'u')=0 \tag{10.57}$$

一方，$\partial\bar{\rho}/\partial t=0$, $\partial(\bar{\rho}u')/\partial x=\bar{\rho}\partial u'/\partial x$, $\partial(\rho'u')/\partial x \fallingdotseq 0$ であるため，式 (10.57) は次式となる。

$$\frac{\partial \rho'}{\partial t}+\bar{\rho}\frac{\partial u'}{\partial x}=0 \tag{10.58}$$

つぎに，式 (10.54), (10.55) を式 (10.53) に代入すると

$$\frac{\partial u'}{\partial t} + u'\frac{\partial u'}{\partial x} = -\frac{a^2}{\overline{\rho}+\rho'}\frac{\partial(\overline{\rho}+\rho')}{\partial x} \tag{10.59}$$

一方，$\overline{\rho}+\rho' \fallingdotseq \overline{\rho}$ であるから，式 (10.59) は次式となる．

$$\frac{\partial u'}{\partial t} + \frac{a^2}{\overline{\rho}}\frac{\partial \rho'}{\partial x} = 0 \tag{10.60}$$

式 (10.58)，(10.60) は擾乱量に関する連立線形偏微分方程式となる．

式 (10.58) を t で偏微分すると，次式となる．

$$\frac{\partial^2 \rho'}{\partial t^2} + \overline{\rho}\frac{\partial^2 u'}{\partial x \partial t} = 0 \tag{10.61}$$

式 (10.60) を x で偏微分し，$\overline{\rho}$ を乗じると

$$\overline{\rho}\frac{\partial^2 u'}{\partial x \partial t} + a^2\frac{\partial^2 \rho'}{\partial x^2} = 0 \tag{10.62}$$

となり，式 (10.61) − 式 (10.62) より次式が得られる．

$$\frac{\partial^2 \rho'}{\partial t^2} = a^2\frac{\partial^2 \rho'}{\partial x^2} \tag{10.63}$$

同様に，式 (10.58) を x で偏微分して $a^2/\overline{\rho}$ を乗じた式から，式 (10.60) を t で偏微分した式を引くと次式が得られる．

$$\frac{\partial^2 u'}{\partial t^2} = a^2\frac{\partial^2 u'}{\partial x^2} \tag{10.64}$$

さらに，式 (10.52) より

$$\rho' = \frac{p'}{a^2} \tag{10.65}$$

となるため，式 (10.65) を式 (10.63) に代入すると，次式が得られる．

$$\frac{\partial^2 p'}{\partial t^2} = a^2\frac{\partial^2 p'}{\partial x^2} \tag{10.66}$$

式 (10.63)，(10.64)，(10.66) はそれぞれ ρ', u', p' に関する波動方程式であり，波の伝播速度は a となる．すなわち，式 (10.52) で定義される a は，微小擾乱の波の速度，すなわち音速を示す．

音の伝播では等エントロピー変化であるため

$$p = \rho^\kappa \frac{\overline{p}}{\overline{\rho}^\kappa} \tag{10.67}$$

となる．このとき

$$\frac{dp}{d\rho} = \kappa\rho^{\kappa-1}\frac{\overline{p}}{\overline{\rho}^\kappa} = \frac{\kappa}{\rho}\rho^\kappa\frac{\overline{p}}{\overline{\rho}^\kappa} = \kappa\frac{p}{\rho} \tag{10.68}$$

あるいは，状態方程式 $p = \rho RT$ を用いると

$$\frac{dp}{d\rho} = \kappa RT \tag{10.69}$$

となる．したがって，式 (10.52) より音速は次式で与えられる．

$$a = \sqrt{\kappa \frac{p}{\rho}} = \sqrt{\kappa RT} \tag{10.70}$$

例えば，20°C の空気中では，$\kappa = 1.4$, $R = 287\,\mathrm{J/kgK}$, $T = 20°\mathrm{C} + 273.15 = 293.15\,\mathrm{K}$ であるから，$a = \sqrt{1.4 \times 287 \times 293.15} = 343.2\,\mathrm{m/s}$ となる．なお，絶対温度の単位 K は，温度定点として水の三重点（0.01°C, 611 Pa, 水と氷と水蒸気が共存し熱平衡にある状態点）をとり，その温度を 273.16 K とするように定められている．したがって，（絶対温度）＝（摂氏温度）＋ 273.15 の関係となる．

式 (10.63), (10.64), あるいは式 (10.66) で表される波動方程式の解は，伝播速度が a の進行波（progressive wave）となることをつぎに示す．式 (10.63) の解は

$$\rho' = f(x \pm at) \tag{10.71}$$

の形を持つ（ダランベールの解）．ここに，f は任意関数を示す．このことを証明するために

$$X = x \pm at \tag{10.72}$$

とおくと

$$\rho' = f(X) \tag{10.73}$$

となるため，つぎの式が成り立つ．

$$\frac{\partial \rho'}{\partial t} = \frac{d\rho'}{dX}\frac{\partial X}{\partial t} = \pm a \frac{d\rho'}{dX} \tag{10.74}$$

$$\frac{\partial^2 \rho'}{\partial t^2} = \frac{\partial}{\partial t}\left(\frac{\partial \rho'}{\partial t}\right) = \frac{d}{dX}\left(\pm a \frac{d\rho'}{dX}\right)\frac{\partial X}{\partial t} = a^2 \frac{d^2 \rho'}{dX^2} \tag{10.75}$$

$$\frac{\partial \rho'}{\partial x} = \frac{d\rho'}{dX}\frac{\partial X}{\partial x} = \frac{d\rho'}{dX} \tag{10.76}$$

$$\frac{\partial^2 \rho'}{\partial x^2} = \frac{\partial}{\partial x}\left(\frac{\partial \rho'}{\partial x}\right) = \frac{d}{dX}\left(\frac{d\rho'}{dX}\right)\frac{\partial X}{\partial x} = \frac{d^2 \rho'}{dX^2} \tag{10.77}$$

したがって，式 (10.71) は式 (10.63) を満足する．

式 (10.71) の複号が負符号である関数の一例として次式を選ぶ．

$$\rho' = \hat{\rho}\sin\frac{2\pi}{\lambda}(x - at) \quad , \quad \hat{\rho} = \mathrm{const.} \tag{10.78}$$

式 (10.78) で $t = 0$, $\lambda/4a$, $\lambda/2a$ のとき，ρ' はそれぞれつぎのようになる。

$$t = 0 \quad : \rho' = \hat{\rho} \sin \frac{2\pi}{\lambda} x \tag{10.79a}$$

$$t = \frac{\lambda}{4a} : \rho' = \hat{\rho} \sin \frac{2\pi}{\lambda} \left(x - \frac{\lambda}{4} \right) \tag{10.79b}$$

$$t = \frac{\lambda}{2a} : \rho' = \hat{\rho} \sin \frac{2\pi}{\lambda} \left(x - \frac{\lambda}{2} \right) \tag{10.79c}$$

図 10.4 は式 (10.78) を実線 ($t = 0$)，破線 ($t = \lambda/4a$)，一点鎖線 ($t = \lambda/2a$) として描いた図を示す。この図より $t = 0$ のとき実線であった波長 λ の波が，破線から一点鎖線へと時間の経過とともに右方向へ波形を変えずに移動していることがわかる（前進波, advancing wave）。図において，波の左端の山の頂点に注目すると，時間 $t = 0$ から $t = \lambda/2a$ の間に，この頂点は $x = \lambda/4$ から $x = 3\lambda/4$ まで移動するため，波の伝播速度は

$$\frac{3\lambda/4 - \lambda/4}{\lambda/2a} = a \tag{10.80}$$

となる。また，長さ 2π 当たりの波の数を k（波数と呼ぶ），角周波数を ω とすると，つぎの関係が成り立つ。

$$k = \frac{2\pi}{\lambda} \tag{10.81}$$

$$\omega = 2\pi f = \frac{2\pi}{T} = \frac{2\pi}{\lambda/a} = \frac{2\pi a}{\lambda} \tag{10.82}$$

ここに，f は周波数，T は周期を示す。これらの k および ω を用いると，式 (10.78) は次式となる。

$$\rho' = \hat{\rho} \sin(kx - \omega t) \tag{10.83}$$

つぎに，式 (10.71) の複号が正の場合を考えると，式 (10.78), (10.83) はそれぞれ次式となる。

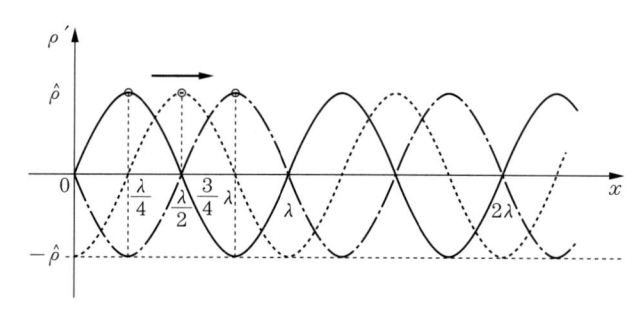

図 10.4　進行波

$$\rho' = \hat{\rho}\sin\frac{2\pi}{\lambda}(x+at) \tag{10.84}$$

$$\rho' = \hat{\rho}\sin(kx+\omega t) \tag{10.85}$$

したがって，この場合は速度が a で左方向に伝播する波（後進波，retarding wave）となる。このように，一次元の波動方程式は，x 軸の正方向および負方向へ同じ速度で伝播する2種類の進行波を解として持つ。このような一次元波動の波面（同位相の点を結ぶことによってできる面）はすべて x 軸に垂直な平面であり，この波は平面波と呼ばれる。

10.2.2 マッハ数とマッハ波

マッハ数 M は流れ中の一点における流速 u とその場所での音速 a の比として次式で定義される。

$$M = \frac{u}{a} \tag{10.86}$$

したがって，マッハ数は流れ場の各点で異なった値をとる。マッハ数は流体の圧縮性の効果（尺度）を表すパラメータであるが，これはつぎのように示される。**図 10.5** のように速度 U の亜音速の一様流れ中に物体が存在する流れを考えると，よどみ点で圧力は最大となり，ベルヌーイ式よりよどみ点での圧力の増加量 Δp は流れの動圧と同程度となる。

$$\Delta p \fallingdotseq \frac{1}{2}\rho U^2 \tag{10.87}$$

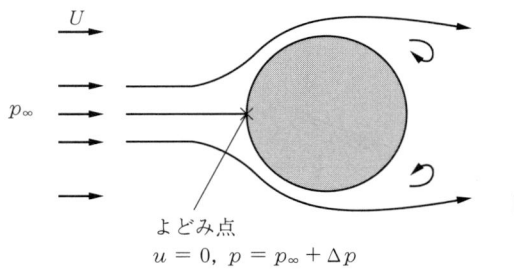

図 10.5 亜音速流れが物体に当たるとき

さらに，密度の増加量を $\Delta \rho$ とすると，式 (10.52), (10.86), (10.87) より

$$\Delta \rho = \frac{\Delta p}{a^2} \fallingdotseq \frac{\rho U^2}{2a^2} = \frac{\rho}{2}M^2 \tag{10.88}$$

となる。式 (10.88) より次式が得られる。

$$M \fallingdotseq \sqrt{\frac{2\Delta\rho}{\rho}} \tag{10.89}$$

10. 圧縮性流体の流れ

流体は圧縮されると密度が増加するため，式 (10.89) よりマッハ数は圧縮性の効果を示す無次元数であることがわかる．いま，$\Delta\rho/\rho < 0.05$ の範囲を近似的に非圧縮性と考えると，$M < \sqrt{0.1} = 0.316$ となる．したがって，定常流れでは

$$M < 0.3 \tag{10.90}$$

の場合には非圧縮性として取り扱うことができる．空気中の音速を $a = 340\,\text{m/s}$ とした場合，$M = 0.3$ は $u = 0.3 \times 340 = 102\,\text{m/s} = 367\,\text{km/h}$ に相当する．

三次元空間内で，音の伝播による波面の形成とマッハ数との関係について考える．静止流体中を物体が速度 u で右から左の方向へ飛行する場合，この物体により流れに擾乱が与えられるため，物体は音を発する音源とみなすことができる．そこで物体を，大きさが無限小の点として近似し，音源としての物体が図 10.4 のように正弦波状の疎密波を発しているとき，物体まわりに広がる波面を**図 10.6** に示す．なお，図 10.6 は物体および飛行方向ベクトルを含む平面内における波面である．

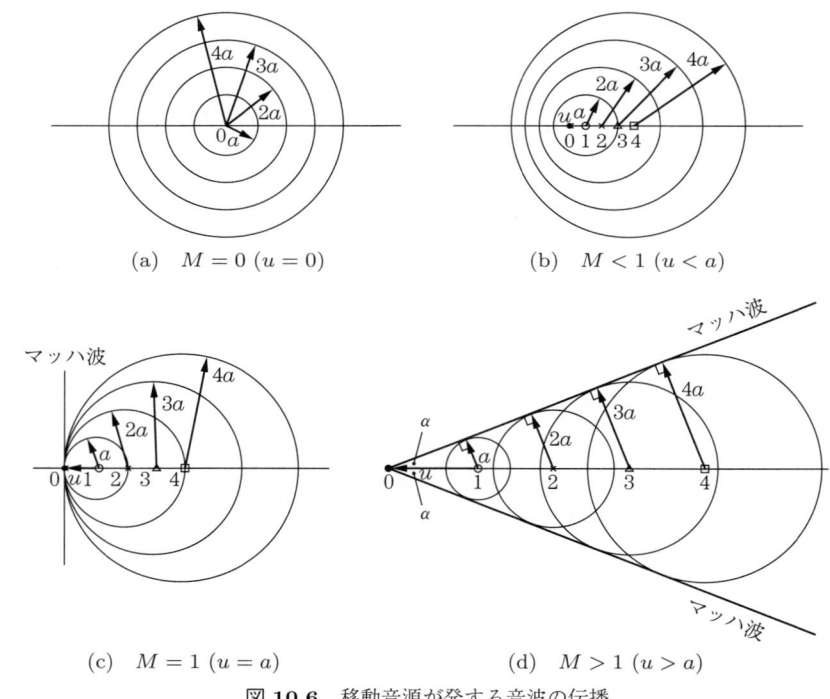

(a) $M = 0\ (u = 0)$ (b) $M < 1\ (u < a)$

(c) $M = 1\ (u = a)$ (d) $M > 1\ (u > a)$

図 10.6 移動音源が発する音波の伝播

物体が飛行している場合，物体の現在位置を図中の点 0 とし，現在時刻から 1，2，3，4 秒前の物体の位置をそれぞれ図中の点 1，2，3，4 として表す．図の波面は現在時刻における波面を示す．物体の位置が点 1 であったときに発せられた音は，現在時刻までの 1 秒の間に半

径 a の球面となる。同様に，物体の位置が点 2, 3, 4 であったときに発せられた音は，現在時刻ではそれぞれ半径 $2a$, $3a$, $4a$ の球面となる。したがって，図中の波面はいずれも半径が a, $2a$, $3a$, $4a$ の 4 個の球面となり，各球面の中心位置の間隔が図 (a)〜(d) では異なるが，これは物体の飛行速度の相違に起因する。$M = 0$ すなわち $u = 0$ の場合，音は物体を中心としてすべての方向に音速 a で伝播するため，波面は図 (a) のように同心球面として広がる。物体が飛行している場合，点 0, 1, 2, 3, 4 間の距離はいずれも u となり，$M < 1$, $M = 1$, $M > 1$ のそれぞれについて，点 0, 1, 2, 3, 4 間の距離 u は $u < a$, $u = a$, $u > a$ となるため，図 (b)〜(d) のような球面状波面の配置となる。図 (b) では音は全空間に伝わり，波面間隔が物体の上流では密，下流では粗となるドップラー効果が発生する。図 (c) では 4 個の球面は点 0 で接する。さらに，現在時刻より 4 秒以上前の時刻からの球面状波面も含めると，点 0 で接するすべての球面状波面の包絡面は飛行方向に垂直な平面となる。このように波面の包絡面によって形成される波はマッハ波（Mach wave）と呼ばれ，マッハ波より上流には音は伝わらない。したがって，図 (c) ではマッハ波によって全空間は二分され，物体より上流では音が伝わらず，物体より下流のみに音が伝わる。図 (d) では球面状波面の包絡面のマッハ波は円錐となり，これはマッハ円錐（Mach cone）と呼ばれる。この場合，音は円錐の内部だけに伝わり，円錐より外部の空間には伝わらない。このマッハ円錐の半頂角を α とすると，図 (d) に示される幾何学的関係および式 (10.86) より

$$\sin \alpha = \frac{a}{u} = \frac{1}{M} \tag{10.91}$$

となる。この α はマッハ角と呼ばれる。マッハ数が大きくなるほどマッハ角は小さくなる。ここでは物体を点で近似したため一つのマッハ波が発生したが，有限の大きさの物体に対しては物体上から無数のマッハ波が発生する。このマッハ波が集中すると後述の衝撃波が発生する。

10.3　一次元ノズル内の定常圧縮性流れ

10.3.1　ノズル断面積，流速，静圧，密度，温度の間の理論的関係

図 10.7 のように流れ方向（x 軸）に断面積 A がゆるやかに変化する管内の定常一次元圧縮性流れを考える。この場合，流速 u，密度 ρ，圧力 p は断面内の平均値として扱われる。

連続の式より

$$\rho u A = \text{const.} \tag{10.92}$$

式 (10.92) の対数微分より次式が得られる。

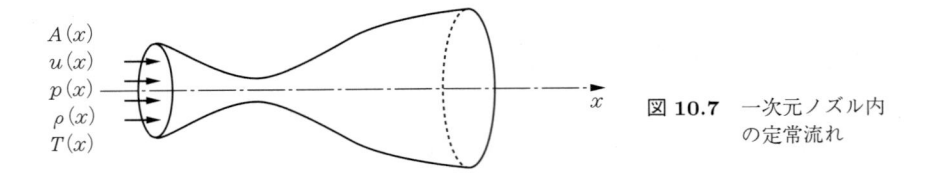

図 10.7 一次元ノズル内の定常流れ

$$\frac{d\rho}{\rho} + \frac{du}{u} + \frac{dA}{A} = 0 \tag{10.93}$$

オイラーの運動方程式より

$$udu = -\frac{dp}{\rho} \tag{10.94}$$

密度 ρ と圧力 p の間に，一意的な関係 $\rho = \rho(p)$ が成り立つと仮定し，音速 a を用いると，式 (10.52) より

$$\frac{dp}{\rho} = \frac{dp}{d\rho}\frac{d\rho}{\rho} = a^2\frac{d\rho}{\rho} \tag{10.95}$$

したがって，式 (10.94) は次式となる．

$$udu = -a^2\frac{d\rho}{\rho} \tag{10.96}$$

さらに，マッハ数 $M(=u/a)$ を用いると，式 (10.96) は次式となる．

$$\frac{d\rho}{\rho} = -M^2\frac{du}{u} \tag{10.97}$$

式 (10.97) を式 (10.93) に代入すると次式が得られる．

$$(M^2 - 1)\frac{du}{u} = \frac{dA}{A} \tag{10.98}$$

式 (10.98) は流速の変化率と断面積の変化率との関係を表すが，この関係はマッハ数 M によりつぎのように異なる．

（1） $M = 0$（非圧縮性流れ） このとき，式 (10.97) において du/u は有限なので $d\rho/\rho = 0$ になる．また式 (10.98) は

$$\frac{du}{u} = -\frac{dA}{A} \tag{10.99}$$

となり，断面積の増加率と流速の減少率は等しい．式 (10.99) は，式 (10.92) で $\rho = \text{const.}$ とした式と一致する．すなわちマッハ数がゼロの流れは非圧縮性流れを表す．

（2） $0 < M < 1$（亜音速流れ） 断面積の増加率と流速の減少率との関係は (1) の場合とほぼ同じであるが，式 (10.98) において $1/(1 - M^2) > 1$ であるため，断面積の増加率に比べて流速の減少率は大きくなる．これを亜音速流れという．

10.3 一次元ノズル内の定常圧縮性流れ

（3）$M>1$（超音速流れ）　式 (10.98) において $-1/(1-M^2)>0$ であるため，断面積の増加とともに流速も増加する。これは $M>1$ であるため式 (10.97) より，ρ の減少率が u の増加率より大きくなり，連続の式 (10.92) を満足するためには A が増加しなければならないことに起因する。このように $M>1$ の場合の断面積変化と，流速変化の関係は $M<1$ の場合の逆の関係となる。これを超音速流れという。

（4）$M=1$　式 (10.98) において $M=1$ の場合，du/u は有限なので $dA/A=0$ となる。$dA/A=0$ は断面積に変化がなく，断面積が最大あるいは最小となることを意味するが，断面積が最大となる場合は $M=1$ は実現されない。これはつぎのように説明される。断面積最大部の上流で $M<1$ である場合，断面積最大部に近づくにつれて M はさらに減少して $M=1$ から遠ざかり，逆に断面積最大部の上流で $M>1$ である場合，断面積最大部に近づくにつれて M はさらに増加して $M=1$ から遠ざかるため，断面積最大部で $M=1$ は実現しない。したがって，$M=1$ では断面積が最小となり，この断面積最小部はスロートと呼ばれる。スロートを有するノズルはラバールノズル（Laval nozzle），中細ノズルあるいは縮小拡大管と呼ばれる。

ラバールノズルにおいては，(2)，(3)，(4) で述べた断面積変化とマッハ数の関係より，ノズル全体で等エントロピー流れとなるのはつぎに示す4種類のケース①〜④があり得る。図 **10.8** はラバールノズル内に左から右へ流れがある場合の流れ方向のマッハ数分布を示す。

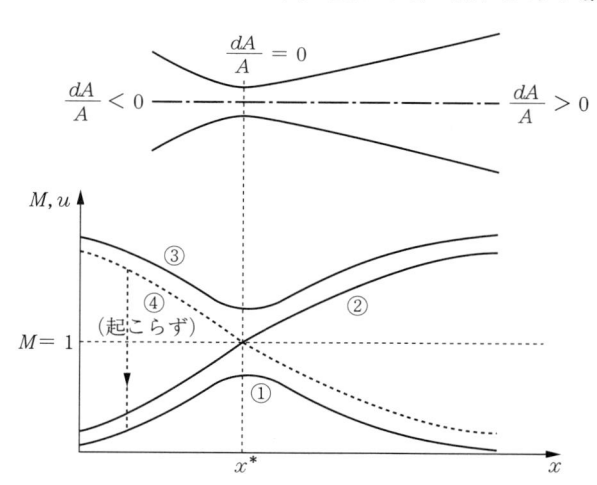

図 10.8　ラバールノズル内の流速とマッハ数の分布

ケース①　ノズル全体で $M<1$ のとき，スロートで M は最大となる。M の最大値が1の場合も含むが，この場合はスロートのみで $M=1$ となり，他の部分では $M<1$ となる。

ケース②　$dA<0$ の部分で $M<1$，$dA=0$ の位置で $M=1$，$dA>0$ の部分で $M>1$ のときで M は単調増加となる。したがって，上流の $M<1$ から M が増加し，$dA=0$ の位置で $M=1$ となる場合は，$dA>0$ の部分で $M<1$（ケース①）と $M>1$ の2通り

があり得る。

ケース③　ノズル全体で $M>1$ のとき，スロートで M は最小となる。M の最小値が 1 の場合も含むが，この場合はスロートのみで $M=1$ となり，他の部分では $M>1$ となる。

ケース④　$dA<0$ の部分で $M>1$，$dA=0$ の位置で $M=1$，$dA>0$ の部分で $M<1$ のときで M は単調減少となる流れを示すが，この流れは現実には起こらない。

ケース①～④は断面積変化に対する流速変化の関係であるが，断面積変化に対する他の諸量の関係をつぎに示す。式 (10.98) を式 (10.97) に代入すると

$$\frac{d\rho}{\rho} = \frac{M^2}{1-M^2}\frac{dA}{A} \tag{10.100}$$

となる。式 (10.68) を変形すると

$$\frac{dp}{p} = \kappa \frac{d\rho}{\rho} \tag{10.101}$$

となるため，式 (10.100) を式 (10.101) に代入すると

$$\frac{dp}{p} = \frac{\kappa M^2}{1-M^2}\frac{dA}{A} \tag{10.102}$$

となる。状態方程式 $p = \rho R T$ の対数微分より

$$\frac{dp}{p} = \frac{d\rho}{\rho} + \frac{dT}{T} \tag{10.103}$$

なので，式 (10.100)，(10.102) を式 (10.103) に代入すると

$$\frac{dT}{T} = \frac{(\kappa-1)M^2}{1-M^2}\frac{dA}{A} \tag{10.104}$$

となる。式 (10.70) より $a^2 = \kappa RT$ となり，この式の対数微分より

$$2\frac{da}{a} = \frac{dT}{T} \tag{10.105}$$

となる。式 (10.105) と式 (10.104) より

$$\frac{da}{a} = \frac{(\kappa-1)M^2}{2(1-M^2)}\frac{dA}{A} \tag{10.106}$$

$M = u/a$ の対数微分より

$$\frac{dM}{M} = \frac{du}{u} - \frac{da}{a} \tag{10.107}$$

となる。式 (10.107) と式 (10.98)，(10.106) より

$$\frac{dM}{M} = -\frac{2+(\kappa-1)M^2}{2(1-M^2)}\frac{dA}{A} \tag{10.108}$$

10.3 一次元ノズル内の定常圧縮性流れ

ここまでは，u, ρ, p, T, a, M, A の変化率の間の関係であったが，つぎにこれらの絶対量の流れ方向の分布を考える。

開いた断熱系内の流れのエネルギー式は式 (10.25) より

$$\frac{u^2}{2} + h = h_0 \tag{10.109}$$

となる。ここに，添え字 0 はよどみ点状態，あるいは貯気槽内の状態を示す。さらに，理想気体の場合は $h = c_p T$ であるため，式 (10.109) は次式となる。

$$\frac{u^2}{2} + c_p T = c_p T_0 \tag{10.110}$$

式 (10.109), (10.110) は不可逆過程に対しても成り立ち，式 (10.109) では全エンタルピー，式 (10.110) では全温が流れに沿って一定となることを示す。

さらに，式 (10.39) の第 1 式を式 (10.110) に代入すると

$$\frac{u^2}{2} + \frac{\kappa}{\kappa - 1} RT = \frac{\kappa}{\kappa - 1} RT_0 \tag{10.111}$$

となる。また，状態方程式 $p = \rho RT$ より式 (10.111) は

$$\frac{u^2}{2} + \frac{\kappa}{\kappa - 1} \frac{p}{\rho} = \frac{\kappa}{\kappa - 1} \frac{p_0}{\rho_0} \tag{10.112}$$

となる。式 (10.111), (10.112) は圧縮性流体に対するベルヌーイ式を示す。式 (10.111) あるいは式 (10.112) に $a = \sqrt{\kappa RT} = \sqrt{\kappa p/\rho}$ を代入すると次式が得られる。

$$\frac{u^2}{2} + \frac{a^2}{\kappa - 1} = \frac{a_0^2}{\kappa - 1} \tag{10.113}$$

ここに

$$a_0 = \sqrt{\kappa RT_0} \tag{10.114}$$

はよどみ点での音速を示す。式 (10.113) の両辺に $(\kappa - 1)/a^2$ を乗じ，$a_0^2/a^2 = T_0/T$ および $M = u/a$ を用いると，式 (10.113) は次式となる。

$$\frac{T_0}{T} = 1 + \frac{\kappa - 1}{2} M^2 \tag{10.115}$$

式 (10.115) に等エントロピー変化の関係式 (10.47) を用いると

$$\frac{p_0}{p} = \left(1 + \frac{\kappa - 1}{2} M^2\right)^{\kappa/(\kappa - 1)} \tag{10.116}$$

$$\frac{\rho_0}{\rho} = \left(1 + \frac{\kappa - 1}{2} M^2\right)^{1/(\kappa - 1)} \tag{10.117}$$

式 (10.115) ～ (10.117) はそれぞれ温度，圧力，密度がマッハ数 M の関数として与えられることを示す。

式 (10.115) において $M \to \infty$ とすると $T \to 0$，すなわち絶対温度がゼロの状態となり，したがって音速 $a \to 0$ となる。このとき，式 (10.111) より流速は最大 u_{max} となる。

$$u_{max} = \sqrt{\frac{2\kappa}{\kappa-1}RT_0} = \sqrt{\frac{2}{\kappa-1}}a_0 \tag{10.118}$$

したがって，マッハ数が無限大でも流速は有限となる。式 (10.118) は気体の持つすべてのエンタルピーを運動エネルギーに変換したときに得られる理論的な最大速度を与える。

いま，基準状態として $M=1$ の状態を用い，この状態に添え字 $*$ をつけて表す。この状態を臨界状態というが，縮小拡大管ではスロート部でこの状態が起こる。$M=1$ の状態では流速は音速に等しいため，$u^* = a^*$ が成り立つ。ここに，u^* あるいは a^* は臨界速度と呼ばれる。このとき式 (10.113) の左辺より次式が得られる。

$$\frac{u^2}{2} + \frac{a^2}{\kappa-1} = \frac{a^{*2}}{2} + \frac{a^{*2}}{\kappa-1} = a^{*2}\frac{\kappa-1+2}{2(\kappa-1)} = \frac{\kappa+1}{\kappa-1}\frac{a^{*2}}{2} \tag{10.119}$$

式 (10.119) を式 (10.113) の右辺と等置すると次式が得られる。

$$\frac{a^{*2}}{a_0^2} = \frac{2}{\kappa+1} \tag{10.120}$$

式 (10.115) で $M=1$ とすると

$$\frac{T_0}{T^*} = \frac{\kappa+1}{2} \tag{10.121}$$

式 (10.120) より臨界速度は

$$a^* = \sqrt{\frac{2}{\kappa+1}}a_0 = \sqrt{\frac{2\kappa R}{\kappa+1}T_0} \tag{10.122}$$

となる。空気 ($\kappa=1.4$) では

$$\frac{T^*}{T_0} = 0.833 \; , \; \frac{a^*}{a_0} = 0.913 \tag{10.123}$$

となる。式 (10.116)，(10.117) に $M=1$ を代入すると臨界状態における値が得られ，さらに $\kappa=1.4$ とすると

$$\frac{p^*}{p_0} = \left(\frac{2}{\kappa+1}\right)^{\kappa/(\kappa-1)} = 0.528 \tag{10.124}$$

$$\frac{\rho^*}{\rho_0} = \left(\frac{2}{\kappa+1}\right)^{1/(\kappa-1)} = 0.634 \tag{10.125}$$

ここに，p^* は臨界圧力，ρ^* は臨界密度であり，p^*/p_0 は臨界圧力比と呼ばれる。

10.3 一次元ノズル内の定常圧縮性流れ

マッハ数は無次元流速であるが，分子の速度が変化すると分母の音速も変化する。そこで，分母が一定となる無次元流速として臨界速度 a^* を基準とした無次元流速 M^* が次式で定義される。

$$M^* = \frac{u}{a^*} \tag{10.126}$$

M^* と M との関係はつぎのように求められる。式 (10.126) を変形すると

$$M^* = \frac{u}{a}\frac{a}{a^*} = M\frac{a}{a^*} \tag{10.127}$$

となる。式 (10.119) の両辺に $(\kappa-1)/a^{*2}$ を乗じ，式 (10.126) を適用すると

$$\frac{a^2}{a^{*2}} = \frac{1}{2}\{\kappa+1+(1-\kappa)M^{*2}\} \tag{10.128}$$

となり，式 (10.127)，(10.128) から a/a^* を消去すると次式が得られる。

$$M^{*2} = \frac{(\kappa+1)M^2}{2+(\kappa-1)M^2} \tag{10.129}$$

10.3.2 先細ノズル内の流れの閉塞

図 **10.9** のように，大きな容器内の圧力 p_0，密度 ρ_0，温度 T_0 の気体が先細ノズル (convergent nozzle) を通して背圧 p_b の外気中に等エントロピー的に流出する場合を考える。ノズル出口の流速を u，圧力を p，密度を ρ，断面積を A とする。等エントロピー変化の式 $\rho = \rho_0(p/p_0)^{1/\kappa}$ を式 (10.112) に代入して整理すると次式が得られる。

$$u = \sqrt{\frac{2\kappa R}{\kappa-1}T_0\left\{1-\left(\frac{p}{p_0}\right)^{(\kappa-1)/\kappa}\right\}} \tag{10.130}$$

したがって，質量流量 $\dot{m}$ は

$$\dot{m} = \rho u A = Ap_0\sqrt{\frac{2\kappa}{(\kappa-1)RT_0}\left(\frac{p}{p_0}\right)^{2/\kappa}\left\{1-\left(\frac{p}{p_0}\right)^{(\kappa-1)/\kappa}\right\}} \tag{10.131}$$

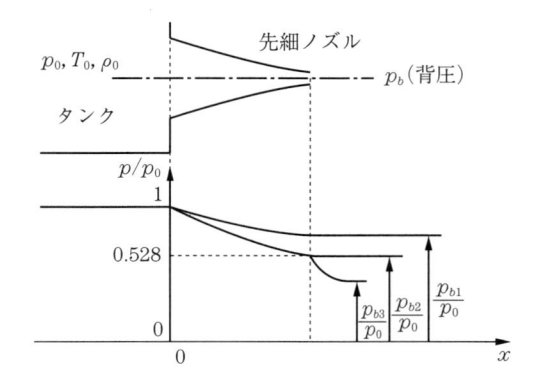

図 **10.9** 先細ノズルを通る流れ

式 (10.131) で $x = p/p_0$ とおき，$\partial \dot{m}/\partial x = 0$ より

$$x = \frac{p}{p_0} = \left(\frac{2}{\kappa+1}\right)^{\kappa/(\kappa-1)} \tag{10.132}$$

となる。このとき質量流量 $\dot{m}$ はつぎの最大値をとる。

$$\dot{m} = Ap_0\sqrt{\frac{\kappa}{RT_0}\left(\frac{2}{\kappa+1}\right)^{(\kappa+1)/(\kappa-1)}} \tag{10.133}$$

一方，式 (10.132) 中の圧力は式 (10.124) との比較より臨界圧力 p^* と等しいため，出口流速は音速で $M = 1$ となる。したがって，背圧 p_b が臨界圧力 p^* 以上のときは出口圧力 p は背圧と等しくなり，背圧の低下とともに質量流量は増加するが，背圧を臨界圧力より低下させても出口で流速が音速に達しているため，質量流量は式 (10.133) のまま変化しない。この現象はチョーク（流れの閉塞）と呼ばれる。これは，圧力の変化という情報が伝播する速度（音速）が出口での流速と等しいので，出口より下流の情報が上流にさかのぼれないために生じる。このように先細ノズル出口が臨界状態に達すると，背圧をさらに下げてもノズル出口より上流の流れはまったく影響を受けない。したがって，先細ノズルでは超音速流れを得ることはできない。図 10.9 には背圧を $p_{b1} \to p_{b2} \to p_{b3}$ と低下させた場合のノズル内と出口付近での圧力分布を示し，$p_{b2} = p^*$ である。また，**図 10.10** の実線は p_b/p_0 に対する $\dot{m}$ の変化を示し，$p_b/p_0 \leq p^*/p_0$ では $\dot{m}$ はチョークのため一定となる。

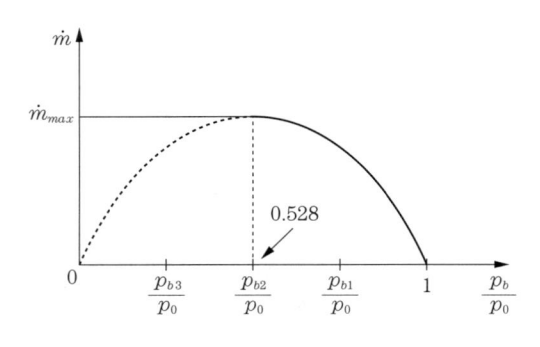

図 **10.10** 先細ノズルを通る流れの閉塞

10.3.3 超音速ノズル

超音速流れを得るためのノズルとして**図 10.11** (a) に示すラバールノズル（中細ノズル）が用いられる。これは設計作動状態において，先細ノズル部の出口（スロート）で音速となった流れを末広ノズル部でさらに加速して超音速流れとする。この場合はラバールノズル内のマッハ数分布は図 10.8 のケース②となる。図 (b), (c) は背圧 p_b を $p_{b1} \to p_{b7}$ と低下させたとき，衝撃波（10.4 節参照）の部分を除いて等エントロピー流れと仮定した場合の圧力分布とマッハ数分布を示す。$p_b = p_{b1}$ ではラバールノズル内全域の流れが亜音速流れであり，図

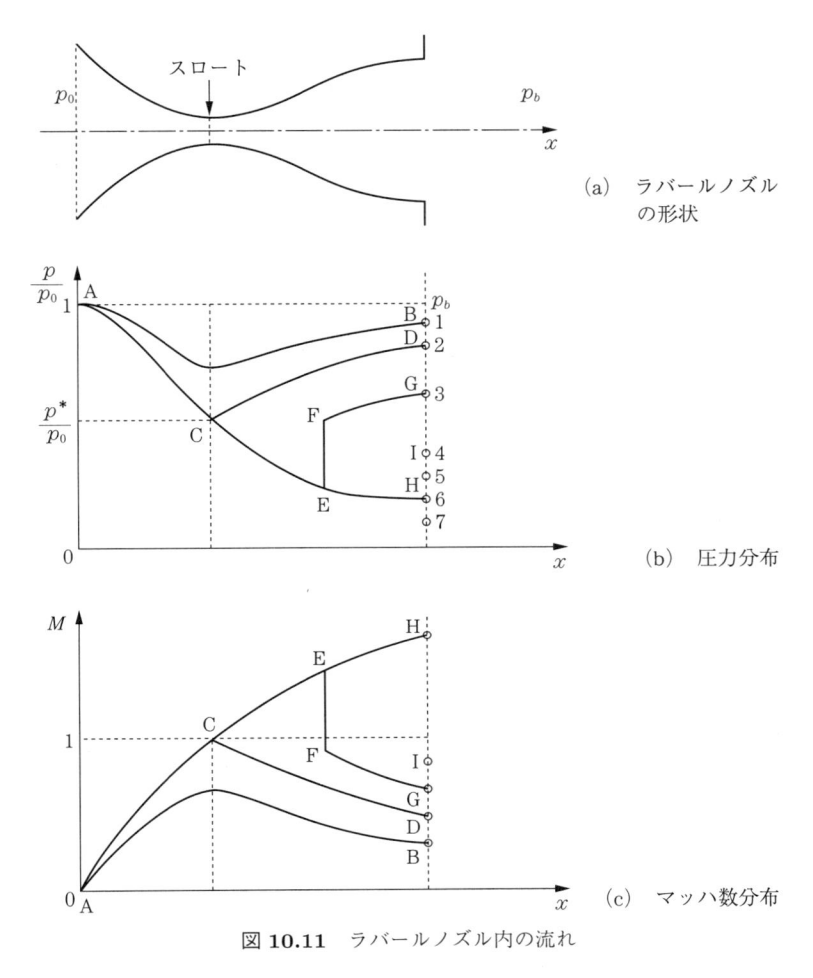

10.3 一次元ノズル内の定常圧縮性流れ　175

(a) ラバールノズルの形状

(b) 圧力分布

(c) マッハ数分布

図 **10.11** ラバールノズル内の流れ

中の分布は AB となる。$p_b = p_{b2}$ ではスロートで音速状態で他の部分で亜音速流れとなり，図中の分布は ACD となる。$p_{b4} < p_b < p_{b2}$ では末広ノズル部内に衝撃波が生じ，p_b の低下とともに衝撃波の発生位置は下流へ移動する。$p_b = p_{b3}$ では図中の EF で示される衝撃波が生じ，衝撃波を通過すると圧力はステップ状に上昇，流速はステップ状に低下してノズル出口の流れは亜音速流れとなり，図中の分布は ACEFG となる。$p_b = p_{b4}$ ではノズル出口で衝撃波が生じ，図中の分布は ACHI となる。$p_b < p_{b4}$ となる $p_b = p_{b5}$, p_{b6}, p_{b7} では図中の分布はいずれも ACH となる。すなわちこれらの場合はノズル出口では超音速流れであるため，ノズル出口の圧力は背圧の影響を受けない。$p_b = p_{b5}$ のように $p_{b6} < p_b < p_{b4}$ の場合は，流れはノズルによって背圧より低い圧力まで膨張するため過膨脹となる。このとき，ノズル出口から発生する斜め衝撃波によってノズル出口圧力から背圧までの圧力上昇が行われる。$p_b = p_{b6}$ ではノズル出口の圧力と背圧が一致し，この状態はラバールノズルの理想的な作動状態であり適正膨脹と呼ばれる。$p_b = p_{b7}$ のように $p_b < p_{b6}$ の場合は，流れはノズルに

よって背圧まで膨張できず不足膨張となる。このとき，ノズル出口から発生する膨張波によりノズル出口圧力から背圧までの圧力低下が行われる。

与えられた貯気槽内圧力 p_0 と背圧 p に対し，適正膨張を得るためのノズル出口断面積 A とスロートの断面積 A^* との比はつぎのように求められる。連続の式より

$$\frac{A}{A^*} = \frac{\rho^*}{\rho}\frac{a^*}{u} = \frac{\rho^*}{\rho_0}\frac{\rho_0}{\rho}\frac{a^*}{u} \tag{10.134}$$

式 (10.125), (10.126) を代入し，等エントロピー変化の式 $\rho_0/\rho = (p_0/p)^{1/\kappa}$ を用いると

$$\frac{A}{A^*} = \left(\frac{2}{\kappa+1}\right)^{1/(\kappa-1)} \left(\frac{p_0}{p}\right)^{1/\kappa} \frac{1}{M^*} \tag{10.135}$$

となる。式 (10.129) を代入すると

$$\frac{A}{A^*} = \left(\frac{2}{\kappa+1}\right)^{1/(\kappa-1)} \left(\frac{p_0}{p}\right)^{1/\kappa} \Big/ \sqrt{\frac{(\kappa+1)M^2}{2+(\kappa-1)M^2}} \tag{10.136}$$

式 (10.116) を M^2 に関して解き，式 (10.136) に代入すると次式が得られる。

$$\frac{A}{A^*} = \left(\frac{2}{\kappa+1}\right)^{1/(\kappa-1)} \left(\frac{p_0}{p}\right)^{1/\kappa} \Big/ \sqrt{\frac{\kappa+1}{\kappa-1}\left\{1 - \left(\frac{p_0}{p}\right)^{(1-\kappa)/\kappa}\right\}} \tag{10.137}$$

10.4 衝 撃 波

流れが超音速流れから亜音速流れに減速する場合，この減速は一般に徐々に行われるのではなく，衝撃波（shock wave）と呼ばれる非常に薄い面の内部でステップ状に起こる。衝撃波の厚さは分子の平均自由行程の数倍程度であり，1気圧の大気中では数百 nm 以下である。さらに衝撃波内部での流れの状態は急激に変化するため，散逸による非平衡な現象が起こり，エントロピーが増加する。そこで一般の気体力学では衝撃波内部の構造には触れず，衝撃波は流れの不連続面として扱われる。図 **10.12** (a), (b) のように超音速流れの中に静止した物体を置くと，物体の前縁では流れをせき止めるため，前縁近傍で流れは超音速流れ（$M>1$）から亜音速流れ（$M<1$）へ減速して衝撃波が発生する。図 (c) は亜音速流れ中の流線型物体まわりの流れを示すが，この場合は物体表面上で加速され超音速となった流れの後縁に向かう減速過程に衝撃波が発生している。また，図 10.11 で示したラバールノズルにおいて背圧 p_b が $p_{b4} < p_b < p_{b2}$ の範囲では，末広ノズル部で衝撃波が発生して超音速流れから亜音速流れに減速する。

10.4 衝撃波

(a) 鈍頭物体

(b) 尖頭物体

(c) 亜音速流れ中の流線型物体

図 10.12 飛行物体まわりの衝撃波

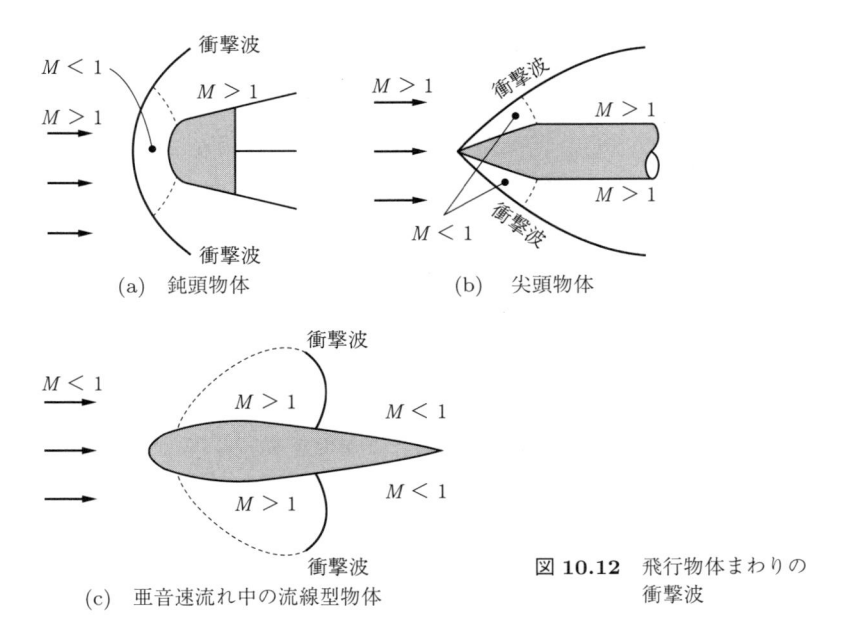

10.4.1 垂直衝撃波の理論

図 10.13 に示すように管内の流れに垂直に二重実線で示される衝撃波が存在する一次元定常流れを考える。このように流れに垂直に発生する衝撃波は垂直衝撃波（normal shock wave）と呼ばれる。図中の破線のような衝撃波を囲む薄い単位面積の検査空間をとると，断面積変化，まわりとの熱の授受および摩擦力を無視することができる。そこで流入面 1 と流入面 2 を持つ開放系検査体積（空間）に対して連続の式，運動量の式，および断熱流れのエネルギー式を適用するとそれぞれ次式となる。

$$\rho_1 u_1 = \rho_2 u_2 \tag{10.138}$$

$$p_1 + \rho_1 u_1^2 = p_2 + \rho_2 u_2^2 \tag{10.139}$$

$$\rho_1 u_1 \left(h_1 + \frac{u_1^2}{2} \right) = \rho_2 u_2 \left(h_2 + \frac{u_2^2}{2} \right) \tag{10.140}$$

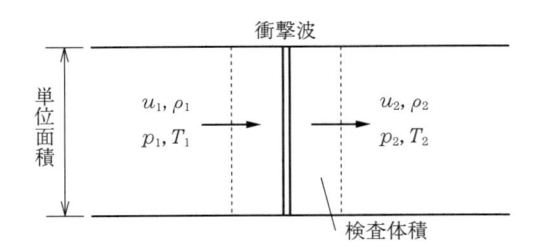

図 10.13 垂直衝撃波

ここに,h は比エンタルピー(単位質量当たりのエンタルピー)を示す。衝撃波上流の状態が既知である場合,下流における未知量は u_2,p_2,ρ_2,h_2 の 4 個となる。そこで理想気体を仮定すると

$$\frac{p}{\rho} = RT \ , \ h = c_p T = \frac{\kappa R}{\kappa - 1} T \tag{10.141}$$

が成り立つため,式 (10.141) を式 (10.140) に代入して h を消去すると

$$\frac{u_1^2}{2} + \frac{\kappa}{\kappa - 1}\frac{p_1}{\rho_1} = \frac{u_2^2}{2} + \frac{\kappa}{\kappa - 1}\frac{p_2}{\rho_2} \tag{10.142}$$

となる。式 (10.138),(10.139),(10.142) は未知量 u_2,p_2,ρ_2 に関する連立二次方程式であるため,つぎに示すように代数的に解を求めることができる。

式 (10.138) より

$$\rho_2 = \rho_1 \frac{u_1}{u_2} \tag{10.143}$$

式 (10.139) に式 (10.138) を代入すると

$$p_2 = p_1 + \rho_1 u_1 (u_1 - u_2) \tag{10.144}$$

式 (10.143),(10.144) を式 (10.142) に代入し,u_2 に関して整理すると次式となる。

$$\frac{\kappa + 1}{2\kappa} u_2^2 - \left(1 + \frac{p_1}{\rho_1 u_1^2}\right) u_1 u_2 + \left(\frac{\kappa - 1}{2\kappa} + \frac{p_1}{\rho_1 u_1^2}\right) u_1^2 = 0 \tag{10.145}$$

式 (10.145) は u_2 に関する二次方程式であり

$$(u_2 - u_1)\left\{\frac{\kappa + 1}{2\kappa} u_2 - \left(\frac{\kappa - 1}{2\kappa} + \frac{p_1}{\rho_1 u_1^2}\right) u_1\right\} = 0 \tag{10.146}$$

と変形できるが,$u_1 > u_2$ であるため

$$u_2 = \left(\frac{\kappa - 1}{\kappa + 1} + \frac{2\kappa}{\kappa + 1}\frac{p_1}{\rho_1 u_1^2}\right) u_1 \tag{10.147}$$

式 (10.147) を式 (10.143),(10.144) に代入すると,それぞれ次式が得られる。

$$\rho_2 = \rho_1 \Big/ \left(\frac{\kappa - 1}{\kappa + 1} + \frac{2\kappa}{\kappa + 1}\frac{p_1}{\rho_1 u_1^2}\right) \tag{10.148}$$

$$p_2 = \left(\frac{1 - \kappa}{\kappa + 1} + \frac{2}{\kappa + 1}\frac{\rho_1 u_1^2}{p_1}\right) p_1 \tag{10.149}$$

式 (10.147)〜(10.149) から $p_1/(\rho_1 u_1^2)$ を消去すると次式が得られる。

$$\frac{\rho_2}{\rho_1} = \frac{u_1}{u_2} = \frac{\dfrac{\kappa + 1}{\kappa - 1}\dfrac{p_2}{p_1} + 1}{\dfrac{\kappa + 1}{\kappa - 1} + \dfrac{p_2}{p_1}} \tag{10.150}$$

$$\frac{T_2}{T_1} = \frac{\dfrac{\kappa+1}{\kappa-1} + \dfrac{p_2}{p_1}}{\dfrac{\kappa+1}{\kappa-1} + \dfrac{p_1}{p_2}} \tag{10.151}$$

式 (10.150), (10.151) はランキン・ユゴニオ (Rankine-Hugoniot) の関係式と呼ばれる。

衝撃波上流のマッハ数を M_1 とすると

$$M_1 = \frac{u_1}{a_1} = u_1 \bigg/ \sqrt{\kappa \frac{p_1}{\rho_1}} \tag{10.152}$$

したがって次式が得られる。

$$\frac{p_1}{\rho_1 u_1^2} = \frac{1}{\kappa M_1^2} \tag{10.153}$$

式 (10.153) を式 (10.147) ~ (10.149) に代入すると，衝撃波上流と下流の密度比，流速比，圧力比，温度比が M_1 を用いてつぎのように表される。

$$\frac{\rho_1}{\rho_2} = \frac{u_2}{u_1} = \frac{\kappa-1}{\kappa+1} + \frac{2}{\kappa+1}\frac{1}{M_1^2} \tag{10.154}$$

$$\frac{p_2}{p_1} = 1 + \frac{2\kappa}{\kappa+1}(M_1^2 - 1) \tag{10.155}$$

$$\frac{T_2}{T_1} = \frac{p_2}{p_1}\frac{\rho_1}{\rho_2} = 1 + \frac{2(\kappa-1)}{(\kappa+1)^2}\left(\kappa + \frac{1}{M_1^2}\right)(M_1^2 - 1) \tag{10.156}$$

これらの式より $M_1 > 1$ である超音速流れに衝撃波が生じると，密度，圧力，温度は増加し，流速は減少することがわかる。また，次式で定義される衝撃波による圧力増加の割合は衝撃波の強さと呼ばれる。

$$\frac{\Delta p}{p_1} = \frac{p_2 - p_1}{p_1} = \frac{2\kappa}{\kappa+1}(M_1^2 - 1) \tag{10.157}$$

衝撃波下流のマッハ数を M_2 とすると

$$M_2 = \frac{u_2}{a_2} = u_2 \bigg/ \sqrt{\kappa \frac{p_2}{\rho_2}} \tag{10.158}$$

であり，次式が成り立つ。

$$\left(\frac{M_2}{M_1}\right)^2 = \left(\frac{u_2}{u_1}\right)^2 \left(\frac{a_1}{a_2}\right)^2 = \left(\frac{\rho_1}{\rho_2}\right)^2 \frac{p_1}{\rho_1}\frac{\rho_2}{p_2} = \frac{\rho_1}{\rho_2}\frac{p_1}{p_2} \tag{10.159}$$

したがって式 (10.154), (10.155) を式 (10.159) に代入すると次式が得られる。

$$M_2^2 = \frac{(\kappa-1)M_1^2 + 2}{2\kappa M_1^2 + 1 - \kappa} \tag{10.160}$$

式 (10.160) より $M_1 > 1$ のとき $M_2 < 1$ となる。すなわち垂直衝撃波により超音速流れ

は亜音速流れに減速される．衝撃波によるエントロピーの増加量は，式 (10.44)，(10.154)，(10.155) を用いると次式となる．

$$\Delta s = s_2 - s_1 = c_v \ln\left[\frac{p_2}{p_1}\left(\frac{\rho_1}{\rho_2}\right)^\kappa\right]$$

$$= \frac{R}{\kappa-1}\ln\left[\left\{1+\frac{2\kappa}{\kappa+1}(M_1^2-1)\right\}\left(\frac{\kappa-1}{\kappa+1}+\frac{2}{\kappa+1}\frac{1}{M_1^2}\right)^\kappa\right] \quad (10.161)$$

式 (10.142) と (10.119) より次式が成り立つ．

$$\frac{u_1^2}{2} + \frac{\kappa}{\kappa-1}\frac{p_1}{\rho_1} = \frac{\kappa+1}{\kappa-1}\frac{a^{*2}}{2} ,$$

$$\frac{u_2^2}{2} + \frac{\kappa}{\kappa-1}\frac{p_2}{\rho_2} = \frac{\kappa+1}{\kappa-1}\frac{a^{*2}}{2} \quad (10.162)$$

式 (10.162) の第 1 式には $2\rho_1$ を，第 2 式には $2\rho_2$ を乗じ，これらの式に式 (10.138) を用いると，それぞれの式は次式となる．

$$\rho_2 u_1 u_2 + \frac{2\kappa}{\kappa-1}p_1 = \frac{\kappa+1}{\kappa-1}\rho_1 a^{*2} ,$$

$$\rho_1 u_1 u_2 + \frac{2\kappa}{\kappa-1}p_2 = \frac{\kappa+1}{\kappa-1}\rho_2 a^{*2} \quad (10.163)$$

これらの 2 式の辺々の差をとると，つぎのようになる．

$$-(\rho_1-\rho_2)u_1 u_2 + \frac{2\kappa}{\kappa-1}(p_1-p_2) = \frac{\kappa+1}{\kappa-1}(\rho_1-\rho_2)a^{*2} \quad (10.164)$$

一方，式 (10.138)，(10.139) より次式が得られる．

$$p_1 - p_2 = u_1 u_2(\rho_1 - \rho_2) \quad (10.165)$$

式 (10.164) に式 (10.165) を代入すると次式となる．

$$u_1 u_2 = a^{*2} \quad (10.166)$$

式 (10.166) はプラントル (Prandtl) の関係式またはマイヤー (Meyer) の関係式と呼ばれる．

10.4.2　斜め衝撃波の理論

図 10.12 (a) に示した物体まわりの超音速流れでは，前縁近傍の衝撃波は垂直衝撃波となっている．一方，前縁から離れた位置の衝撃波は流れの向きに対して斜めに傾いているが，このような衝撃波は一般に斜め衝撃波（oblique shock wave）と呼ばれ，**図 10.14** (a) は前縁から発生する斜め衝撃波を示す．斜め衝撃波上流（添え字 1）と下流（添え字 2）の流速 q を図 (b) のように衝撃波に垂直な成分 u と平行な成分 v に分解する．図中の β は衝撃波上流の

10.4 衝撃波

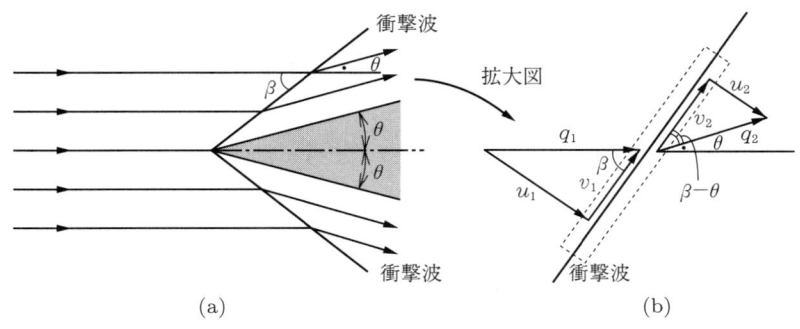

図 10.14 斜め衝撃波

流速と衝撃波のなす角で衝撃波角と呼ばれ，θ は衝撃波を通過することによる流速のふれ角で偏角と呼ばれる。

図 (b) 中の破線で示されるように，斜め衝撃波を囲む薄い検査空間をとる。このとき，連続の式は

$$\rho_1 u_1 = \rho_2 u_2 \tag{10.167}$$

であり，斜め衝撃波に垂直な成分と平行な成分に関する運動量の式はそれぞれ

$$p_1 + \rho_1 u_1^2 = p_2 + \rho_2 u_2^2 \tag{10.168}$$

$$\rho_1 u_1 v_1 = \rho_2 u_2 v_2 \tag{10.169}$$

となる。エネルギー式は

$$\frac{q_1^2}{2} + \frac{\kappa}{\kappa-1}\frac{p_1}{\rho_1} = \frac{q_2^2}{2} + \frac{\kappa}{\kappa-1}\frac{p_2}{\rho_2} = \frac{\kappa+1}{\kappa-1}\frac{a^{*2}}{2} \tag{10.170}$$

となる。式 (10.167) を式 (10.169) に代入すると次式が得られる。

$$v_1 = v_2 = v \tag{10.171}$$

一方

$$q_1^2 = u_1^2 + v_1^2 = u_1^2 + v^2 \ , \ \ q_2^2 = u_2^2 + v_2^2 = u_2^2 + v^2 \tag{10.172}$$

であるため，式 (10.172) を式 (10.170) に代入すると次式が得られる。

$$\frac{u_1^2}{2} + \frac{\kappa}{\kappa-1}\frac{p_1}{\rho_1} = \frac{u_2^2}{2} + \frac{\kappa}{\kappa-1}\frac{p_2}{\rho_2} = \frac{\kappa+1}{2(\kappa-1)}\left(a^{*2} - \frac{\kappa-1}{\kappa+1}v^2\right) \tag{10.173}$$

式 (10.167), (10.168), (10.173) を垂直衝撃波に対する基礎式 (10.138), (10.139), (10.142)〔または式 (10.162)〕と比較すると，垂直衝撃波での a^{*2} が斜め衝撃波では $a^{*2} - \{(\kappa-1)/(\kappa+1)\}v^2$ となる以外は完全に一致する。したがって，斜め衝撃波における関係式は，垂直衝撃波に対する関係式の応用により求められる。ランキン・ユゴニオの関係式 (10.150), (10.151)

は a^* に無関係に導かれるため,斜め衝撃波についても成り立つ.衝撃波上流と下流のマッハ数 M_1, M_2 は,斜め衝撃波についてはそれぞれ次式となる.

$$M_1 = \frac{q_1}{a_1} = q_1 \Big/ \sqrt{\kappa \frac{p_1}{\rho_1}} \quad , \quad M_2 = \frac{q_2}{a_2} = q_2 \Big/ \sqrt{\kappa \frac{p_2}{\rho_2}} \tag{10.174}$$

一方,図 10.14 (b) に示される速度成分の関係より

$$q_1 \sin\beta = u_1 \quad , \quad q_2 \sin(\beta - \theta) = u_2 \tag{10.175}$$

式 (10.175) を式 (10.174) に代入すると,それぞれ次式となる.

$$M_1 \sin\beta = \frac{u_1}{a_1} \quad , \quad M_2 \sin(\beta - \theta) = \frac{u_2}{a_2} \tag{10.176}$$

式 (10.176) と式 (10.152), (10.158) とを比較すると,垂直衝撃波に対する関係式 (10.154) ～ (10.161) において,$M_1 \to M_1 \sin\beta$, $M_2 \to M_2 \sin(\beta - \theta)$ と書き換えることで,斜め衝撃波に対する関係式が得られることがわかる.また,プラントルの関係式 (10.166) は斜め衝撃波に対しては次式となる.

$$u_1 u_2 = a^{*2} - \frac{\kappa - 1}{\kappa + 1} v^2 \tag{10.177}$$

図 10.14 (b) よりつぎの関係が成り立つ.

$$\frac{u_1}{v_1} = \tan\beta \quad , \quad \frac{u_2}{v_2} = \tan(\beta - \theta) \tag{10.178}$$

したがって

$$\frac{u_2}{u_1} = \frac{\tan(\beta - \theta)}{\tan\beta} \tag{10.179}$$

式 (10.154) は斜め衝撃波に対して次式となる.

$$\frac{u_2}{u_1} = \frac{\kappa - 1}{\kappa + 1} + \frac{2}{\kappa + 1} \frac{1}{M_1^2 \sin^2\beta} \tag{10.180}$$

式 (10.179) と式 (10.180) を等置すると

$$\frac{\tan(\beta - \theta)}{\tan\beta} = \frac{\kappa - 1}{\kappa + 1} + \frac{2}{\kappa + 1} \frac{1}{M_1^2 \sin^2\beta} \tag{10.181}$$

となり,式 (10.181) を変形すると次式が得られる.

$$\tan\theta = \frac{2\cot\beta(M_1^2 \sin^2\beta - 1)}{M_1^2(\kappa + \cos 2\beta) + 2} \tag{10.182}$$

式 (10.182) は M_1 と β を与えて θ を求める式を表す.いま $\kappa = 1.4$ とし,M_1 をパラメータとした場合の衝撃波角 β と偏角 θ の関係を図 **10.15** に示す.式 (10.182) において $\beta = \pi/2$ および $\beta = \sin^{-1}(1/M_1)$ のとき $\theta = 0$ となり,それぞれは斜め衝撃波が垂直衝撃波および

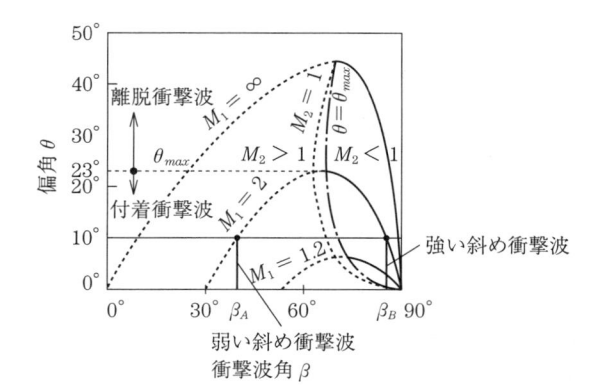

図 10.15 衝撃波角 β と偏角 θ の関係

マッハ波となる場合に対応する。β がこれらの間の値をとる場合，θ は図中の一点鎖線で示される最大値 θ_{max} をとる。したがって，与えられた M_1 に対して $\theta < \theta_{max}$ である場合には二つの β をとる。いま $M_1 = 2$ を例にとると，$\theta = 10°$ の場合は $\theta < \theta_{max}$ であるため，β には図中に示される二つの解 β_A，β_B が存在する。式 (10.157) は斜め衝撃波に対して次式となる。

$$\frac{\Delta p}{p_1} = \frac{2\kappa}{\kappa + 1}(M_1^2 \sin^2 \beta - 1) \tag{10.183}$$

式 (10.183) より β の大きいほうが衝撃波が強くなるため，大きな β から定まる衝撃波は強い斜め衝撃波（実線），小さな β から定まる衝撃波は弱い斜め衝撃波（破線）と呼ばれる。式 (10.160) は斜め衝撃波に対して次式となる。

$$M_2^2 \sin^2(\beta - \theta) = \frac{(\kappa - 1)M_1^2 \sin^2 \beta + 2}{2\kappa M_1^2 \sin^2 \beta + 1 - \kappa} \tag{10.184}$$

M_1 と β および式 (10.182) より定まる θ を用いて式 (10.184) より M_2 を求めると，図中の点線で示される $M_2 = 1$ となる線が求まり，この線より左側では $M_2 > 1$，右側では $M_2 < 1$ となる。したがって，強い衝撃波の下流はつねに亜音速であり，弱い衝撃波では，$M_2 = 1$ の線と $\theta = \theta_{max}$ の線の間の範囲では下流は亜音速となるが，この範囲を除いて下流の流れは超音速となる。このように，垂直衝撃波（$\beta = 90°$）の下流はつねに亜音速であるが，斜め衝撃波の下流は超音速となる（図 10.14 (b) において $q_2 > a_2$ となる）こともある。実際の流れにおいて強い衝撃波と弱い衝撃波のどちらが発生するかは下流の境界条件によって決まるが，一般には弱い衝撃波が発生することが多い。$\theta < \theta_{max}$ の場合は**図 10.16** のような付着衝撃波となる。一方，$\theta > \theta_{max}$ の場合，例えば $M_1 = 2$ に対して $\theta = 30°$ の場合は，図 10.15 のように交点が存在しない。この場合は図 10.16 のように衝撃波が弓形に湾曲した離脱衝撃波となる。なお，図 10.12 (a) のような鈍頭物体ではつねに離脱衝撃波となる。

(a) 付着衝撃波 (b) 離脱衝撃波

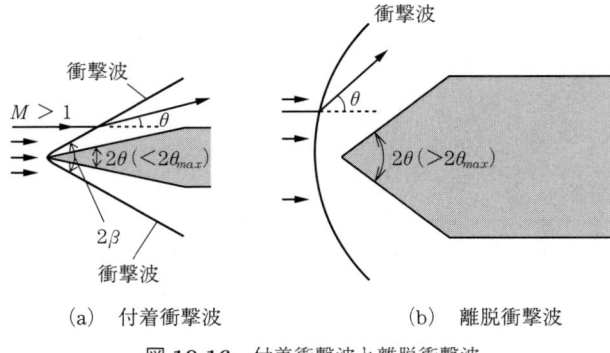

図 **10.16** 付着衝撃波と離脱衝撃波

章 末 問 題

【1】 20 °C, 1 atm ($= 1.013 \times 10^5$ Pa) における空気の密度およびその中を伝わる音の速さを求めよ。ただし,空気は理想気体とし,空気のモル質量 $m_a = 28.96 \times 10^{-3}$ kg/mol, 普遍気体定数 $R_u = 8.31$ J/molK とする。

【2】 圧縮性流体の一次元定常断熱・摩擦なし流れにおけるエネルギー保存式 $h + u^2/2 = $ const. を導け。ここに,h は比エンタルピー,u は流速である(ヒント:流体力学のオイラーの方程式と熱力学第一法則を組み合わせる)。つぎに,この断熱流れでは温度 T と圧力 p の間に $p/T^{\kappa/(\kappa-1)} = $ const. が成り立つことを示せ。κ は比熱比である。

【3】 流速 $u = 300$ m/s で流れている温度 $t = 20$ °C の空気流を障害物によって等エントロピー的にせき止めたとき,空気の温度はどれほど上昇するか。ただし,空気は理想気体とし,その定圧比熱 $c_p = 1006$ J/kgK は一定とする。

【4】 10 °C, 1 atm の大気中を飛んでいる小さい銃弾のシュリーレン写真から,マッハ角が 50° であることを知った。銃弾の速度とマッハ数を求めよ。

【5】 飛行機が頭上高度 3 000 m を 2 000 km/h の速度で水平に飛び去るとき,飛行機の通過後,エンジンの音が聞こえるまでの時間を求めよ。ただし,空気中の音速を 340 m/s とする。

【6】 大きなタンク内に蓄えられた圧力 $p_0 = 0.18$ MPa,温度 $T_0 = 350$ K の He ガスが出口直径 $d^* = 1$ cm の先細ノズルから大気中 ($p_a = 0.1013$ MPa) に噴出している。
(1) ノズル出口における流速 u^* を求めよ。
(2) 噴出ガスの体積流量 Q^* [m³/s] を求めよ。
ただし,比熱比 $\kappa = 1.67$,比気体定数 $R = 2.077 \times 10^3$ J/kgK とする。

【7】 密度 ρ_1,流速 u_1,圧力 p_1,温度 T_1 の理想気体の定常流れ中に垂直衝撃波が立っているとき,衝撃波背後の ρ_2, u_2, p_2, T_2 を既知量 ρ_1, u_1, p_1, T_1 によって表す式を求めよ(ヒント:衝撃波前後の質量,運動量,エネルギーの各保存方程式と状態方程式を連立させて解く)。つぎに,$\rho_1 = 1.18$ kg/m³,$u_1 = 800$ m/s,$p_1 = 0.1013$ MPa,$T_1 = 300$ K のとき,$\rho_2, u_2, p_2, T_2, M_2$ の数値を求めよ。ただし,比熱比 $\kappa = 1.4$ とする。

【8】 温度 0 °C,流速 300 m/s の空気流のよどみ点の温度を求めよ。また,気流中の圧力が 1 気圧であるとき,よどみ点の圧力を求めよ。ただし,等エントロピー変化を仮定し,空気の比

体定数を 287 J/(kgK),比熱比を 1.4 とする。

【9】 タンク内の温度 $T_0 = 290\,K$,圧力 p_0 の空気が,出口断面積 $16\,\mathrm{cm}^2$ の先細ノズルを通して気圧 $p_b = 102\,\mathrm{kPa}$ の大気中に放出される。
  (1) 流れがノズル出口でチョークする最小圧力 p_0 を求めよ。
  (2) $p_0 = 175\,\mathrm{kPa}$ のときの質量流量を求めよ。
  (3) $p_0 = 600\,\mathrm{kPa}$ のときの質量流量を求めよ。
  ただし,空気の比気体定数を 287 J/kgK,比熱比を 1.4 とする。

【10】 マッハ数 1.5,圧力 101 kPa,温度 293 K の空気流が,静止している垂直衝撃波を通過した。垂直衝撃波下流のマッハ数,圧力,流速を求めよ。

11 非定常流れ

11.1 水撃現象の理論

　図 11.1 のようにタンクからの水が弾性管内を速度 u で定常的に流れているとき，管端 C にある弁を瞬間的に閉じる。ここでは損失を無視し，弁を閉じる前の圧力は管内の至る所で p_0 であるとする。弁を瞬間的に閉じると管端 C 付近の流体は速度 u からゼロとなり，運動量がゼロとなるため圧力が Δp だけ上昇する。このとき後続の流体もつぎつぎに止められるので，Δp は上流側へ $a-u$ の速度で伝播する。ここに，a は静止流体中の圧力波の伝播速度である。この場合，流体が液体の場合の圧力上昇 Δp は流体が気体の場合よりはるかに大きくなるため，管路や弁が破損する等の事故の原因となることがある。このような現象は水撃（water hammer）と呼ばれる。なお油圧機器に発生する油撃も同様の現象である。この現象は液体が流れる弾性管内の波の伝播現象であり，ここでは圧力上昇 Δp と伝播速度 a を求める。

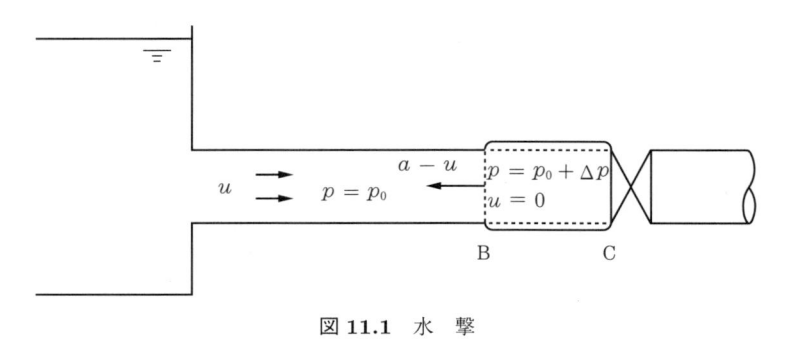

図 11.1　水　撃

　図 11.2 は速度 $a-u$ で左へ伝播する波面の近傍を表し，波面の左側の流体の流速，圧力，密度，管の断面積をそれぞれ u, p, ρ, A とし，波面の右側ではそれぞれが $0, p+dp, \rho+d\rho, A+dA$ となる。ただし，水撃では $u \ll a$, $d\rho \ll \rho$, $dA \ll A$ であるが dp は一般に微小量ではない。いま，波面の伝播速度 $a-u$ で左に移動する座標軸で考えると波面は静止し，管内

11.1 水撃現象の理論

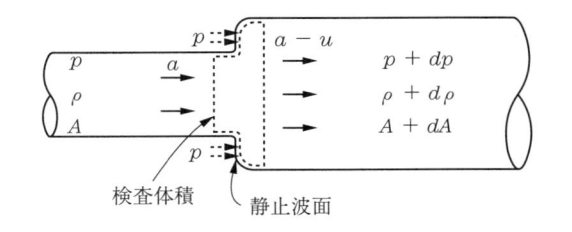

図 11.2 水撃波近傍の流れ（波面を静止させた場合）

の流れは定常流れとなる。このとき波面の左側の流速は a，右側の流速は $a - u$ となる。そこで検査空間を図中の破線のようにとると，連続の式は

$$\rho A a - (\rho + d\rho)(A + dA)(a - u) = 0 \tag{11.1}$$

であり，展開して整理すると

$$\rho A u - (a - u) d(\rho A) = 0 \tag{11.2}$$

となるが，$a \gg u$ であるため式 (11.2) は次式となる。

$$\rho A u = a d(\rho A) \tag{11.3}$$

運動量の式は

$$\rho A a^2 - (\rho + d\rho)(A + dA)(a - u)^2 + pA + pdA - (p + dp)(A + dA) = 0 \tag{11.4}$$

となる。ここに，pdA は管の急拡大部の肩部からの寄与を示す。式 (11.4) で圧力を含む項を整理すると次式となる。

$$\rho A a^2 - (\rho + d\rho)(A + dA)(a - u)^2 - (A + dA)dp = 0 \tag{11.5}$$

dp は微小量ではないが，$A \gg dA$ であるため $A + dA \fallingdotseq A$ となり，したがって

$$\rho A a^2 - (\rho + d\rho)(A + dA)(a - u)^2 - A dp = 0 \tag{11.6}$$

となる。式 (11.6) の左辺第 2 項に式 (11.1) を代入すると

$$\rho A a^2 - \rho A (a - u) a - A dp = 0 \tag{11.7}$$

したがって

$$dp = \rho a u \tag{11.8}$$

式 (11.8) は 10 章の式 (10.144) と同等であり，振幅 $dp (\Leftrightarrow p_2 - p_1)$，伝播速度 $a (\Leftrightarrow u_1)$ の波とそれによって誘起された流体速度 $u (\Leftrightarrow u_1 - u_2)$ との関係を与える。波の強さ（波のエネ

ルギー流束) I 〔W/m²〕は $I = udp$ であるから，式 (11.8) より $I = (dp)^2/\rho a$ となる。ρa は固有音響抵抗〔kg/m²s〕である。式 (11.3)，(11.8) より ρu を消去すると

$$\frac{1}{a^2} = \frac{1}{A}\frac{d(\rho A)}{dp} \tag{11.9}$$

したがって

$$\frac{1}{a^2} = \frac{\rho}{A}\frac{dA}{dp} + \frac{d\rho}{dp} \tag{11.10}$$

となる。式 (11.9) または式 (11.10) は流体で満たされた弾性管を伝わる圧力波の伝播速度を与える。式 (11.10) の右辺第 1 項は弾性管の断面積の膨脹と収縮の効果，第 2 項は流体の圧縮性の効果を表す。

まず，式 (11.10) の右辺第 1 項を考察する。管を薄肉円管として断面形状の変形を考える。管内径を D，肉厚を h，管の外圧を p_e とすると，**図 11.3** に示される力の釣合いより次式（ラプラスの式）が得られる。

$$(p - p_e)D = 2\sigma h \tag{11.11}$$

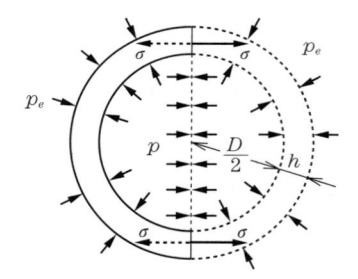

図 11.3 円管の内外圧差と円周方向応力の釣合い

ここに，σ は円周方向応力を示す。力の釣合いを導くには，単位長さの円管断面を二つに割って，片方の力の釣合いを考えればよい。圧力に関するパスカルの原理を用いる。いま，圧力が dp 変化し，そのために管径が dD，応力が $d\sigma$ だけ変化したとすると

$$(p + dp - p_e)(D + dD) = 2(\sigma + d\sigma)h \tag{11.12}$$

式 (11.11) との差をとると

$$Ddp + dDdp + (p - p_e)dD = 2hd\sigma \tag{11.13}$$

となるが，$D \gg dD$ であるため，式 (11.13) の左辺第 2, 3 項は第 1 項に比べて無視できるので

11.1 水撃現象の理論

$$Ddp = 2hd\sigma \tag{11.14}$$

管材料の縦弾性係数（ヤング率）を E とし，円周方向の応力とひずみの関係にフックの法則を適用すると，次式が成り立つ．

$$d\sigma = E\frac{\pi(D+dD) - \pi D}{\pi D} = E\frac{dD}{D} \tag{11.15}$$

一方

$$A = \frac{\pi}{4}D^2 \quad, \quad dA = \frac{\pi}{2}DdD \tag{11.16}$$

であるため，次式が成り立つ．

$$\frac{dA}{A} = 2\frac{dD}{D} \tag{11.17}$$

式 (11.17) を式 (11.15) に代入すると

$$d\sigma = \frac{E}{2A}dA \tag{11.18}$$

となり，式 (11.18) を式 (11.14) に代入して $d\sigma$ を消去すると，次式を得る．

$$\frac{dA}{dp} = \frac{DA}{Eh} \tag{11.19}$$

つぎに，式 (11.10) の右辺第 2 項の流体の圧縮性の効果については，流体の体積弾性率を K とすると次式が成り立つ．

$$\frac{d\rho}{dp} = \frac{\rho}{K} \tag{11.20}$$

式 (11.19)，(11.20) を式 (11.10) に代入すると次式が得られる．

$$\frac{1}{a^2} = \frac{1}{\frac{Eh}{\rho D}} + \frac{1}{\frac{K}{\rho}} \tag{11.21}$$

あるいは

$$a = \sqrt{\frac{\frac{K}{\rho}}{1 + \frac{KD}{Eh}}} \tag{11.22}$$

式 (11.22) で与えられる a が，流体で満たされた弾性円管内を伝播する波の速度である．この a を用いて圧力上昇は式 (11.8) より求められる．

剛管の場合は $E \to \infty$ となるため，式 (11.21) より

$$a = \sqrt{\frac{K}{\rho}} \tag{11.23}$$

式 (11.23) は流体中の音速を示す。

流体が非圧縮の場合は $K \to \infty$ となるため，式 (11.21) より

$$a = \sqrt{\frac{Eh}{\rho D}} \tag{11.24}$$

となる。この伝播速度はメンズ・コルトベーグ（Moens-Korteweg）速度と呼ばれる。

11.2 弾性管路内の圧力波の伝播

式 (11.21) は，水撃を波の伝播現象と考えてつぎのように導くこともできる。断面積が変化する管内の一次元流れの連続の式は

$$\frac{\partial}{\partial t}(\rho A) + \frac{\partial}{\partial x}(\rho u A) = 0 \tag{11.25}$$

オイラーの運動方程式は

$$\frac{\partial u}{\partial t} + u \frac{\partial u}{\partial x} = -\frac{1}{\rho}\frac{\partial p}{\partial x} \tag{11.26}$$

となる。さらに，式 (11.20)，および次式

$$\frac{dA}{dp} = C \tag{11.27}$$

を用いる。ここに，C は弾性管の単位長さ当たりのコンプライアンスである。式 (11.20) は流体密度が圧力のみで，式 (11.27) は管の断面積が圧力のみで決まることを示す。したがって，次式が成り立つ。

$$\frac{\partial \rho}{\partial t} = \frac{d\rho}{dp}\frac{\partial p}{\partial t} = \frac{\rho}{K}\frac{\partial p}{\partial t} \tag{11.28}$$

$$\frac{\partial A}{\partial t} = \frac{dA}{dp}\frac{\partial p}{\partial t} = C\frac{\partial p}{\partial t} \tag{11.29}$$

式 (11.28)，(11.29) を式 (11.25) に代入すると次式が得られる。

$$\rho\left(C + \frac{A}{K}\right)\frac{\partial p}{\partial t} + \frac{\partial}{\partial x}(\rho u A) = 0 \tag{11.30}$$

式 (11.26) と式 (11.30) は連立非線形偏微分方程式であり，このままでは解けない。そこで微小かく乱波を仮定して，これらの方程式を線形化する（「摂動法」と呼ばれる）。したがって

$$A = A_0 + A'(x,t), \quad \rho = \rho_0 + \rho'(x,t),$$
$$p = p_0 + p'(x,t), \quad u = u'(x,t) \tag{11.31}$$

とおく。ただし，$A' \ll A_0$，$\rho' \ll \rho_0$ とし，また図 11.1 では波が流速 u の流れ場中を伝播し

て流速がゼロとなる場合を示すが，ここでは波が静止流体中を伝播して波の下流で流速が u' となる場合を考えている。ただし p' だけは微小ではない。式 (11.31) を式 (11.30)，(11.26) に代入し，二次の微小項を無視して線形化すると，それぞれ次式となる。

$$\left(C + \frac{A_0}{K}\right)\frac{\partial p'}{\partial t} + A_0\frac{\partial u'}{\partial x} = 0 \tag{11.32}$$

$$\frac{\partial u'}{\partial t} + \frac{1}{\rho_0}\frac{\partial p'}{\partial x} = 0 \tag{11.33}$$

式 (11.32)，(11.33) は p'，u' に関する連立線形偏微分方程式である。式 (11.32) を t について偏微分したものから，式 (11.33) を x について偏微分したものに A_0 を掛けたものを引くことにより

$$\left(C + \frac{A_0}{K}\right)\frac{\partial^2 p'}{\partial t^2} = \frac{A_0}{\rho_0}\frac{\partial^2 p'}{\partial x^2} \tag{11.34}$$

となり，変形すると

$$\frac{\partial^2 p'}{\partial t^2} = \frac{1}{\frac{\rho_0 C}{A_0} + \frac{\rho_0}{K}}\frac{\partial^2 p'}{\partial x^2} \tag{11.35}$$

となる。式 (11.35) は p' に関する波動方程式であり，伝播速度 a は次式より求められる。

$$a^2 = \frac{1}{\frac{\rho_0 C}{A_0} + \frac{\rho_0}{K}} \tag{11.36}$$

一方，式 (11.19)，(11.27) より次式が成り立つ。ただし，D_0 は管内径である。

$$C = \frac{D_0 A_0}{Eh} \tag{11.37}$$

式 (11.37) を式 (11.36) に代入すると

$$a^2 = \frac{1}{\frac{\rho_0 D_0}{Eh} + \frac{\rho_0}{K}} \tag{11.38}$$

となり，変形すると

$$\frac{1}{a^2} = \frac{1}{\frac{Eh}{\rho_0 D_0}} + \frac{1}{\frac{K}{\rho_0}} \tag{11.39}$$

となる。式 (11.39) の ρ_0，D_0 は式 (11.21) の ρ，D と同じ意味を持つため，これらの式は一致する。

管の断面積 A が変化しない場合にも式 (11.8) は成り立ち，また式 (11.10) は次式となる。

$$a^2 = \frac{dp}{d\rho} \tag{11.40}$$

そこで式 (11.8), (11.40) の簡単な導出法をつぎに示す。

図 **11.4** のように，断面積 A の剛管内の静止流体中を伝播する波が時刻 t で位置 B にあり，時刻 $t + \Delta t$ で位置 C まで進んだとする。このとき伝播速度 a は次式で与えられる。

$$a = \frac{\Delta x}{\Delta t} \tag{11.41}$$

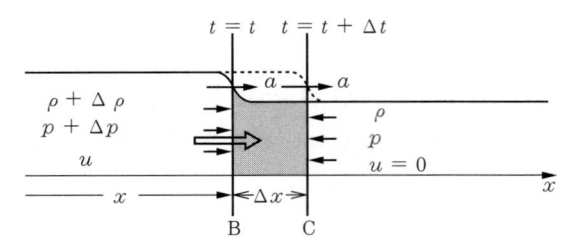

図 **11.4** 水撃波前後の流れ

BC 間で囲まれた領域を検査空間とすると，時間 Δt の間に B から流入する質量により検査空間内の密度は ρ から $\rho + \Delta \rho$ となるため，質量の保存は次式で表される。

$$(\rho + \Delta\rho)Au\Delta t = A\Delta x \Delta\rho \tag{11.42}$$

式 (11.42) に式 (11.41) を代入すると，つぎのようになる。

$$\rho u = a\Delta\rho \tag{11.43}$$

つぎに，ニュートンの運動方程式を当てはめよう。時間 Δt の間に検査空間中の流速はゼロから u となり，この加速は B と C に作用する圧力差に起因するため，次式が成り立つ。

$$\rho A \Delta x \frac{u}{\Delta t} = A(p + \Delta p) - Ap \tag{11.44}$$

式 (11.44) より式 (11.8) に対応する次式が得られる。

$$\Delta p = \rho a u \tag{11.45}$$

式 (11.45) と式 (11.43) より，式 (11.40) に対応する次式が得られる。

$$a^2 = \frac{\Delta p}{\Delta \rho} \tag{11.46}$$

11.3 水撃波伝播に伴う流速，管内圧，管断面積の時間的変化

図 11.5(a) に示されるように，タンクから弾性管内への流速 u と圧力 p_0 が至る所で一定な定常水流において，時刻 $t = 0$ のときに点 C の弁を瞬間的に閉じたときの管内の圧力と流速，および管断面積の時間的変化を考える．図 (b) のように $0 < t < l/a$ では先頭波面の

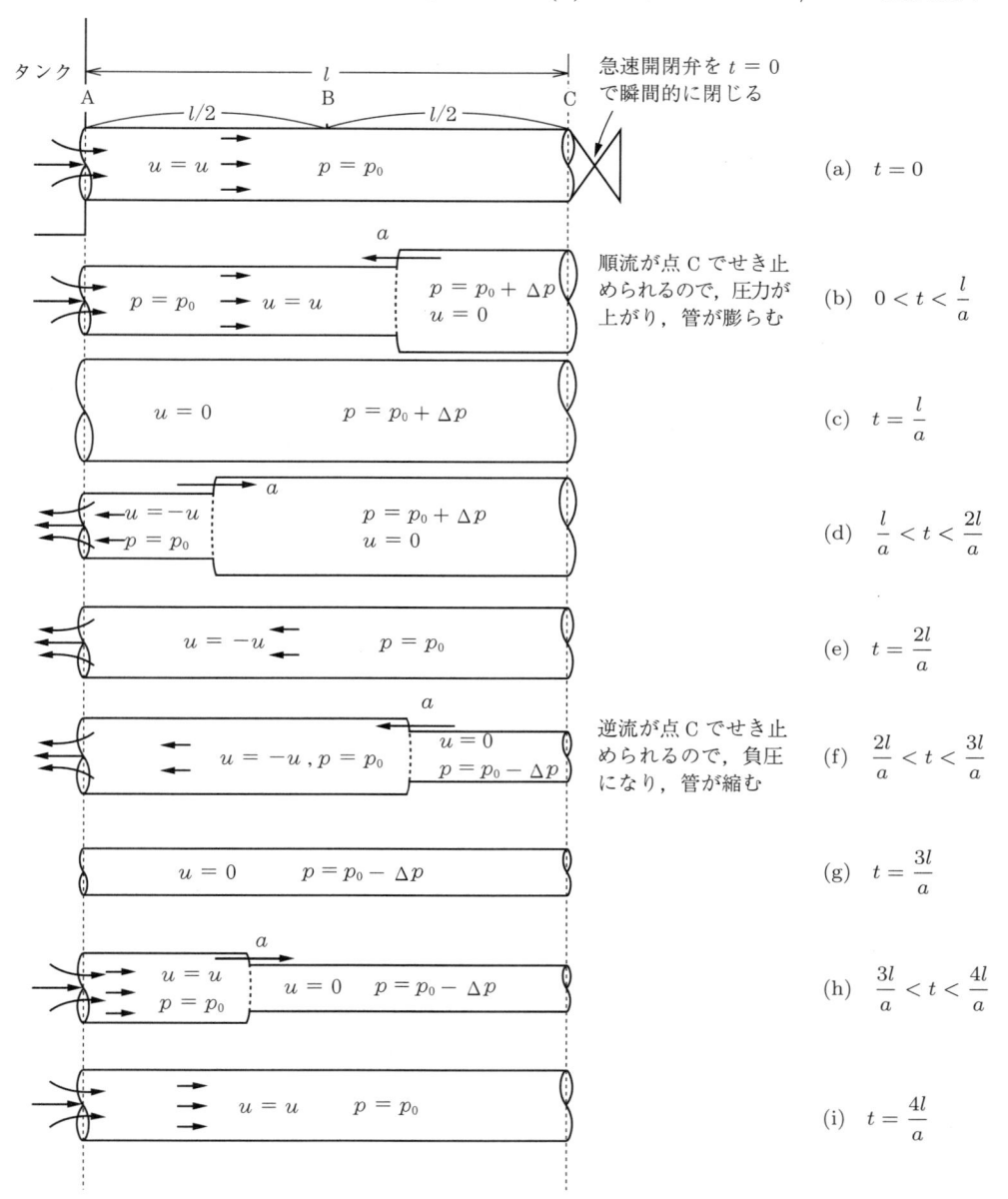

図 11.5 水撃における波の伝播と反射

右側の圧力は $p_0 + \Delta p$,流速はゼロとなり,流れが静止した領域は速度 a で左方向にひろがる。図 (c) のように $t = l/a$ では先頭波面が管左端のタンクに開口する点 A に到達し,管全体で圧力は $p_0 + \Delta p$ で流れは静止する。このとき開口端で波の反射が起こるが,開口端における圧力はつねに p_0 であるため,反射波により生じる圧力も p_0 となる。また,管内の圧力 $p_0 + \Delta p$ は開口端の圧力 p_0 より Δp だけ高圧であるため,開口端では逆流 $-u$ が起こり,この逆流が右へ反射する。図 (d) のように $l/a < t < 2l/a$ では圧力が p_0,流速が $-u$ の領域が速度 a で右に拡大する。図 (e) のように $t = 2l/a$ では反射波の先頭波面が閉鎖端 C に到達し,管全体で圧力が p_0,流速が $-u$ となる。このとき閉鎖端で波の反射が起こるが,閉鎖端における流速はつねにゼロであるため,反射波により生じる流速もゼロとなる。また閉鎖端で $-u$ の流速がゼロとなるため圧力は低下し,その低下量は Δp であるため,反射波により生じる圧力は $p_0 - \Delta p$ となる。図 (f) のように $2l/a < t < 3l/a$ では圧力が $p_0 - \Delta p$,流速がゼロの領域が速度 a で左に拡大する。図 (g) のように $t = 3l/a$ では反射波の先頭波面が開口端に到達し,管全体で圧力が $p_0 - \Delta p$,流速がゼロとなる。図 (h) のように $3l/a < t < 4l/a$ では圧力が p_0,流速が u の領域が速度 a で右に拡大する。図 (i) のように $t = 4l/a$ では反射波の先頭波面が閉鎖端に到達し,管全体で圧力が p_0,流速が u となり,$t = 0$ の状態に戻る。このように $4l/a$ を周期として,管内の流れおよび管の断面積は同じ変化を繰り返す。

図 11.5 中の点 A,B,C における圧力の時間的変化を図 11.6(a),点 B における流速の時間的変化を図 (b) に示す。

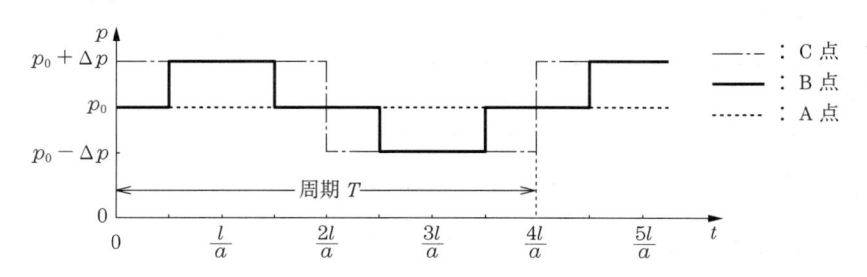

(a) 点 A,B,C における圧力の時間的変化

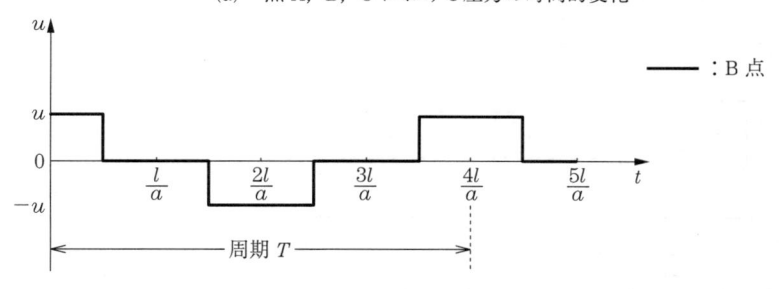

(b) 点 B における流速の時間的変化

図 11.6 水撃による圧力と流速の時間的変化

章 末 問 題

【1】 管路内を速度 u で流れている密度 ρ の液流を，管下流端の弁を瞬間的に閉じてせき止めたときの圧力上昇 Δp を表す式を導け．ただし，管路中の圧力波の伝播速度を a とする．つぎに，$u = 3.5\,\mathrm{m/s}$, $\rho = 1000\,\mathrm{kg/m^3}$, $a = 1250\,\mathrm{m/s}$ のときの Δp の値を求めよ．

【2】 管路内を速度 u で流れている密度 ρ の液流を，管下流端の弁を瞬間的に閉じてせき止めると水撃が発生し，管内の圧力 p と流速は時間とともに大きく変動する．両者の時間的変動波形を描き，経過を説明せよ．ただし，u は管路中の圧力波の伝播速度 a に比べて無視できるほど小さいものとする．

【3】 (1) 水中の音速を求めよ．ただし，水の体積弾性率を $2.2\,\mathrm{GPa}$, 密度を $1000\,\mathrm{kg/m^3}$ とする．
(2) 内径 $10\,\mathrm{cm}$, 厚さ $1\,\mathrm{cm}$ の鋳鉄製円管内に水が満たされている．この管内での圧力波の伝播速度を求めよ．ただし，鋳鉄の縦弾性係数を $92\,\mathrm{GPa}$ とする．
(3) 内径 $10\,\mathrm{cm}$, 厚さ $1\,\mathrm{cm}$ のゴム製円管内に水が満たされた場合の圧力波の伝播速度を求めよ．ただし，ゴムの縦弾性係数を $3.5\,\mathrm{MPa}$ とする．

章末問題解答

1章

【1】 $392\,\mathrm{kPa}$

【2】 $\tau_0 = 20.25\,\mathrm{Pa}$, $S = 0.1376\,\mathrm{m}^2$, $F = \tau_0 S$ より $F = 2.79\,\mathrm{N}$

【3】 $0.997\,\mathrm{m}^3$

2章

【1】 (a) $p = p_0 + \rho gh$ (b) $p = p_0 + g(\rho' h' - \rho h)$
(c) $p_1 - p_2 = gh_1(\rho_2 - \rho_1) + gh_2(\rho - \rho_2)$

【2】 (a) $1.21 \times 10^5\,\mathrm{Pa}$ (b) $1.87 \times 10^5\,\mathrm{Pa}$

【3】 $2\sigma_\theta lt = l \int_{-\pi/2}^{\pi/2} \Delta p \cos\theta r_0 d\theta$, $\pi d \cdot t \cdot \sigma_z = \dfrac{\pi d^2 \Delta p}{4}$, $\sigma_\theta = \dfrac{1}{2}\dfrac{\Delta pd}{t}$, $\sigma_z = \dfrac{1}{4}\dfrac{\Delta pd}{t}$
∴ $\sigma_\theta = 2\sigma_z$ よって裂け目は管軸方向に走る。

【4】 平衡位置からのずれを z として，z に関する微分方程式を立てる。
$$f = \dfrac{1}{2\pi}\sqrt{\dfrac{\rho_w Ag}{m}} = \dfrac{1}{2\pi}\sqrt{\dfrac{g}{l}} = 1.11\,\mathrm{Hz}$$

【5】 (a) $p = p_0 + \rho gH$ (b) $p = p_0 - \rho gH$ (c) $p = p_0 + \rho' gH' - \rho gH$
(d) $p_1 - p_2 = (\rho - \rho')gH$

【6】 $\dfrac{dT}{dz} = -\dfrac{n-1}{n}\dfrac{g}{R} = -6.5 \times 10^{-3}\,\mathrm{K/m} \to n = 1.235$, $\dfrac{p}{p_0} = \left(1 - \dfrac{n-1}{n}\dfrac{g}{RT_0}z\right)^{\frac{n}{n-1}}$
ただし添え字 0 は，$z = 0$（海面上）を表す。

【7】 $139\,\mathrm{kPa}$

3章

【1】 略。

【2】 $Re = 12\,000$，乱流。

4章

【1】 $u = 36.1\,\mathrm{m/s}$

【2】 単位時間当たりの運動量の保存則を用いる。流体が板に及ぼす力を F とする。**解図 4.1** を参照のこと。
$$F_x = \rho Au^2(1 - \cos\theta),\ F_y = -\rho Au^2 \sin\theta,\ F = \sqrt{F_x^2 + F_y^2}$$

【3】 $Q = 1.99 \times 10^{-2}\,\mathrm{m}^3/\mathrm{s}$

【4】 $n = 6.62\,\mathrm{Hz}$ (=397 rpm), $T = 0.098\,\mathrm{N\cdot m}$, $n = \dfrac{v \sin\theta}{\pi l}$, $T = \rho Qlv \sin\theta$, $Q = \dfrac{\pi}{4}d^2 v$

【 5 】 解図 4.2 を参照のこと。

【 6 】 $v_2 = 3.55\,\text{m/s},\ p_2 = 135\,\text{kPa}$

【 7 】 $v_1 = 2.47\,\text{m/s},\ v_2 = 9.88\,\text{m/s}$

【 8 】 $3\,140\,\text{N}$

【 9 】 $0.035\,4\,\text{m}^3/\text{s}$

【10】 $190\,\text{mm}$

【11】 つぎの式を導くこと。$t_0 = \dfrac{1}{C}\sqrt{\dfrac{2}{g}}\left(\dfrac{D}{d}\right)^2 \sqrt{h_0},\ t_0 = 2\,187\,\text{s}\ (= 36.5\,\text{min})$

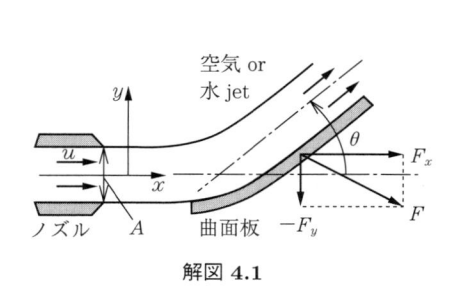

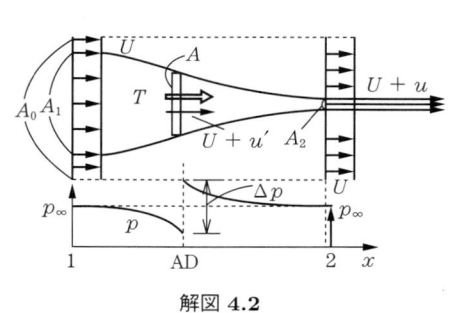

解図 4.1

解図 4.2

5章

【 1 】 $u = \dfrac{-1}{4\mu}\dfrac{dp}{dz}(r_2^2 - r_1^2)\left\{\dfrac{r_2^2 - r^2}{r_2^2 - r_1^2} - \ln\left(\dfrac{r_2}{r}\right)\Big/\ln\left(\dfrac{r_2}{r_1}\right)\right\}$, または

$u = \dfrac{1}{4\mu}\dfrac{dp}{dz}(r_2^2 - r_1^2)\left\{\dfrac{r^2 - r_1^2}{r_2^2 - r_1^2} - \ln\left(\dfrac{r}{r_1}\right)\Big/\ln\left(\dfrac{r_2}{r_1}\right)\right\}$

【 2 】 $\delta^* = \displaystyle\int_0^\delta \left(1 - \dfrac{u(y)}{U}\right)dy,\ \delta^* = \dfrac{3}{10}\delta$

【 3 】 dy 部分の質量流量の減少量は $\rho(U-u)dy$ である。この流体は速度 u を持っているので運動量の減少量は $\rho u(U-u)dy$ となる。これを $0 \to \delta$ まで積分する。解図 5.1 を参照のこと。

$$\theta = \int_0^\delta \dfrac{u(y)}{U}\left(1 - \dfrac{u(y)}{U}\right)dy,\ \theta = \dfrac{2}{15}\delta$$

【 4 】 $\delta_{l,L/2} = 5.0\,\text{mm},\ \delta_{l,L} = 7.07\,\text{mm}$, 片面の $D = b\displaystyle\int_0^l \tau_l\,dx = 0.601\,\text{N}$

【 5 】 $\delta_{t,L/2} = 8.73\,\text{mm},\ \delta_{t,L} = 15.2\,\text{mm}$, 片面の $D = b\displaystyle\int_0^l \tau_t\,dx = 72.5\,\text{N}$

【 6 】 解図 5.2 を参照のこと。$v_x = A\exp[i(kz - \omega t)]$ を代入すると

$$k^2 = \dfrac{i\omega}{\nu},\ k = \pm\sqrt{\dfrac{\omega}{2\nu}}(1+i)$$

$$\therefore v_x = U_0 e^{-\sqrt{\frac{\omega}{2\nu}}z}\cos\left(\sqrt{\dfrac{\omega}{2\nu}}z - \omega t\right)$$

【 7 】 $a = -2,\ b = 0,\ c = 2,\ d = 0$

解図 5.1

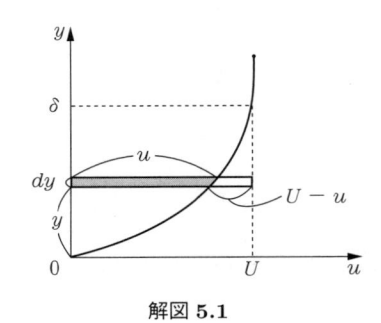

解図 5.2

6 章

【1】 乱流, $\Delta p = 407\,\text{kPa}$

【2】 層流, $\Delta p = 1.03\,\text{kPa}$

【3】 $0.219\,\text{m}$

【4】 (1) $0.024\,\text{m}$ (2) $23\,900$ (3) $0.053\,9\,\text{m}$

7 章

【1】 $D = 313.5\,\text{N}$, $W = 7.84\,\text{kW}$

【2】 解図 7.1 を参照のこと。$y_{max} = 42.3\,\text{mm}$, $a_{max} = 5.28 \times 10^7\,\text{Pa}$

【3】 $108\,\text{N}$

【4】 $111\,\text{kN}$, $8.64\,\text{kN}$

【5】 (1) $0.037\,7\,\text{m}^2/\text{s}$ (2) $170\,\text{N}$

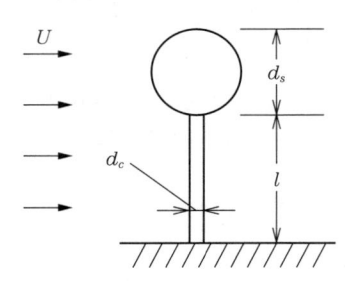

解図 7.1

8 章

【1】 $Fr = 0.158$, $v_{model} = 0.926\,\text{m/s}$

【2】 $Q = 2\pi R b v$ より $Q \approx l^2 v$, $v \approx v_\theta = 2\pi R n$ より $v \approx ln$, オイラー数 $Eu = \Delta p / \rho v^2 = \rho g H / \rho v^2$, よって, $n_s = Eu^{-3/4}$。解図 8.1 を参照のこと。

【3】 $22.5\,\text{m/s}$

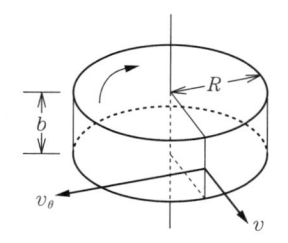

解図 8.1

9章

【1】 (1) $xy = \dfrac{\psi}{2U}$（直角双曲線群）。**解図 9.1** を参照のこと。

(2) $x^2 + \left(y + \dfrac{m}{2\psi}\right)^2 = \left(\dfrac{m}{2\psi}\right)^2$（$y$ 軸上に中心を持ち，x 軸に接する円群）。図 9.19 を参照のこと。

【2】 二つの渦は連れ立って平行移動する。**解図 9.2** を参照のこと。

【3】 $y = x\tan\alpha + \dfrac{\psi}{U\cos\alpha}$。図 9.12 を参照のこと。

【4】 (1) $\theta = \dfrac{2\pi}{q}\psi$，$v_r = \dfrac{1}{r}\dfrac{\partial\psi}{\partial\theta} = \dfrac{q}{2\pi r}$，$v_\theta = -\dfrac{\partial\psi}{\partial r} = 0$（原点より出る放射状直線群）。図 9.14 を参照のこと。

(2) $r = \exp\left(-\dfrac{2\pi}{\Gamma}\psi\right)$，$v_r = 0$，$v_\theta = \dfrac{\Gamma}{2\pi r}$（原点を中心とする同心円群，反時計回り）。図 9.15 を参照のこと。

【5】 $w = U\left(z + \dfrac{r_0^2}{z}\right)$，$p = p_\infty + \dfrac{1}{2}\rho U^2(1 - 4\sin^2\theta)$。静圧分布図は，図 7.5 を参照のこと。

【6】 **解図 9.3** に示すように，二つの渦はたがいのまわりを回転する。

【7】 $z = be^{i\theta}$，$\xi^2 \Big/ \left(b + \dfrac{a^2}{b}\right)^2 + \eta^2 \Big/ \left(b - \dfrac{a^2}{b}\right)^2 = 1$（楕円）。図形は，図 9.26 を参照のこと。

【8】 $v_\theta = 2U\sin\theta + r_0\omega$ より

(1) ベルヌーイ式：$\dfrac{1}{2}\rho_a U^2 + p_\infty = \dfrac{1}{2}\rho_a v_\theta^2 + p$

$$L = -\int_0^{2\pi}(p - p_\infty)r_0\sin\theta\, d\theta = 2\pi r_0^2 \rho_a U\omega$$

(2) $\Gamma = 2\pi r_0^2\omega$，$L = \rho_a U\Gamma = 2\pi r_0^2 \rho_a U\omega$

【9】 (1) 渦度 $\zeta = 0$ を示す。 (2) $\phi = \dfrac{x^3}{3} - xy^2$ (3) $\dfrac{\partial u}{\partial x} + \dfrac{\partial v}{\partial y} = 0$ を示す。

(4) $\psi = x^2 y - \dfrac{y^3}{3}$ (5) $\dfrac{z^3}{3}$

【10】 (1) $w = \dfrac{q}{2\pi}\ln(z^2 - a^2)$ (2) y 軸上で x 方向速度がゼロとなることを示す。

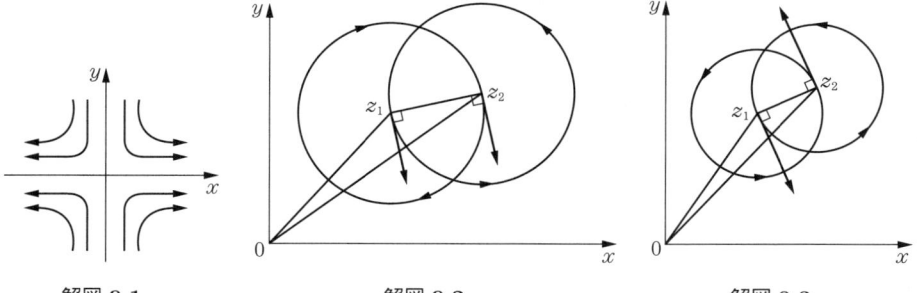

解図 9.1　　解図 9.2　　解図 9.3

10章

【1】 $\rho = 1.20(4)\,\text{kg/m}^3,\ a = 343(.2)\,\text{m/s}$

ただし，$T\,[\text{K}] = 273.15 + t\,[^\circ\text{C}]$，水の三重点 $(0.01^\circ\text{C},\ 4.58\,\text{Torr})$ を $273.16\,\text{K}$ と定めている。

【2】 $\rho u\,du = -dp,\ dq = de + p\,dv,\ h = e + pv$ を利用する。

【3】 $\Delta T = 44.7\,\text{K}$

【4】 $v = 440(.3)\,\text{m/s},\ M = 1.31$

【5】 $t = 6.98\,\text{s}$。解図 **10.1** を参照のこと。

【6】 (1) $u^* = 864\,\text{m/s}$ (2) $Q^* = 0.0679\,\text{m}^3/\text{s}$

【7】 $u_2 = \left\{\dfrac{\kappa-1}{\kappa+1} + \dfrac{2\kappa}{\kappa+1}\dfrac{p_1}{\rho_1 u_1^2}\right\} u_1,\ p_2 = \left\{-\dfrac{\kappa-1}{\kappa+1} + \dfrac{2}{\kappa+1}\dfrac{\rho_1 u_1^2}{p_1}\right\} p_1,$

$\rho_2 = \left\{\dfrac{\kappa-1}{\kappa+1} + \dfrac{2\kappa}{\kappa+1}\dfrac{p_1}{\rho_1 u_1^2}\right\}^{-1} \rho_1,$

$\dfrac{T_2}{T_1} = 1 + \dfrac{2\kappa(\kappa-1)}{(\kappa+1)^2}\left(1 + \dfrac{p_1}{\rho_1 u_1^2}\right)\left(\dfrac{\rho_1 u_1^2}{\kappa p_1} - 1\right)$

$u_2 = 258.4\,\text{m/s},\ p_2 = 0.6124\,\text{MPa},\ T_2 = 585.8\,\text{K},\ M_2 = 0.533,\ \rho_2 = 3.653\,\text{kg/m}^3$

【8】 $T_0 = 318\,\text{K},\ p_0 = 173\,\text{kPa}$

【9】 (1) $193\,\text{kPa}$ (2) $0.660\,\text{kg/s}$ (3) $2.28\,\text{kg/s}$

【10】 $M_2 = 0.701,\ p_2 = 248\,\text{kPa},\ u_2 = 276\,\text{m/s}$

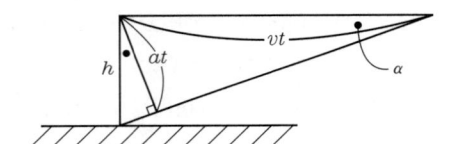

解図 **10.1**

11章

【1】 $\Delta p = \rho u a,\ \Delta p = 4.38\,\text{MPa}$

【2】 略。

【3】 (1) $1480\,\text{m/s}$ (2) $1330\,\text{m/s}$ (3) $18.7\,\text{m/s}$

索　　　引

【あ】

亜音速流れ	154, 168
アクチュエータディスク	48
アスペクト比	113
圧縮性	1
圧縮性流体	1, 30
圧縮率	9
圧　力	11
──による力	61
圧力エネルギー	40
圧力係数	106
圧力項	67
圧力抗力	104
圧力ヘッド	41
アルキメデスの原理	21

【い】

位置エネルギー	40
一次元流れ	28, 36
位置ヘッド	41
移流項	67

【う】

ウェーバー数	119
渦あり流れ	32
渦　点	136
渦　度	31
渦動粘性係数	76
渦度輸送方程式	68
渦なし流れ	31
渦　輪	115
ウーマスリー数	118
運動エネルギー	40
運動学	1
運動量厚さ	81
運動量定理	46
運動量保存則	38
運動量流束	60

【え】

曳行渦	115
液　体	1

【お】

エネルギー流束	187
エルボ	99
エンタルピー	155
エントロピー	160

【お】

オイラー数	118
オイラーの運動方程式	39
オイラーの方法	25
オリフィス	44, 97
音　速	162

【か】

壊　食	115
解析関数	128
角運動量定理	54
角運動量の保存則	52
カッソン流体	6
過膨脹	175
カルマン渦	109
カルマンの積分条件式	83
慣性モーメント	52
完全流体	1, 6, 106, 122
管内流れ	91

【き】

擬塑性流体	6
気　体	1
基本単位	2
逆U字管マノメータ	17
キャビテーション	115
境界層	80
──の運動量積分方程式	83
境界層厚さ	80
境界層方程式	83
共　振	110
強制渦流れ	32
共役複素関数	131

【く，け】

クエット流れ	3
クッタ・ジューコフスキーの式	112
クッタの条件	114, 150
グラスホフ数	119
傾斜管マノメータ	19
形状係数	84
ゲージ圧	11
ゲッチンゲン型微圧計	19

【こ】

工学単位	11
工学単位系	2
後進波	165
剛性率	4
効　率	101
後　流	103
合流管	99
抗　力	104
抗力係数	106, 113
国際単位系	2
コーシー・リーマンの式	128
コック	100
固有音響抵抗	188
混合距離	77
コンプライアンス	9, 190

【さ】

先細ノズル	173
三次元流れ	27

【し】

時間変動項	67
軸対称流れ	28, 59, 67
軸動力	55, 101
次　元	2
実在流体	1
失速角	114
実揚程	100
質量流束	38, 60
質量流量	38
絞　り	97
自由渦流れ	33
収縮係数	44, 97
自由度	10
十分発達した流れ	68

重力単位系 2	総揚程 101	等圧変化 10
ジューコフスキー変換 146	層流 29	等温変化 10
ジューコフスキー翼 149	層流境界層 82, 89	等角写像 145
出発渦 114	層流剥離 108	等積比熱 10
主流 80	速度係数 43	等積変化 10
循環 33	速度ヘッド 41	動粘性係数 5
衝撃波 174, 176	速度ポテンシャル 122	動粘度 5
——の強さ 179	束縛渦 114	動力学 1
衝撃波角 181	そり 112	動力 101
状態方程式 9	そり線 112	ドップラー効果 167
助走距離 92	損失係数 96	トリチェリの定理 44
助走区間 92	【た】	【な】
進行波 163	対数速度分布 78	流れ関数 124
【す】	体積弾性率 8, 189	流れの閉塞 174
水撃 186	体積流束 38	斜め衝撃波 180
吸込み 135	体積流量 38	ナビエ・ストークス方程式 67
水柱 11	体積力 61	【に, ぬ】
垂直衝撃波 177	体積力項 67	
水力平均直径 95	ダイヤフラム圧力計 19	ニクラゼの式 94
ストークス流れ 110	ダイラタント流体 6	二次元流れ 27
ストークスの式 111	対流圏モデル 14	二次元ポアズイユ流れ 70
ストークスの定理 35	対流項 67	二次流れ 99
ストローハル数 109, 118	縦弾性係数 189	二重吹出し 139
ずり応力 4	ダランベールの解 163	——の強さ 139
ずり速度 4	ダランベールのパラドックス 107	ニュートンの粘性法則 4, 63, 76
ずりひずみ 4	ダルシー・ワイズバッハの式 93	ニュートン流体 5
スロート 169, 174	単位 2	ぬれ縁長さ 95
【せ】	弾性式圧力計 19	【ね, の】
静圧 41	断熱変化 10	熱力学第一法則 155
成層圏モデル 15	【ち, つ】	粘性 1
正則関数 128	チャトック傾斜微圧計 19	——による力 61
静力学 1	超音速流れ 154, 169	粘性係数 3
接触角 8	チョーク 97, 174	粘性項 67
絶対流線 26	チンダルの実験 45	粘性底層 78
摂動法 190	強い斜め衝撃波 183	粘性流体 1
全圧 41	【て】	粘度 3
遷移層 80	定圧比熱 155	ノズル 97
前進波 164	抵抗曲線 102	【は】
せん断応力 4	定常流れ 27	排除厚さ 81
せん断弾性係数 4	定積比熱 155	パイナンバー 117
せん断流れ 4	ディフューザ 98	剥離点 103
せん断ひずみ 4	低臨界レイノルズ数 29	ハーゲン・ポアズイユの式 74, 93
せん断ひずみ速度 4	適正膨脹 175	波数 164
全ヘッド 41	電気式圧力計 19	パスカルの原理 12, 188
全揚程 101	【と】	波動方程式 162
【そ】	動圧 40	
相対流線 26	等圧比熱 10	

【ひ】

非圧縮性流れ	168
非圧縮性流体	1, 30
非円形管	95
比気体定数	9, 155
比重	3
比体積	3
ピッチングモーメント	113
非定常流れ	27
ピトー管	43
非ニュートン流体	5
比熱比	10
非粘性流体	1
表面張力	6
ビンガム流体	5

【ふ】

吹出し	135
複素ポテンシャル	128
不足膨脹	176
付着衝撃波	183
フックの法則	189
普遍気体定数	9, 155
ブラジウスの式	94
プラントル・カルマンの式	94
プラントル数	120
プラントルの関係式	180
フーリエ数	120
浮力	20
フルード数	118
ブルドン管圧力計	19
フロー・ディバイダー	99
分岐管	99

【へ】

平面波	165
ペクレ数	120
ベルヌーイの式	40
ベルヌーイの定理	40
ベローズ圧力計	19
弁	100

偏角	181
ベンチュリ管	42
ベンド	99

【ほ】

ポアズイユ流れ	72
ボイル・シャルルの法則	9
ポリトロープ指数	10
ポリトロープ変化	10

【ま】

マイヤーの関係式	180
摩擦抗力	104
摩擦速度	78
マッハ円錐	167
マッハ角	167
マッハ数	119, 154, 165
マッハ波	167

【み, む, め】

水動力	101
密度	3
迎え角	112
メンズ・コルトベーグ速度	190

【も】

毛管現象	8
モデル流体	1
モーメント係数	113
モル質量	9, 155

【ゆ, よ】

油撃	186
揚程曲線	101
揚力	104, 111
揚力係数	113
翼	112
翼厚	112
翼弦	112
翼弦長	112
よどみ点	103
よどみ点圧	41

弱い斜め衝撃波	183

【ら】

ラグランジュの方法	25
ラバールノズル	169, 174
ラビリンス	97
ラプラスの式	6, 123, 125, 188
ランキン・ユゴニオの関係式	179
乱流	29, 74
乱流境界層	82, 89
乱流コア	80
乱流剥離	108

【り】

力学	1
理想気体	1, 9
理想流体	1
離脱衝撃波	183
流管	27
流跡	26
流線	25, 125
流体	1
流体静力学	1
流体動力学	1
流体力学	1
流動曲線	6
流脈	26
流量係数	43
臨界圧力	172
臨界圧力比	172
臨界速度	172
臨界密度	172
臨界レイノルズ数	108

【れ】

レイノルズ応力	76, 83
レイノルズ数	29, 68, 74, 118
レイリー数	120
レオロジー曲線	6
連続の式	38, 59

【C】

CGS 単位系	2

【L】

L 字管マノメータ	17

【M】

MKS 単位系	2

【S】

SI 単位	2

【U】

U 字管	99
U 字管マノメータ	17
1/7 乗則	80

―― 著者略歴 ――

大場 謙吉（おおば けんきち）
1964年 大阪大学工学部造船学科卒業
1969年 大阪大学大学院博士課程単位習得退学
（超高温理工学）
1969年 大阪大学助手
1973年 工学博士（大阪大学）
1980年 関西大学助教授
1988年 関西大学教授
2009年 関西大学名誉教授
2012年 関西大学先端科学技術推進機構名誉研究員
2014年 大場BMEI研究教育事務所代表
現在に至る

板東 潔（ばんどう きよし）
1977年 大阪大学工学部機械工学科卒業
1982年 大阪大学大学院博士課程修了
（機械工学専攻）
1982年 工学博士（大阪大学）
1982年 大阪大学助手
1991年 大阪大学助教授
1995年 関西大学助教授
1999年 関西大学教授
現在に至る

流体の力学
―現象とモデル化―
Fluid Mechanics
―Phenomenon and Its Modeling―
© Kenkichi Ohba, Kiyoshi Bando 2006

2006年11月 6日 初版第1刷発行
2016年 2月20日 初版第6刷発行

検印省略	著 者	大 場 謙 吉
		板 東 　 潔
	発行者	株式会社　コロナ社
	代表者	牛来真也
	印刷所	三美印刷株式会社

112-0011 東京都文京区千石4-46-10
発行所　株式会社　コロナ社
CORONA PUBLISHING CO., LTD.
Tokyo Japan
振替 00140-8-14844・電話(03)3941-3131(代)
ホームページ http://www.coronasha.co.jp

ISBN 978-4-339-04581-9 （横尾）（製本：愛千製本所）
Printed in Japan

本書のコピー、スキャン、デジタル化等の無断複製・転載は著作権法上での例外を除き禁じられております。購入者以外の第三者による本書の電子データ化及び電子書籍化は、いかなる場合も認めておりません。

落丁・乱丁本はお取替えいたします

機械系 大学講義シリーズ

(各巻A5判，欠番は品切です)

■編集委員長　藤井澄二
■編集委員　臼井英治・大路清嗣・大橋秀雄・岡村弘之
　　　　　　黒崎晏夫・下郷太郎・田島清灝・得丸英勝

配本順		著者	頁	本体
1. (21回)	材料力学	西谷弘信著	190	2300円
3. (3回)	弾性学	阿部・関根共著	174	2300円
5. (27回)	材料強度	大路・中井共著	222	2800円
6. (6回)	機械材料学	須藤一著	198	2500円
9. (17回)	コンピュータ機械工学	矢川・金山共著	170	2000円
10. (5回)	機械力学	三輪・坂田共著	210	2300円
11. (24回)	振動学	下郷・田島共著	204	2500円
12. (26回)	改訂 機構学	安田仁彦著	244	2800円
13. (18回)	流体力学の基礎(1)	中林・伊藤・鬼頭共著	186	2200円
14. (19回)	流体力学の基礎(2)	中林・伊藤・鬼頭共著	196	2300円
15. (16回)	流体機械の基礎	井上・鎌田共著	232	2500円
17. (13回)	工業熱力学(1)	伊藤・山下共著	240	2700円
18. (20回)	工業熱力学(2)	伊藤猛宏著	302	3300円
19. (7回)	燃焼工学	大竹・藤原共著	226	2700円
20. (28回)	伝熱工学	黒崎・佐藤共著	218	3000円
21. (14回)	蒸気原動機	谷口・工藤共著	228	2700円
22.	原子力エネルギー工学	有冨・齊藤共著		
23. (23回)	改訂 内燃機関	廣安・寶諸・大山共著	240	3000円
24. (11回)	溶融加工学	大・中・荒木共著	268	3000円
25. (25回)	工作機械工学(改訂版)	伊東・森脇共著	254	2800円
27. (4回)	機械加工学	中島・鳴瀧共著	242	2800円
28. (12回)	生産工学	岩田・中沢共著	210	2500円
29. (10回)	制御工学	須田信英著	268	2800円
30.	計測工学	山本・宮城・臼田・高辻・榊原共著		
31. (22回)	システム工学	足立・酒井・高橋・飯國共著	224	2700円

定価は本体価格＋税です。
定価は変更されることがありますのでご了承下さい。

図書目録進呈◆

機械系教科書シリーズ

(各巻A5判，欠番は品切です)

■編集委員長　木本恭司
■幹　　　事　平井三友
■編集委員　青木　繁・阪部俊也・丸茂榮佑

配本順		書名	著者	頁	本体
1.	(12回)	機械工学概論	木本恭司 編著	236	2800円
2.	(1回)	機械系の電気工学	深野あづさ 著	188	2400円
3.	(20回)	機械工作法(増補)	平井三友・和田任弘・本塚三奈子 共著	208	2500円
4.	(3回)	機械設計法	朝比奈奎一・宮口春二・黒田孝志・山川誠・古荒斎己・荒井洋藏 共著	264	3400円
5.	(4回)	システム工学	吉浜克徳 共著	216	2700円
6.	(5回)	材料学	久保井徳恵・樫原 共著	218	2600円
7.	(6回)	問題解決のための Cプログラミング	佐藤次男・中村理一郎 共著	218	2600円
8.	(7回)	計測工学	前田良昭・木村一郎・押田至啓・野秀之 共著	220	2700円
9.	(8回)	機械系の工業英語	牧野州雄・高橋俊也 共著	210	2500円
10.	(10回)	機械系の電子回路	高阪晴俊・阪部榮佑 共著	184	2300円
11.	(9回)	工業熱力学	丸茂榮佑・木本恭司 共著	254	3000円
12.	(11回)	数値計算法	藪伊藤悟・田司男 共著	170	2200円
13.	(13回)	熱エネルギー・環境保全の工学	井田民友・本﨑恭雅・木山紀彦 共著	240	2900円
15.	(15回)	流体の力学	坂田光雄・坂本紘二 共著	208	2500円
16.	(16回)	精密加工学	田口石村剛夫・明村靖誠 共著	200	2400円
17.	(17回)	工業力学	吉村英山 共著	224	2800円
18.	(18回)	機械力学	青木　繁 著	190	2400円
19.	(29回)	材料力学(改訂版)	中島正貴 著	216	2700円
20.	(21回)	熱機関工学	越智敏明・老固本一光・吉田部也 共著	206	2600円
21.	(22回)	自動制御	阪田賢俊恭・飯田川弘 共著	176	2300円
22.	(23回)	ロボット工学	早野順彦・櫟松洋一・矢重敏男 共著	208	2600円
23.	(24回)	機構学	大勝 共著	202	2600円
24.	(25回)	流体機械工学	小池佑永 著	172	2300円
25.	(26回)	伝熱工学	丸茂榮佑・矢尾匡永・牧野秀 共著	232	3000円
26.	(27回)	材料強度学	境田彰芳 編著	200	2600円
27.	(28回)	生産工学 —ものづくりマネジメント工学—	本位田光重・位田健多郎 共著	176	2300円
28.		CAD／CAM	望月達也 著		

定価は本体価格+税です。
定価は変更されることがありますのでご了承下さい。

◆図書目録進呈◆